木工家具制作

全面掌握精细木工技术的精髓

〔美〕安迪·雷◎著　　尚书　谢韦◎译　　孙伟◎审

北京科学技术出版社

The Complete Illustrated Guide to Furniture & Cabinet Construction

Text © 2001 by Andy Rae

Photographs © 2001 by Andy Rae (except where noted)

Illustrations © 2001 by The Taunton Press, Inc.

Originally published in the United States of America by The Taunton Press, Inc. in 2001

Translation Copyright © 2017 by Beijing Science and Technology Publishing Co., Ltd.

All rights reserved.

著作权合同登记号　图字：01-2019-7900

图书在版编目（CIP）数据

木工家具制作：全面掌握精细木工技术的精髓 /（美）安迪·雷著；尚书，谢韦译. —北京：北京科学技术出版社，2017.12（2023.5 重印）

书名原文：The Complete Illustrated Guide to Furniture & Cabinet Construction

ISBN 978-7-5304-9090-7

Ⅰ . ①木… Ⅱ . ①安… ②尚… ③谢… Ⅲ . ①木家具—生产工艺 Ⅳ . ① TS664.1

中国版本图书馆 CIP 数据核字 (2017) 第 122866 号

策划编辑：刘　超	邮　　编：100035
责任编辑：刘　超	电　　话：0086-10-66135495（总编室）
营销编辑：葛冬燕	0086-10-66113227（发行部）
责任校对：贾　荣	网　　址：www.bkydw.cn
封面制作：异一设计	印　　刷：北京宝隆世纪印刷有限公司
图文制作：天露霖文化	开　　本：710 mm × 1000 mm　1/16
责任印制：张　良	字　　数：400 千字
出 版 人：曾庆宇	印　　张：22.5
出版发行：北京科学技术出版社	版　　次：2017 年 12 月第 1 版
社　　址：北京西直门南大街 16 号	印　　次：2023 年 5 月第 3 次印刷
ISBN 978-7-5304-9090-7	

定　　价：128.00 元

献给保罗·麦克卢尔（Paul McClure）——这位木工领域的领袖人物、快乐的木工英雄。他弥合了从社会层面到科学领域的所有沟壑，把木工技艺发扬光大。希望我们能够收获他留给心爱的母亲——地球的智慧果实。

声　明 ————————————————————————•

木工操作本身具有一定的危险性。对手工工具或电动工具的不当使用，或者忽视安全规则进行操作都可能造成永久性的伤害，甚至造成人员死亡。除非能够确保安全，否则您不要尝试在本书（或其他地方）学到的操作。如果您感觉某项操作并不正确，请不要尝试，而要去寻找另外一种安全的操作方式。我们希望您能享受木工技艺带来的快乐，所以无论何时何地都请牢记：安全至上。

中文版序言

　　亲手设计和制作一件精美的实木家具是很多人的梦想。当代的大多数中青年都或多或少地保存着童年的美好记忆——父辈和祖辈曾经在家中亲自制作家具。这些可能至今还在家中发挥作用的家具也成为了对先辈们最好的纪念。

　　不幸的是，商业社会的快节奏正逐渐让木工这项古老的手艺失去传承，大同小异的流水线产品充斥家中，既没有个性，也缺乏品味，记忆中的温馨和舒适也已难觅难寻。

　　幸运的是，有一批人一直在坚守这份情怀。而今，他们的坚持迎来了转机与新生——越来越多的人重新燃起了自制家具的热情。

　　海威工场就是其中的一份子。自 2009 年海威首次将"现代精细木工"工具系统引入国内以来，来自各行各业的、数以万计的朋友加入了木工爱好者的行列，成为新一代自制家具的"工匠"。近几年来，这个群体仍在不断壮大，大有自制家具蔚然成风之势。

　　但我们必须清醒地认识到，要想真正做出好家具，除了热情，还需要用知识武装我们的头脑，需要掌握各种工具的使用方法以及精细木工制作必备的工艺手法。

　　北京科学技术出版社无疑是这个领域的先锋。继《彼得・科恩木工基础》《木旋全书》之后，《木工家具制作》为木工爱好者提供了一本绝好的教科书和操作指南。

　　这本书的作者安迪・雷（Andy Rae）先生是一位成就卓著的美国木工匠人和教学专家。在超过 30 年的从业生涯中，他设计了无数杰出的木家具，其中很多成为了世界各地博物馆和名人的藏品。他还长期从事木工教学和木工杂志的编辑工作，是一位既有深厚的理论素养，又有丰富实践经验的专家。《木工家具制作》是安迪・雷的代表作，书中详尽地介绍了木家具制作的基础知识和各种典型家具的制作方法，并深入浅出地将木料加工的理论知识穿插其中，同时准确地介绍了各种木工机械和木工工具的选择及其使用方法，是一本囊括了精细木工必备技艺的高水平的指导用书。

　　作为引领当前木工潮流的专业装备供应商和出版社，海威与北京科学技术出版社合作推出《木工家具制作》一书，旨在为中国传统木工技艺之传承贡献一份力量，旨在唤起更多人投身于木工制作的热情，旨在为广大木工爱好者提供一本专业知识手册。希望广大木友认真研习本书，迅速掌握木工制作技艺，早日制作出精美的家具，并享受这个快乐的过程。

　　精益求精，你我共勉！

HARVEY 海威®

南京海威机械有限公司董事长

序言

　　制作家具是最能带给你满足感的一种休闲方式：刨削木料发出的"吱吱"声，新锯开的糖松或者东印度红木散发出的沁人心脾的香气，世界各地的木材具有的纹理、质感和无穷无尽的色彩，充满紧张和兴奋、即将宣告大功告成的最后组装。多么让人兴奋啊！这就是精美又充满乐趣的木工制作。漂亮的家具便是最好的回报。

　　为了享受这种乐趣，你需要驾驭你的工具，掌握相关的材料知识，并了解基本的家具设计原则。与其他技艺不同的是，家具和细木工的制作需要十分广泛的知识并高度集中注意力。你必须知道应该使用什么样的工具和技术，以及如何正确地安排它们的使用顺序。你需要细心聆听材料的"呼吸"，明智地选择木材，并充分考虑木材的特性。家具制作涉及到不计其数的条条块块，所以要求高水平的组织能力。组织工作流程和工作空间是这项技艺不可或缺的一部分。通过将各种技能结合起来，你可以制作出梦中幻想的任何一种家具。

　　只有想不到，没有做不到。我希望这本书能够为你提供一个起点。在练习过程中，许多微小的乐趣在等待你的发掘。这些乐趣非常值得寻找。

　　最重要的是，要有耐心。掌握最细小的事物是需要时间的。当然，掌握这门技艺也有窍门。不过，这些窍门也要随着经验的积累才能被领悟，因此，很多窍门出现在了本书较为靠后的内容中。更重要的是，你要有意识地尝试多种途径并从中找到适合你的那一种。实际上，木工制作是一种个人旅程。因为制作家具的方式没有对错之分，有用才是硬道理。从事这项手艺20多年，我仍然会每天寻找新的工作方法。一旦发现有用的东西，你就要掌握它并坚持使用。逐渐积累，总有一天你会找到能让你的木工制作过程更加愉悦的东西。这种成果会体现在你制作的精美家具中。

致谢

首先，真挚地感谢汤顿出版社（The Taunton Press）的编辑。副主编海伦·阿尔伯特（Helen Albert）如鹰眼一般的敏锐使得初看过于沉重的想法得以自由飞翔。感谢詹妮弗·仁吉莉安（Jennifer Renjilian）和汤姆·克拉克（Tom Clark）的支持，他们果决、迅速地提出了解决方案。我十分幸运，能够遇到他们三人。

感谢宾夕法尼亚州艾伦镇（Allentown）的商业彩色摄影公司（Commercial Color）和北卡罗来纳州阿什维尔（Asheville）艾瑞斯摄影公司（Iris Photography）提供的出色摄影服务。另外要特别感谢摄影师约翰·哈默（John Hamel），感谢他这些年提供的精美照片，以及为我的摄影工作提供的短期和长期指导。

我十分有幸结识了许多木工同行和作者。在此，我把最深切的感激之情送给那些指导我的木工制作和木工写作的老师们，他们有意无意的启发和教导成就了我：感谢我的富有创造力的母亲约翰娜·韦尔（Johanna Weir）、我的两位艺术家父亲扎德·瑞（Jud Rae）和瓦尔特·韦尔（Walter Weir），他们三位对手工制作的独特爱好影响了我；感谢我的哥哥格尼·巴雷特（Gurnee Barrett），他认为正确的事情值得努力去做；感谢中岛乔治（George Nakashima）、弗兰克·克劳斯（Frank Klansz）和秋田俊雄（Toshio Odate）直言不讳的告诫；感谢戴夫·卡恩（Dave Cann）和保罗·康纳（Paul Connor），他们加工金属的手不止一次地拯救了我；感谢阿科桑蒂（Arcosanti）疯狂的木工同事们，包括凯里·戈登（Kerry Gordon）、米歇尔·克里斯特（Michael Christ）和克里斯特·弗莱尼克（ChirstFraznick）；感谢弗莱德·马特莱克（FredMatlack），他从不会说什么是行不通的；感谢苏·泰勒（Sue Taylor），感谢她为我答疑解惑；感谢戴夫·塞勒斯（Dave Sellers）和他的天马行空的想象力；感谢吉姆·康明斯（Jim Cummins），他总能从微小的事物中发现巨大的乐趣；感谢里奇·韦德勒（Rich Wedler），他的木工操作犹如动听的音乐般令人享受；感谢乔纳森·弗兰克（Jonathan Frank）对木工工人的信任和关怀；感谢帕尔默·夏普莱斯（Palmer Sharpless）的木工智慧，即使在没有电的黑暗中它依然闪耀；感谢"老"吉姆（Jim）、米歇尔·伯恩斯（Michael Burns）、吉姆·卜德龙（Jim Budlong）和大卫·韦尔特（David Welter），感谢他们的远程指导；感谢威廉·德雷柏（William Draper），他赋予我探索的自由，并为此支付我薪水；感谢蒂姆·斯奈德（Tim Snyder），他的深刻见解总能为我指明方向；感谢中岛米拉（Mira Nakashima），她沟通了新旧两个时代；感谢朗尼·伯德（Lonnie Bird），他在沉静中展示高超的技巧；感谢爱德华·舍恩（Edward Schoen），他向我展示了解决各种问题的思路；感谢吉蒂·梅斯（Kitty Mace），她擅于迎接挑战；感谢帕特·爱德华（Pat Edward），感谢他为木工巡展提供食宿；感谢内德·布朗（Ned Brown），他在潜移默化中激励我追求卓越；感谢西蒙·瓦特（Simon Watts），他是木工中的绅士；感谢史蒂夫·布兰克（Steve Blenk）和苏珊·布兰克（Susan Blenk），他们的坚持和热情鼓舞着我；感谢汤姆·布朗（Tom Brown），他耐心地教导一位年轻人组装的艺术；感谢伦纳德·李（Leonard Lee），一个真正的工具爱好者；感谢凯文·爱尔兰德（Kevin Ireland），第一个与我合作的编辑（你永远不会忘记第一个）；感谢大卫·斯隆（David Sloan），他的好奇心令人鼓舞；感谢弗兰克·波拉若（FrankPollaro）的冒险精神和勇气；感谢迈克·德雷斯顿（Mike Dresdner），你经常可以在同一个地方找到他。感谢埃里克·斯唐（Eric Stang）的热忱和在艺术上的启发；感谢保罗·安东尼（Paul Anthony），他的意见反馈时刻提醒我要脚踏实地；感谢珍妮特·拉斯利（Janet Lasley），她帮助我在木工事业中充满活力；感谢史蒂夫·梅兹（Steve Metz）和约翰·亚纳尔（John Yarnall），他们告诉你耐心和周密的计划是取得成功的保障；感谢埃利斯·维伦泰恩（Ellis Walentine），他聪明的解决方案和出其不意的迂回策略带给你灵感；感谢迈克·凯里翰（Mike Callihan），感谢他紧急关头的木工制作；感谢宾夕法尼亚州海谷(Lehigh Valley）协会的同事们时常令人尴尬的鼓励；感谢里克·哈尼斯（Ric Hanisch），他执着于用心设计作品；感谢皮特·考兹曼（Peter Kauzman），他废寝忘食的付出令人动容；感谢曼尼·帕甘（Manny Pagan）和陈杨（Yeung Chan），他们展示了真正的木工制作热情。

最后，我要感谢我的家人，利（Lee）、左伊（Zy）、舍德（Shade）——尤其是我的妻子利·斯皮德（Lee Speed），感谢她容忍我为写作这本书"休假1年"。

我永远爱你们。

使用说明

　　首先，这本书是用来使用，而不是用来放在书架上积灰的。当你需要使用一种新的或者不熟悉的技术时，你就要把它取来，打开放在木工桌上。所以，你要确保它靠近你进行木工制作的地方。

　　在接下来的几页，你会看到各种各样的方法，基本涵盖了这一领域重要的木工制作过程。与很多实践领域相同，木工制作过程同样存在很多殊途同归的情况，到底选择哪种方法取决于以下几种因素。

　　时间。你是十分匆忙，还是有充裕的时间享受手工工具带给你的安静制作过程？

　　你的工具。你是拥有那种所有木匠都羡慕的工作间，还是只有常见的手工工具或电动工具可用？

　　你的技术水平。你是因为刚刚入门而喜欢相对简单的方法，还是希望经常挑战自己、提高自己的技能？

　　作品。你正在制作的家具是为了实用，还是希望获得一个最佳的展示效果？

　　这本书囊括了多种多样的技术来满足这些需求。

　　要找到适合自己的方式，你首先要问自己两个问题：我想得到什么样的结果，以及为了得到这一结果我想使用什么样的工具？

　　有些时候，有许多方法和工具可以得到同样的结果。有些时候，只有一两种可行的方法。然而无论哪种情况，我们采用的都是实用的方法，所以在本书中，你可能不会找到你喜欢的、完成某个特殊过程的奇怪方法。这里包含每一种合理的方法，还有少数帮助你在木工制作过程中放松肌肉的方法。

　　为了条理清晰，本书的内容通过两个层次展开。"部分"是把所有内容划分为几个大块，"章节"则是把关联性强的技术汇总在一起。我们通常按照从最普通的方法到需要特殊工具或更高技能的制作工艺的顺序展开内容，也有少数一些内容以其他的方式展开。

　　在每个"部分"你首先会看到一组标记页码的照片。这些照片是形象化的目录。每张照片代表一个章节，页码则是该章节的起始页。

　　每一章的开始都有一组导航图，告诉你这一章的主要技术分组。每一组技术下面阐述了如何运用相关方法的分步图解，包括它们对应的页码。

　　每个章节以一个概述或简介开始。随后是相关信息。在这里，你能够找到一组包括安全提示在内的重要技术信息。你还会了解到本章用到的特定工具和如何制作必要的夹具。

　　分步图解是本书的核心部分。操作过程中关键步骤会通过一组照片展示出来，与之匹配的文字描述操作过程，引导你通过这些文字与图片呼应，相辅相成。根据个人学习习惯的不同，先看文字或者先看图都可以。但要记住，图片和文字是一个整体。有时候，哪里存在替代方法，书中也会专门提及。

为了提高阅读效率，当某个工艺或者相似流程中的某个步骤在其他章节出现时，我们会以"交叉参考"的方式标示出来。你会在概述和分步图解中看到褐色的交叉参考标记。

如果你看到 ! 标记，请务必仔细阅读相关内容，这些安全警告千万不能忽略。无论何时一定要安全操作，并使用安全防护装备。如果你对某个技术心存疑惑，请不要继续操作，而是尝试另一种方法。

另外，我们在保留原书英制单位的同时加入了公制单位供参考，并且为了方便大家学习，家具尺寸统一采用"毫米"（mm）单位。

最后，无论何时你想温故或者知新，都不要忘了使用这本书。它旨在成为一种必要的参考，帮助你成为更好的木匠。达到这一目的的唯一方式就是让它成为和你心爱的凿子一样的工作间工具。

目　录

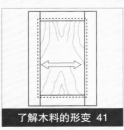

第二部分　盒子和箱体的结构　45

第五章　基础式箱体　47

箱体结构 47

箱体内部 54

安装到墙上 58

第六章　搁板　59

选择和设计搁板 60

搁板的接合 65

开放式搁板 68

选择搁板 71

装饰搁板 79

第七章　钉子、螺丝和其他紧固件　87

钉子和螺丝 87

五金件解决方案 92

第八章　组装箱体　95

技术和工具 95

夹紧问题 99

第九章　切割与安装线脚　103

安装技术 104

制作线脚 106

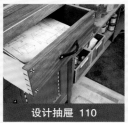

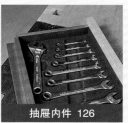

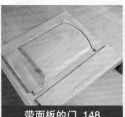
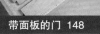

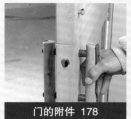

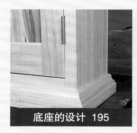

➤ 第五部分　框架结构　233

第十八章　桌腿和挡板　235

整体设计 236

牢固的接合 242

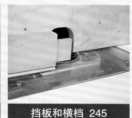

挡板和横档 245

支撑腿 248

第十九章　椅子和凳子　255

椅子的结构 256

椅子的接合 263

椅背 269

椅面 270

接地部件 274

第二十章　正面框架　277

框架的设计和接合 277

制作正面框架 280

转角部件 285

第二十一章　框架和面板　287

设计框架和面板 287

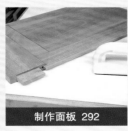

制作面板 292

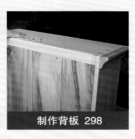

制作背板 298

➤ 第六部分　桌面和工作台面　301

第二十二章　制作顶板　303

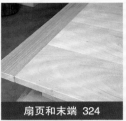
第二十三章　安装顶板　331

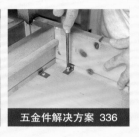

◆ 第一部分 ◆
工具和材料

制作精美的家具需要三个关键要素：对材料的理解、合适的工具和传统的技艺。如果你对木工制作没有透彻的认识，那么即使执行一些最简单的木工制作计划也会困难重重。缺少基本木工工具和合适材料的工作间会形同虚设。有些木匠一开始就会购买一整套市面上最好的工具来装备自己的工作间，希望好的工具能够弥补其技术上的缺陷。我们并不提倡这样做，因为无论何时技术都是首要的。而另一方面，合适的工具确实能够帮助木工大师制作出更优秀的作品。

我的建议是购买你能买得起的最好的工具和材料，但前提是你确实需要它们。在使用它们的过程中，你的技能会逐步提高——炉火纯青的木工技能并非一夜之间练就的。随着技能的提高，你在购买工具方面的洞察力会越来越敏锐，对工具的需求量也会逐渐增大，你也会逐渐懂得如何购买所需的工具。

工作间必需品，第 3 页

木工机械和手工工具，第 9 页

加工木料，第 19 页

设计家具，第 39 页

第一章
工作间必需品

工作空间和固定装置

让工作间"动"起来

▶ 工作空间和设备（第3页）　　▶ 让工作间"动"起来（第6页）

　　制作家具能带来巨大的满足感，但是各种各样的难题常常会阻碍我们完成目标。我还记得，狭窄的工作间和很少的几样工具最初带给我的那种苦恼。我第一次制作家具时遇到了各种问题。为了精确切割木料，我曾做过多次尝试，但由于光线昏暗、空间狭小以及工具磨损严重等原因，结果总是差强人意。现在回想起来，我觉得应该有更好的方法解决这些问题。

　　希望下面的内容能够帮助你消除一个家具制作初学者所面临的种种困惑。我会介绍一些必要的工具，这些工具在今后多年的木工制作中你都会用到。但这里介绍的内容并不具有强制性，我只是为你提供一些原则性的指导。有一些工具和条件我认为是制作橱柜和家具时非常必要的，如台锯和良好的光线，而另外一些"必需品"会让你工作起来更加得心应手，当然你也可以凑合点使用那些最基本的工具。

　　实际上，我在本书中提到的所有木工操作和技术都可以用不同的工具完成，并不局限于我在这里展示的那些。如果你没有平刨，可以用手工刨操作；如果你没有电锯，可以用手锯进行操作。关键是充分利用手头现有的物品，我们都是以这种方式开始木工制作的。随着对这门技艺的了解越来越深入，你不仅会添置心仪的工具，还会不断提高技术水平。

工作空间和固定装置

　　木工工作间里有些东西必不可少，并且其中绝大部分都很容易得到，比如，良好的光线。如果你无法获得自然光，那就需要配合使用白炽灯和荧光灯。装有白炽灯泡的照明灯或者工作灯不仅十分便宜，而且能够让你根据需要调整光线方向。屋顶的荧光灯则能够大面积地照亮房间。

TIP

你可以在许多木工供应商那里买到底座带磁铁的灯。磁铁底座能够吸附在任何铁制品的表面，这样你就可以将灯具放在木工机械（比如带锯）上，为切割操作提供更好的光源。

▶ **见第 6 页"让工作间'动'起来"。**

在布置工作间的时候，请确保为组装家具留出了足够的空间。比如柜子，它由许多条条块块组成，它们会很快占满一个狭小的空间。有一个解决办法，那就是让你的机器和工具变成可移动的，这样你就可以在必要时清理出足够的空间。

另外，将主要的机器，如台锯、平刨和压刨等集中放置。不要让你的工作间温度太低，否则你和你的双手会感到很不舒服，许多油漆和胶水也会失效（温度低于 18℃时它们就会失效）。

对我来说，木工桌是工作间的核心，我会在上面完成一些最重要的操作。如果你不需要它，可以不买或者不用这个工具。木工桌应该牢固、结实，它的顶部应该平整，以便你在上面进行操作。木工桌的顶部和底座还要足够重，以抵御可能发生的撞击和推拉。

将胶合板固定到锯木架上可以做成一个木工桌，但它不具备欧式木工桌的一体性和工件固定功能。后者宽大沉重的桌面十分适合进行接合与组装工作。这种风格的木工桌配有一个侧面台钳，侧面台钳和木工桌上都有一系列的矩形孔，你可以把一对木质或金属材质的限位块插到其中。在两个限位块之

间放入一个工件并拧紧台钳，你就可以将工件平整地固定在桌面上——这在完成雕刻和切割操作时非常有用，尤其适合使用手工刨刨削木料。

另一种将工件固定到桌面上的有效方式是在桌面钻孔，将金属夹钳的柄部敲入其中，夹钳的另一端则抵住工件的上表面将其夹住。一定要在工件与夹钳之间放上一块废木板，以防止夹钳毁坏工件表面。我的固定装置是一个从事金属加工的朋友制作的，当然你也可以在木工商店买到它们。

在木工桌的远端，正面台钳非常适合固定长板（沿长边）以及锥形或形状不规则的工件，因为它的钳口可以转动以迎合不同工件的角度。理想的情况是，在钳口之间没有任何障碍物或者坚硬的东西，这样工件就可以完全穿过钳口得以固定。你可以像我和许多其他的木匠那样制作自己的木工桌，或者到木工商店购买一个成品木工桌。

将工件夹紧在限位块之间有助于将其平放到台面上，这对手工刨削等操作来说尤其重要。

如下页图所示，一个专门的装配台能够很好地弥补木工桌的不足。装配台的台面比较低，易于操作，方便进行大型工件的组装，并能够用作胶合或表面处理的平台。你还可以充分利用装配台下面的空间放置螺丝、五金件、夹具和其他工具。

你需要保持你的工具放置有序并易于取用。工具箱就是为此存在的，尤其是它被放置在木工桌旁边时，效果更为明显。我建议你自己制作工具箱，这样可以自行设计它的内部结构以放置特定的工具。多制作一些浅抽屉和储物架，或者将门设计成箱式结构用来悬挂工具，以方便将不同的工具分类存放。这样做还可以为你立刻找到某个工具提供便利——如果它丢失了你也能及时发现。

将夹钳的柄部敲入桌面以固定工件，这种方式尤其适合完成雕刻或切断操作。

正面台钳的开放式钳口允许较大的工件完全穿过，从而方便将其固定。而且这种台钳的钳口可以转动，因而能够施加均匀的压力以固定锥形工件。

在阅读本书的过程中，你会发现许多小型工装夹具和固定装置。这些定制的工装夹具配合其他工具和相应的流程，能使操作变得更加容易或更加准确，抑或二者兼而有之。制作的家具越多，你会用到的工装夹具也就越多。我甚至希望，你能尝试为本书中展示的木工制作流程自行设计一些工装夹具。你可以将注意事项直接写在夹具上，这样在下次使用的时候，所有需要的信息都近在咫尺了。

手边要准备一些制作工装夹具的材料。中密度纤维板（Medium-Density Fiberboard，简称 MDF）和波罗的海桦木（多层）胶合板都很不错；气动式（以空气作为动力）U 形钉或平头钉和胶水都能够快速地将工装夹具的各部件固定在一起。工装夹具的制作不仅要快速，而且要保证精度，这样它们才能够精确地发挥作用。不要过于在意工装夹具的美观度，因为它们只是为制作更重要的东西——也就是你要制作的家具——提供辅助的。如果你的工作间开始充斥各种工装夹具和固定装置，那么你要将它们有序地存放在方便取用的地方。将其挂在墙上是一种不错的选择。

在一张较低的工作台上进行组装、固定和打磨对你的背部很有好处。

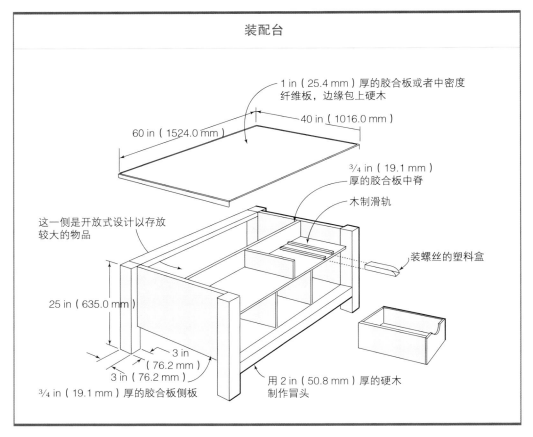

装配台

1 in（25.4 mm）厚的胶合板或者中密度纤维板，边缘包上硬木

40 in（1016.0 mm）

60 in（1524.0 mm）

¾ in（19.1 mm）厚的胶合板中脊

木制滑轨

这一侧是开放式设计以存放较大的物品

装螺丝的塑料盒

25 in（635.0 mm）

3 in（76.2 mm）

3 in（76.2 mm）

¾ in（19.1 mm）厚的胶合板侧板

用 2 in（50.8 mm）厚的硬木制作冒头

在开阔的墙面上钉上防滑钉能够为你储存工装夹具或固定装置提供空间。

让工作间"动"起来

在布置工作间的时候，我所做过的最高效的一件事情就是给几乎所有的主要机械和设备安装轮子。当你需要调整工作空间，比如需要腾出宽敞的空间来制作一个复合装置或者大号柜子时，让工具移动起来能使你的工作变得更容易。你可以将大型机械安装在活动底座上。我那个 20 in（508.0 mm）高的巨大带锯就放在一个带轮子的活动底座上，需要固定的时候我会将几个小楔子塞入到轮子下面。抽掉楔子，松开后轮，即便是身材娇小的人也能轻而易举地移动这个重 500 lb（226.8 kg）的庞然大物。

工作间的桌子和柜子也是可以移动的。你可以将重型带刹脚轮安装到支撑腿和底座的底部，使它们变得可以移动。万向双刹脚轮是最理想的选择，它的制动杆不仅能够锁定轮子，还能够锁定旋转金属板，因此能在

制作羽毛板

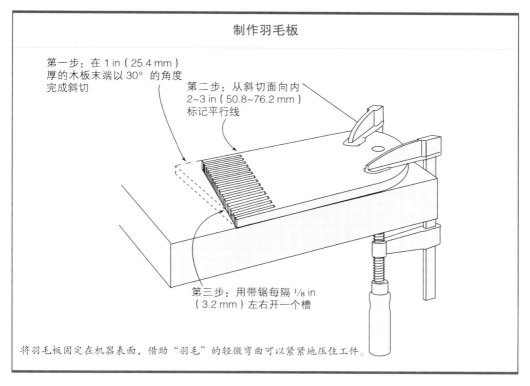

第一步：在 1 in（25.4 mm）厚的木板末端以 30° 的角度完成斜切

第二步：从斜切面向内 2~3 in（50.8~76.2 mm）标记平行线

第三步：用带锯每隔 ⅛ in（3.2 mm）左右开一个槽

将羽毛板固定在机器表面，借助"羽毛"的轻微弯曲可以紧紧地压住工件。

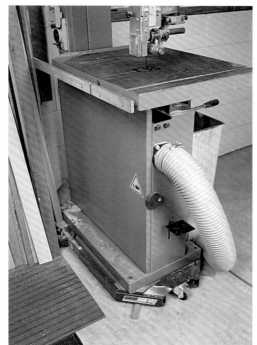

活动的底座能够使你轻而易举地移动沉重的机械和装备。请确保电源线有足够的长度。

桌子和柜子下面的大型脚轮可以使其成为工作间里的移动操作中心。

柜子静止的时候提供最大的稳定性。

　　如果在制作过程中需要在工作间里移动工件或者在上油漆时旋转工件，就需要用松木废料和胶合板打造一辆木制推车，如下页图所示。这种推车机动性极强、十分轻便、易于存放，并能够负荷相当大的重量。

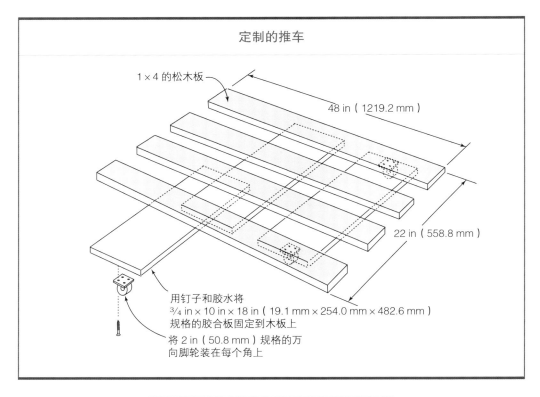

定制的推车

1×4 的松木板

48 in（1219.2 mm）

22 in（558.8 mm）

用钉子和胶水将
¾ in × 10 in × 18 in（19.1 mm × 254.0 mm × 482.6 mm）
规格的胶合板固定到木板上

将 2 in（50.8 mm）规格的万
向脚轮装在每个角上

手工制作的推车有助于安全操作，因为它能让你将制
作完成的工件轻松转移到安全区域。

木工机械和手工工具

基本工具

辅助工具

基本工具

木工机械

　　尽管拥有各种精美的木工机械和手工工具——包括放置它们的房间——让人感觉很棒，但事实是，即使只有很少的工具我们也能工作。当然，无论你是业余爱好者还是专业木匠，在制作家具或精细木工作品时有些机械是必不可少的。台锯就是你首先需要配备的。

　　台锯是制作家具时最重要的工具，具有多种用途。它不仅能将木材切割（直切和斜切）成指定的宽度和长度，只要配备合适的工装夹具和配件，还能切割出各种形状的接合部件——从锥形、拱形的部件到线脚和其他非线性的表面。处理大型面板或长木板时需要在台锯上安装侧向的延展台面和后面的出料台面，它们可以是装有脚轮的桌子或者专用的工作桌。不过，台锯占用的空间很大。理想情况下，刀片前后的距离需要 16 ft（4.9 m），每边的距离至少要 10 ft（3.0 m）。虽然在切割宽厚的硬木时，功率为 3~5 hp（2.2~3.7 kW）的箱式台锯会切割得更加精确也更有劲儿，但工头台锯已经足以满足家具制作的要求了。

　　一定要为台锯配备质量较好的锯片。对一般的直切和横切来说，通用型的 40 齿交替齿

台锯在任何一个木工房里都是最重要的工具，你可以制作一个重型横切工装夹具来扩展它的处理能力，用来操作过宽或者过长的木板。

（Alternate-Top Bevel，简称 ATB）锯片已经够用。若要用力切割宽厚的木板，则需要使用 24 齿梯平齿锯片才能将其切割得平滑。层叠槽口（Dano）锯片能够切割出平底槽和搭口槽。

出于安全考虑，要确保工件紧贴纵切靠山或横截角度规，或者在这样的位置使用夹具。永远不要徒手握住工件。尽管标准的横截角度规在各种操作中都能很好地帮助你完成准确的切割，但是随着木板的尺寸变大，操作起来还是有些困难的——这时只用横截角度规是无法准确、安全地完成操作的。为了弥补这一不足，我在角度规的槽里装了两根钢条，这实际上相当于改装了一个大号横截角度规。与角度规类似，这种切割辅具对于处理小工件十分有用，并且在处理过长或过宽的木板时也足够稳定。对于超大型工件，可以使用夹钳将工件固定到夹具上，再将其整体推过锯片。

准备好台锯及其相关配件、工装夹具后，如果预算允许，你需要尽量添置一些下面介绍的机器。你可以在网上或者当地的拍卖会上买到便宜的二手货，但在购买之前一定要对其进行全面检查。我按照自己的喜好列出了一些机器。

平刨是用来刨平或修整平面和边缘的。平刨是根据它的台面宽度进行划分的，6 in（152.4 mm）和 8 in（203.2 mm）是最常见的尺寸。尺寸越大的平刨越适合刨削宽木板，比如桌面或面板。出于安全考虑，不要刨削短于 12 in（304.8 mm）的木板，并且要用推料板或推料杆将工件推过刀头。

压刨在平刨之后使用，其作用并不是使木板变得更平（尽管通过使用特殊的夹具可以做到这一点），而是让木板的厚度一致、表面平滑，这对要进行面拼接操作的木板尤其重要。和平刨一样，压刨也是越大越好，12~15 in（304.8~381.0 mm）的型号最为常见。12 in（304.8 mm）和 13 in（330.2 mm）的桌面压刨非常便宜，高转速的串激电机可带动刀片飞一般地转动，即使面对粗糙的木料也能刨出平滑的表面。大型的铸铁刨床有着坚固的框架和强力的感应电机，每一转切削掉的木料更多，因此更适合工厂化作业。

带锯是一种多用途工具，在曲线切割方面表现卓越。它同样适用于切割接合部件和直线部件，尤其是在配上 ½ in（12.7 mm）以上的宽锯片和纵切靠山后。如果切割粗糙和厚重的木料，比如将板材切割成单板，带锯的精确度、简便性和安全性无可匹敌。

带锯是根据"喉部"的深度（锯条到带锯后柱的水平距离，或者锯条的锯卡到带锯

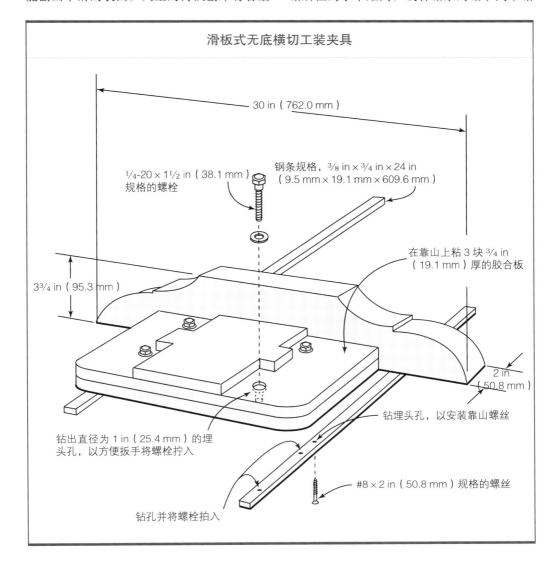

滑板式无底横切工装夹具

30 in（762.0 mm）

¼-20 × 1½ in（38.1 mm）规格的螺栓

钢条规格，⅜ in × ¾ in × 24 in（9.5 mm × 19.1 mm × 609.6 mm）

在靠山上粘 3 块 ¾ in（19.1 mm）厚的胶合板

3¾ in（95.3 mm）

2 in（50.8 mm）

钻埋头孔，以安装靠山螺丝

钻出直径为 1 in（25.4 mm）的埋头孔，以方便扳手将螺栓拧入

#8 × 2 in（50.8 mm）规格的螺丝

钻孔并将螺栓拍入

后柱之间的水平距离）进行分类的。这两个参数代表了带锯能够加工的工件的最大宽度。带锯的加工高度则是以锯卡下方的距离来衡量的，一般来说越高越好。绝大多数的14 in（355.6 mm）带锯都配备有升高模块，以增加带锯的加工高度。欧式带锯，尤其是16 in（406.4 mm）以上的型号正变得越来越普及，它们的功能比小型号的带锯更加强大。这些大型号的带锯框架坚固、电机动力强劲、锯片-导轨系统的性能优越，你即使整天锯切又大又厚的木料也不会太费力。

斜切锯或切割锯实际上在精确斜切和一般性的横切方面已经替代了摇臂锯。能够滑动的斜切锯加工尺寸更大，能够横切 12 in（304.8 mm）宽的木料。如果在电动斜切锯的锯片两侧加上侧向延展台面，将其组装成一个工作站，那么斜切锯的功能就可以发挥到极致。同时，制作一个上翻限位靠尺控制系统是必要的，这样可以在不使用卷尺的情况下连续多次切割。

电木铣倒装台能够提高电木铣的处理能力，并可作为一个小型成形机使用。将电木铣倒置安装在台面下，你就可以充分利用各种形状的小木块，铣削许多接合部件，或者更方便、更有序、更安全地制作各种小工件。你可以自己制作电木铣倒装台和靠山，也可以购买成品，或者购买零件自己组装。如果不想自制或者购买电木铣倒装台，你可以简单地将电木铣倒置安装在台钳上使用。好的电木铣倒装台需要拥有平整的台面和坚固、平直的靠山。另外你需要记住的是，在旋转1½ in（38.1 mm）以上的大号铣刀时需要降低转速，所以要为大的电木铣倒装台配备可变速电木铣。

台钻在许多钻孔操作中比手工钻更加精确和安全，尤其在处理大块木料时更是如此。此外，台钻能够搭配各种钻孔夹具和固定装置一起使用。你甚至可以在台钻上安装一个开榫附件来制作榫眼。如果你有富余的台面可用的话，桌面型台钻是非常理想的钻孔工具，而且价格更便宜。立式落地台钻在为较长或较高的工件钻孔时具有优势。

如果你的木工制作过程需要用到面盘式车削或者轴式车削，车床就是必需品。对普通的轴式车削工件（比如桌腿）来说，前后顶尖间距为 32~36 in（812.8~914.4 mm）的桌面型木工车床基本够用了。圆柱和床柱形工件则需要较长的床身，大型盘式车削则需要更大的高度或操作半径，也就是床身与主轴箱和尾座之间的距离。如果你要车削大的工件，那么就需要使用体积和重量都很大的大型落地木工车床。

基本的手持电动工具

你需要一些手持式电动工具来辅助大型机器的使用。实际上，在资金有限的情况下，许多手持小工具能够代替作用与其相似的大型工具。基本的手持式电动工具包括：曲线锯，用来切割曲线、修整工件内部或者进行

重要的手持式电动工具，包括（从左下方起始沿顺时针方向）：曲线锯、饼干榫机、不规则轨道式砂光机、带式砂光机、下压式电木铣、固定底座式电木铣和无绳电钻。

穿孔切割；饼干榫机，用来快速、有力、准确地制作饼干榫；不规则轨道式砂光机和带式砂光机，用来制作大大小小光滑、平整的表面；圆锯，用来将较大的木板切割为易操作的尺寸；大型的 3 hp（2.2 kW）可变速下压式电木铣，用来旋转较大的铣刀并制作榫眼和开槽；中等型号的固定底座式（座身一体式）电木铣，在你不想举起巨大的下压式电木铣时，可以用它完成较高位置的铣切工作；无绳电钻，允许你在任何地方钻孔和安装螺丝。

▶ 见第 87 页"电动安装螺丝"。

还有许多其他的工具和机器能够提高工作室的加工能力。其中一些是我已经拥有的，还有一些是我没有但希望得到的，但即使没有它们也不会影响我快乐地工作。下面我将介绍一些最有用、最值得关注的工具：成形机，它比电木铣倒装台动力更强、操作更精确，让你能够处理更宽更高的木料、制作真正的大型工件；台式打榫机，它能降低开凿榫眼的成本；砂带-盘式砂光机，适合磨平工件，但更适合将工件修整定型到精确的尺寸；摆轴式砂光机，能够完成有力的砂切，制作出光滑的表面，尤其是制作内凹的曲面；层压修边机，个头不大，握起来很舒服，感觉像是拿在手里的一个有力的迷你成形机；配有旋转砂轮的直角盘式砂轮机，能够迅速使木板凸起或下凹；拉花锯，用于嵌入式工件或拼图的切割制作，或者进行精确的曲线切割和光滑表面的内部切割；空气压缩机，通过搭配大小号的钉子和钉枪，能够精确地安装紧固件；真空泵和真空袋，或者大型压板机（另一侧会拱起），不需要大量的夹具便能完成木板的胶合。为了方便起见，可以

多准备些电木铣，这样你可以将特殊用途的铣刀装进去完成特殊的铣削，或者将其配合特殊的夹具使用。

最爱的手动工具

手动工具可用于木料的定型、锯切以及整修平滑。相比于我所有的电动工具，它们在我进行木工制作时起到了更为重要的作用，因为这些工具可以完成的加工精度和工件的表面光洁度是电动工具无法比拟的。这些工具还有另外一个好处，那就是噪声低、基本上没有扬尘。困难之处在于，它们对工匠的技术水平要求很高。不过，技术的提高也是有迹可寻的。当你在研磨工具时发现使用的磨料越来越细了，就意味着你已经开始掌握这些工具的使用技巧了。

一些我喜欢的手动工具，包括各种手工刨，都展示在了下一页的图片中。当需要在安静的环境下工作或者电动工具无法切割出我需要的形状时，我喜欢使用木质的线刨，从能够刨圆珠曲面和开槽的线刨到能制作中空和圆形面的线刨都会使用。线刨的种类有数百种之多，但现在还在进行商业化生产的只有少数几种。因此，我们需要到跳蚤市场或者古董工具商那里寻找需要的线刨。其他重要的手动工具包括各种用于切割和定型操作的手锯、锉刀、粗锉和凿子。

对于钻孔和铣制操作，你需要一系列的钻头和配件。将它们整齐地摆放在架子上方便你快速地找到和取用所需的用具。尽你所能准备多种形状的铣刀——包括柄长为 ½ in（12.7 mm）和 ¼ in（6.4 mm）的——以用于修整工件边缘、开凹槽、开搭口槽、制作榫眼和模具等。常规的麻花钻，用来在木料和金属上钻孔（包含引导孔）；平头导引钻，

值得信赖的手动工具。上图：长刨、短刨、榫肩刨、辐刨（鸟刨）、刮刀。下图：弓锯、夹背锯、燕尾榫锯、平锯、单板锯、粗锉、车刀、台凿、雕刻凿。

必要的设计工具（从左下角起始，顺时针旋转）：内对角测量器、不同尺寸的工程角尺、组合角尺、滑动T形角度尺、旋杆式椭圆规和圆规、直尺、大型卡尺、折叠尺、卷尺、指针式游标卡尺、划线规、割线规、内径卡规和外径卡规、划线刀、锥子。

孔钻和插入式刀头，用来安装各种螺丝杆、螺丝头和木销。

辅助工具

基本的设计工具

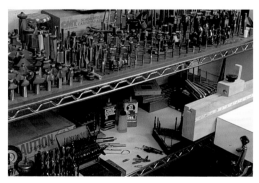

一张布满大小孔的胶合板可以帮助你有条理地放置电木铣刀和钻头。

能够切割出非常整洁的进出口孔；平翼开孔钻，主要装在台钻上用来制作底部平整的大孔或小孔；铲形钻，没有平翼开孔钻切割得精确，但价格相对便宜，方便装在手工钻上使用。

另外，还有各种各样的埋头钻、平底扩

有一些很好用的标记和测量工具能够帮助你设计接头、测量部件尺寸，并将结果精确地标记出来。你要购买质量好的标记和测量工具，这样它们才能在上述方面提供你所需要的精度。其中有些工具我们也可以自己制作。

标记和测量工具多种多样，从基本的尺

子和胶带，到更为专业的工具（比如内对角测量杆，你可以用它比对对角线，确保箱体的方正）。如果你对工作间里的设备要求较高，你也许需要准备一些机械师常用的测量工具，如千分表和卡尺。

你也可以使用圆规或者椭圆规绘制更大尺寸的曲线。不同型号的直尺也迟早会派上用场。

研磨工具

当你开始使用工具之后，你很快就会有研磨的需求。锋利的工具操作起来比钝化的工具更加安全，获得的结果也更为准确。但工具不可能总保持在锋利的状态，所以你需要准备一个研磨计划。我的习惯做法是：如果某个工具不再锋利，不能准确地切割，我就会对它进行研磨。我会把硬质合金的锯片、铣刀、平刨刀片和压刨刀片送到专业的研磨人员那里，但对手动工具，我会定期自己研磨。我们可以用锯锉来保持锯片锋利。对于刨刃和凿子，可以先用装有粗砂轮的砂轮机来快速地磨平有缺口或者受损的边缘，再通过细磨油石将其磨快和磨光。除了准备这些工具，设定专门的研磨区域也十分重要。正

规的安排能提高研磨效率。对一个经验丰富的木匠来说，研磨是一种可以快速、轻松完成的操作，正所谓磨刀不误砍柴工。

为了准确地研磨刀具的边缘，砂轮机的高度必须合适，而且需要配备一个可调节的、坚实的刀架（市场上有许多质量好的砂轮机刀架供选择）。刀架应设置得稍高一些，这样可以更有效地控制工具、更好地观察研磨操作。将刀架保持在距离地面 40~46 in（1016.0~1524.0 mm）的高度，或者在前臂与躯干自然垂直时手抬起的高度比较合适。这个高度会让你在操作时感到很舒适，能够让你在肘部锁定的情况下，以肩膀为轴来转动刀具。这样能够保持身体平稳，使操作更加精确。

如果你对粗磨很生疏，那么你在打磨工具平直边缘的时候难免会害怕。多加练习，你就可以轻松地徒手完成粗磨了，并且会磨

砂轮机放置的高度大致与胸部平齐。这样手臂能够轻松、舒适地伸展开，同时易于控制操作过程。

这个简单的工装能够保证凿子正对磨石。

得很准确。但对初学者来说，下图中自制的工装能够很好地将狭窄的刀具正对磨石放置。你需要将这种辅助工具推入带有凹槽的刀架中。

TIP

粗磨过程中刀具过热会降低它的韧性，使刀刃变钝。有几个小技巧可以让刀刃保持冷却状态。你可以让工具多次轻触砂轮，并在砂轮上来回移动；使用转速为 1700~1800 rpm 的低转速砂轮机可以防止刀具过热；经常清理砂轮，除去累积的金属碎屑。

对于细磨和抛光，有多种效果良好的打磨材料可以使用，从陶瓷、金刚石砂轮和研磨膏到天然的印度石和阿肯色石应有尽有。即使是贴在平整表面上的砂纸效果也不错。我的选择是人造水石，因为它研磨速度快，而且一般都很干净（尽管用的时候可能会水花四溅）。水石的大部分都要浸入水中。为了放置我的水石并且方便用它研磨刀具，我使用了一个自制的水石架和工作箱。

与粗磨不同，细磨和抛光需要在较低的水平面进行，以便你用自己的上半身控制操作过程并对刀具施加压力。合适的高度能够使你在较大的范围内甚至横向地移动刀刃。

你可以将胳膊在身体两侧自然垂下，测量手指到地面的高度，以此得出放置水石的理想高度。对我来说，它的理想高度是 30 in（762.0 mm）。

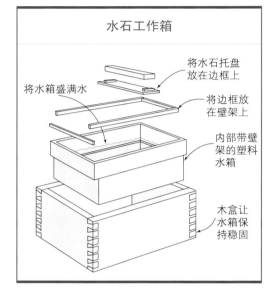

水石工作箱

将水石托盘放在边框上

将水箱盛满水

将边框放在壁架上

内部带壁架的塑料水箱

木盒让水箱保持稳固

粗磨用工装

¾ in（19.1 mm）胶合板

杆的尺寸适配刀架上的凹槽

带凹槽的刀架

水石工作站能够提供稳固的操作面，还可以在水中存放水石。

夹具

俗话说得好，夹具再多也不够用。但在最重要的夹具上投资是非常值得的。管夹和

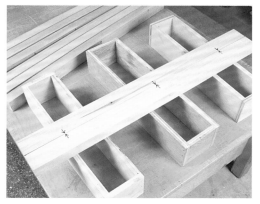

夹紧的垫板表面应该轻微凸起，从而有助于将压力转移到木板的中心。

杆夹对制作柜子来说十分重要，它们一般长2~6 ft（0.6~1.8 m），或者更长，用于边对边的接合和箱体的组装。有着 4 in（101.6 mm）深钳口的快速夹也是我非常喜欢的工具，这种夹钳能够辅助放置和支撑工件，将工件的各个部分夹在一起，对夹具和机械的设置也十分有用。如果可以，不妨准备一些深喉快速夹（快速夹的"喉部"深度是指从钳口的外沿到杆之间的距离），它们可以深入到较宽工件的中心部位。最好再准备一些木工螺丝夹、带夹、弹簧夹，以及 A 字夹（人字夹）这样的特制夹具，以便需要时使用。不要在质量上打折扣，一个好的夹钳无须弯曲变形就能提供足够的压力。夹钳的夹头应该能够牢固且端正地夹合工件。

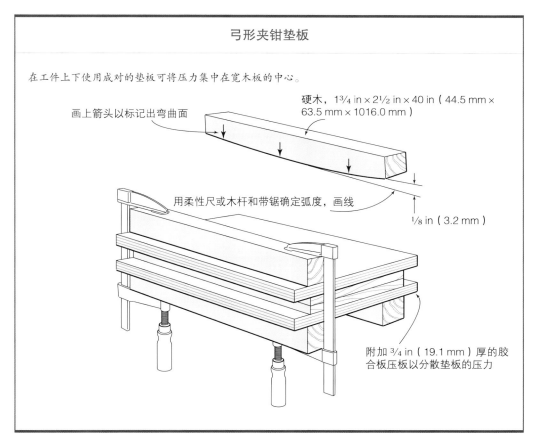

弓形夹钳垫板

在工件上下使用成对的垫板可将压力集中在宽木板的中心。

画上箭头以标记出弯曲面

硬木，1¾ in × 2½ in × 40 in（44.5 mm × 63.5 mm × 1016.0 mm）

用柔性尺或木杆和带锯确定弧度，画线

⅛ in（3.2 mm）

附加 ¾ in（19.1 mm）厚的胶合板压板以分散垫板的压力

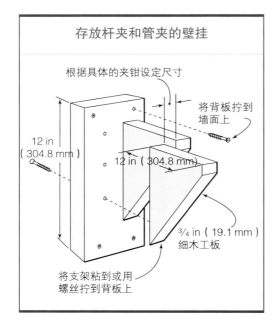

存放杆夹和管夹的壁挂

根据具体的夹钳设定尺寸

将背板拧到墙面上

12 in (304.8 mm)

12 in (304.8 mm)

3/4 in (19.1 mm) 细木工板

将支架粘到或用螺丝拧到背板上

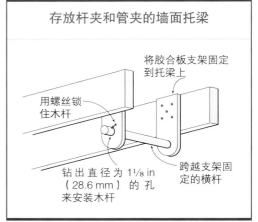

存放杆夹和管夹的墙面托梁

将胶合板支架固定到托梁上

用螺丝锁住木杆

钻出直径为 1 1/8 in (28.6 mm) 的孔来安装木杆

跨越支架固定的横杆

顶架可以方便地存放夹钳。

一排胶合板墙面托架能够有条理地存放杆夹，使它们易于取放。

　　要想到达难以夹到的区域，比如宽木板的中部，你还可以使用自制的横杆或垫板，它们的价格比深喉夹便宜。此外，这些工具可以和胶合板配合使用以按压薄板。因为横杆会沿长度方向轻微弯曲，所以夹具的压力能够平均分布——即使到宽木板的中心也是如此。我手边有 10 根这样的横杆以进行复杂的胶合操作。

　　存放这些夹具可能要占用很大的空间。如果你的工作间面积很大，将它们放在移动车上十分方便，因为这样你就可以将夹具移动到你需要的地方。不要忘记墙面和天花板也是存放夹具的好地方。只要你的天花板不太高，你可以在托梁中间悬挂很多的夹子。还有一个办法，就是制作胶合板壁挂，如左上图所示。这是从我的木工伙伴保罗·安东尼那里学来的。将壁挂固定到墙上，然后把夹具挂到伸手可及的地方。

第三章
加工木料

准备工作

➤ 保证安全（第 20 页）

➤ 购买和准备实木（第 21 页）

加工实木板

➤ 手工刨平木板（第 24 页）

➤ 顺着纹理切割（第 26 页）

➤ 使用手动工具修整表面
（第 26 页）

➤ 良好的打磨技术（第 28 页）

➤ 保持部件平整（第 29 页）

加工人造板

➤ 胶合板和其他人造板材
（第 30 页）

➤ 混合材料（第 33 页）

➤ 设计和切割胶合板（第 33 页）

使操作更有序

➤ 使用切割清单（第 34 页）

➤ 做标记（第 34 页）

➤ 选择和使用胶水（第 37 页）

制作高品质家具重要的一点就是充分了解原材料。该使用什么木料、怎样购买、去哪里购买、不同木料在家具制作过程中的表现有何不同，这些都是非常重要的信息，有助于提高你的家具制作水平——即便你还没有拿起凿子进行操作。

了解你使用的木料能够帮助你安全地进行木工作业，也许安全操作才是这门技艺里最重要的技术。下面的信息能够帮助你开启这段旅程。

准备工作

保证安全

木工制作中首先要学习和掌握的就是安全操作，这也是最重要的一项技术。木工操作中的错误可以改正，但是实践中出现的意外却无法挽回。我们的工作间放满了各种各样锋利的工具，它们可能会对你的身体造成严重的或永久性的伤害。不过，可喜的是，学会安全操作并不会花费你太多的精力和时间。你需要做的最大投资是端正你的态度，或者更准确地说，是提高你的安全意识。尽管你肯定会配置很多保障安全的设备，但是我认为，保障安全主要还在于你每次进入工作间工作时、在潜移默化中形成的安全意识。注意自己的体力，如果你觉得累了，就不要开动机器。注意聆听工具发出的声音。是的，用耳朵听。任何可以听到的反馈——音高和音调的变化——都可能是在警告你危险靠近了，你需要停下来，重新审视你正在进行的操作。如果你觉得某个步骤很冒险，那就找到其他的操作方法来代替它。总有另外一种方法能够行得通，而且让你在操作过程中时刻感到安全和自信。

安全装备同样十分重要。戴上消音耳塞或耳罩来保护耳朵，尤其是在使用配有高分贝电机的机器时，如电木铣、斜切锯、压刨等。

无论你是在切割木料、用铁锤敲打还是在使用空气压缩工具，都要保证你的眼睛远离碎屑和灰尘，最好佩戴安全眼镜、护眼镜或防护罩等护眼装备。

注意不要将粉尘吸入肺中。气味香甜的木屑可能会凸显木工制作浪漫的一面，但这些木屑往往会产生细小的粉尘并在空气中漂浮数小时。这些微米级的颗粒是臭名昭著的呼吸系统破坏者，它们还能导致其他疾病。必要的话，你要佩戴防尘面罩；当粉尘极度严重时，你要佩戴电动空气净化呼吸器。为了对付较大的木屑和粉尘，你要将主要的机器连接到真空除尘器上，或者安装一个中央集尘系统。在天花板上吊装一个空气过滤箱也是一种不错的方法，它可以收集极其细小的粉尘。

无论你喜欢与否，即使最干净的木工工作间也会聚集粉尘。木工作业留下的干燥粉尘埋下了火灾的隐患。为了保证安全，你必须及时清扫工作间，并定期用压缩空气吹掉插电板和设备通风口的积尘。保持身边放置一个满载的灭火器，以防万一。

在表面处理过程中，你要保证肺部、皮肤和衣服不受烈性化学品的损害。与医务人员使用的手套类似的乳胶手套价格适中，并能让你的双手保持清洁。戴在面部的活性炭防毒面罩能够罩住鼻子和嘴巴，可以防止烟尘和其他有害气体进入肺部。围裙则能够保护你心爱的 T 恤或裤子。

比安全设备更重要的是阅读你所用涂料的说明，了解它们的性能。如果想了解得更详细，你可以向产品的制造商或供应商索要材料安全数据表（Material Safety Data Sheet，简称 MSDS）。谨记，油基涂料在变干的过程中会产生热量，而且能够着火（自燃）——所以要确保把上涂料用的湿布装在密封的金属容器中处理掉或把它们晾在屋外的长凳上，直到它们变干。

将木料送过锋利的钢质或硬质合金锯片时，要使用推料杆、按压板和羽毛板，这样就可以使手指远离危险区域。这些工具你可以用废木料制作，也可以购买成品。无论怎样，需要它们的时候一定要用，而不是直接用自己的手推送木料。

最后一点——但绝不是无关紧要的——就是机器上的安全防护装置。这些装置可以保护你的手指和身体，你不能忽略它们或者想当然地把它们拿掉。检查一下，确保机器上的防护装置安装就位，然后再使用它们。如果可以，使用跟刀板或分料刀，以减少台锯使用过程中木板回弹的可能性。如果你发现某个防护装置用起来不方便——通常台锯导致的事故最多——那就考虑更换安全装置。木工商店里有许多设计合理、性能优良的防护装置可供选择。

购买和准备实木

如果你在木材场购买的是已经处理成一定规格的木板，那就把它们储存起来用来制作首饰盒这样的小件物品。制作家具需要使用原木，这样你就能掌控切割的过程，从而得到更加平整、稳定、漂亮以及颜色和纹理更为一致的木板，因为在整个切割过程中，你在不断地研究你的木料。

对家具制作来说，使用干木料是至关重要的。要多干才合适？经验法则是，湿度在6%~8%的木料能够保持家具与预想的室内环境处于平衡状态。你可以购买窑干或者风干的木料，也可以自己动手干燥木料，这个过程并不困难，而且可以节省一定的费用。市面上有很多这方面的文章和书籍可供参考。

无论你使用的是风干的还是窑干的木料，最重要的是要记住，储存环境的相对湿度要保持在40%左右。在使用前，木料需要在这样的地方存放几个星期。大多数的木工工作间都具备这样理想的环境，你可以在那里放置一个普通的湿度计进行监测。如果不放心，你也可以购买昂贵的湿度计，但较便宜的湿度计对精确地监测环境湿度来说已经足够了，只要你使它保持干净（将它挂在架子下边以防堆积灰尘），将其放在空气流通的地方并定期校准就可以了。你需要每天监测湿度，并总结工作间的湿度变化规律。

当你熟悉了工作间的湿度水平之后，你需要用一个湿度仪测量木料的实际湿度。为了测量准确，你要将一块木板的末端切掉使木料的内部暴露出来，然后将湿度仪的探针插入端面的中心进行测量。下页图中的湿度仪带有数字显示屏，当一对探针被压入木料中上时它就会变亮并显示读数。你要在木料

将木板的末端切掉几厘米，观察木料的内部以准确地了解木料的湿度。

刚刚进到工作间时用湿度仪测量它的湿度，并在之后的几周定期测量。当读数稳定不再变化时，就说明木料已经与工作间的环境达致平衡，这时你就可以对其进行加工了。

将两个探针紧紧地压入切口的端面以测量木料的实际湿度。

在对木板进行划线时，最好在其两端分别预留出 4 in（101.6 mm）的宽度。这是因为当木板通过压刨时，由于台面滚轮压力的变化，木板的前端和后端会产生"末端凹陷"。

当木料适应了工作间的环境，其湿度也满足操作要求的时候，就可以将它们摊开，并在开始加工之前检查木板是否存在瑕疵。检查木板上是否遗留有硬件，比如钉子，并用钳子将其移除。标记出裂缝和不需要的节疤，然后将长木板分割成较短的木板，以方便后期加工。在木板的两端要分别预留出 4 in（101.6 mm）的长度，以防出现裂缝或者"末端凹陷"。使用普通的粉笔就能很方便地标记出要切割的位置。我喜欢"无尘"类的粉笔。白色粉笔标记在粗制的木板上可以清晰地显现出来。如果你想对标记进行修改，只需用湿海绵擦掉原来的笔痕即可，十分方便。

到目前为止，如果一切进展顺利，你的木板应该是翘曲的。别紧张！这是木料干燥过程中的自然现象。现在我们就来处理这个形变问题，而不是把这个问题留到家具制作完成之后。木料基本上有四种类型的形变，你可以轻松地掌握只用眼睛就能辨别它们的技巧（见下图）。了解木料发生的是哪种形变、每一种形变出现的位置，能够帮助你确定消除形变、将木板切割得平整方正的最佳方案。

如果你希望自己做成的家具平整方正，

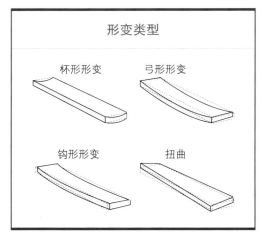

形变类型

杯形形变　弓形形变

钩形形变　扭曲

那么刨平木料的表面是非常必要的。许多木匠经常误认为平刨只是修整边缘的工具，尽管它在这方面做得很好，但是它最大的用处是在使用压刨之前将木板表面刨削平整。如果没有台面较宽的平刨，你也可以用手工刨将木板的一面刨平。

▶见第 24 页 "手工刨平木板"。

在刨平木板之前，你需要瞄一下木板，看看它有没有杯形形变或弓形形变。然后保持形变的一面朝下，将木板放置在平刨台面上。安装上刨削深度较小的刀片，大概 1/32 in（0.8 mm）。一定要使用按压板来控制进料，以防双手靠近刀片。

将木板的一面刨平之后，你可以用压刨将木板整体加工成一致的厚度。保持刨平的那面朝下将木板放在台面上，调整进料方向使刨刀顺着纹理刨削，以避免撕裂木料。

▶见第 26 页 "顺着纹理切割"。

为了把由木料的内部应力造成的形变控制在最小程度，木板两端的刨削量要保持相等。这意味着，你要在每次刨削之后把木板翻过来，然后换到木板的另一端进料，并调整进料方向顺着纹理刨削。

将木板的上下表面刨平之后，用平刨刨削木板的一条边。注意保持木板紧贴靠山，因为这样能够保证要刨削的这条边被切割得方正。对于较窄的边，刨削深度可以比表面刨削大一些，1/16 in（1.6 mm）左右比较理想。

将木板表面加工平整、厚度处理一致之后，不要急着分割，进一步了解你选用的木料会对你有所帮助。通过研究木料的纹理、颜色和质地，你可以逐渐成为一名木材方面的专家。标记出颜色相近的部分，使其能够

相互平衡。例如，门框的两个梃应该来自一块木板上颜色相近的部分。不要被平直的边缘束缚，而要遵从自然的纹理。通过研究木

在刨平木板的上下表面时，将凸起的一面朝下放在台面上，用有橡胶层的按压板安全地控制进料。

为了避免在使用压刨时木板发生撕裂，要顺着纹理操作。每次通过压刨后都要将木板翻过来，以确保每一边的刨削量相等。

为确保木板的边缘方正，你要向下按压木板并使其紧贴靠山。边缘的刨削深度最大不能超过 1/16 in（1.6 mm）。

料的纹理标出家具各部分的尺寸，然后用粉笔画出平行于纹理的直线来勾勒出你需要的样式。用手锯沿着直线锯切，再用平刨将切割面刨平，然后用台锯将对侧的面切削平整。现在木板的纹理走向完全符合你的意愿了。

在从实木板上切下各部分的用料时，切割宽度最好比最终想要的宽度多出 ¼ in（6.4 mm）左右，并用刨平的一边抵住纵切靠山。切割长木板时最好借助杠杆作用，并将注意力和施加的压力集中在纵切靠山，而不是锯片上。然后再次使用平刨将木板的一条边刨平，以去除切割过程中释放的内部应力所引起的弓形形变（同时要注意木板表面的杯形形变。你可能需要再次使用平刨处理切割过的木料并用压刨来获得均一的木板厚度）。接下来要用台锯将木板切割到最终的宽度，操作时同样需要注意用刨平的边抵住

在合适的位置画出平行于纹理（而不是平行于边缘）的直线。用带锯沿着画好的直线切割便能创造新的纹理走向。

为了防止长木板走向偏离，在进料的时候你的视线要沿纵切靠山，而非锯片移动。

纵切靠山。

最后，借助横截角度规或横切夹具用台锯将木板横切到所需的长度。

▶ 见第 11 页"滑板式无底横切工装夹具"。

还有一种选择是用斜切锯将木板切割到所需的长度。你可以借助限位块连续切割出许多长度完全相同的木板，而无须测量和标记每一块木板。

加工实木板

手工刨平木板

如果你没有平刨，或者平刨相对于木料来说太窄了，那么你仍然可以将宽大的木板表面加工得平整、漂亮——只须用手工刨做一些初步的准备工作。不必担心，这不是木匠的祖先在没有电动工具时所进行的那种让人汗流浃背的工作，这个过程只需要一把锋利的手工刨和压刨即可。

把你想要刨平的木板固定到工作台上，有凸起（杯形形变）的一面向上，将楔子打

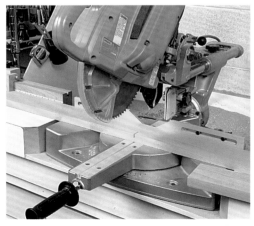

反转式限位块（锯左侧）能够帮助你轻而易举地裁切出许多等长的木板。

到木板底下的几个关键部位以防止木板摇晃。使用长刨（设置较大的刨削深度），刨削木板表面的凸起部分。在木板表面进行对角线式的刨削。刨削过程中，你需要用直尺和一对等宽的直木条检查进度，观察木板表面的凸起和扭曲。不要试图刨平整个表面，只须确保周边或外边缘是平整的即可。

现在把木板翻过来，用压刨刨削另一面（即还没有经过手工刨削的面）。来回反复刨削几次。当这个面也加工平整之后，继续将两面刨削均匀，直至达到理想的厚度。

手工刨平一个面之后，把这个面朝下放置，用压刨刨平向上的那个面。

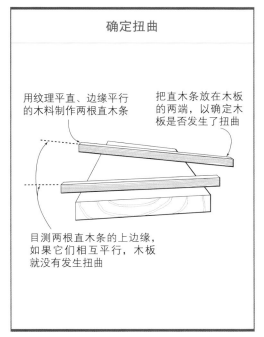

确定扭曲

用纹理平直、边缘平行的木料制作两根直木条

把直木条放在木板的两端，以确定木板是否发生了扭曲

目测两根直木条的上边缘，如果它们相互平行，木板就没有发生扭曲

在刨削有杯形形变的木板的周边时，楔子能够防止工件摇晃。周边刨平之后，你可以用压刨完成后续的刨削工作。

顺着纹理切割

加工实木需要注意木料纤维的方向，即纹理。顺着纹理进行切割，如铣削、刨削甚至打磨，能够使表面更加光滑。逆着纹理切割会拉起木料的纤维，造成撕裂或形成粗糙的表面。花一些时间研究木料的纹理走向，来确定切割时要沿着哪个方向进行。大多数时候，观察木板的边缘就能够看到纹理是往上走的还是往下走的，但是有些木料会欺骗你。有时，你可以用手指分别从两个方向划过木料的长纹理面，从而感觉出哪个方向更顺滑，这种做法特别像抚摸猫毛。最后的检验方法是试切割木料——如果它裂开了，就从相反的方向进行切割。

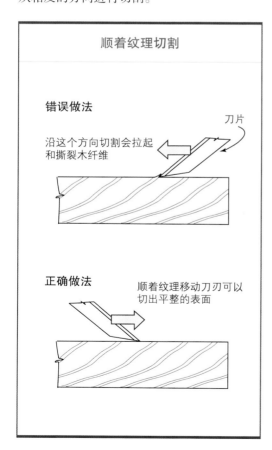

顺着纹理切割

错误做法

刀片

沿这个方向切割会拉起和撕裂木纤维

正确做法

顺着纹理移动刀刃可以切出平整的表面

使用手动工具修整表面

用压刨或平刨刨平的（或直接来自木材场的）木料对制作家具来说还是不够平滑。即使是非常细微的切削痕迹——常常是铣刀上的刃口旋转时留下的细小凸起或凹坑——在做表面处理时也会异常显眼。

你可以用砂带机或不规则轨道式砂光机消除这些痕迹，但是这样操作会产生很多粉尘，更糟糕的是，这样做最后得到的平面很可能会更加不平整。在消除切割痕迹和瑕疵方面，手工刨既迅速又高效，能够做出光滑平整的表面，其他任何一种工具都无法与之媲美。

如果你加工的是一个表面平整的工件，比如又长又宽的木板，你需要把它固定在平整的表面上，比如木工桌的台面。如果用刨子手工刨削一个凹凸不平的面，它很容易会跳过或掠过小的凸起或凹坑，所以要确保工件已经被精确地刨平，然后使用 4 号或 5 号刨完成最初的刨削工作。确保刨刀像剃刀一样锋利，并精确地设定切割深度。

在刨削的过程中肢体语言极其重要。为了方便用力，你需要双腿分开，用手直接握住刨子并保持手腕和肩膀在一条直线上，通过双腿发力推动刨子前伸。推刨子的动作要流畅、干脆，为此在推刨时你的上半身应该以工件为支点向前摆动。你应该不需要迈步或移动双脚就能完成 5 ft（1.5 m）长的木板的刨平工作，当然，这个工作量也不至于把你累得气喘吁吁。正确的手工刨削应该是一个流畅的、令人愉悦的过程。

对于较长的木板，要分次完成刨削，期间需要像飞机起飞和着陆那样操作刨子。具体说就是在每次刨削结束前提起手工刨（类似飞机起飞时的轨迹），在新的刨削开始前将手工刨推到木板上（类似飞机着陆时的轨迹）。这个技巧能够避免因刨子停顿和重新起始留下痕迹。

要不时地用直尺检查刨削效果，确保木料表面的平整。如果发现手工刨跳过了某个小凹坑，你可以试着向刨削方向倾斜刨子，以有效缩短刨刃到木料表面的距离。如果木料很难刨削，已经开始撕裂，就要从反方向对其进行刨削。有时只要简单地反转、拉动刨子，无须重新摆放木板就可以快速地解决问题。

TIP

定期给刨子的底部上油或上蜡能够减小摩擦，使刨子用起来更顺手。轻质油、石蜡或蜡油的效果都很好，你也可以把一些膏状蜡涂在刨子上，再用干净的布将其擦拭均匀。

加工难以处理的木料时，如果手工刨撕裂了木料纹理——这种情况在处理螺旋形或复杂曲线的纹理时并不少见——就用手工刮刀进行刮削。将手工刮刀倾斜着放在木料表面，调整角度直到刮刀可以开始刮削。刀刃锋利的手工刮刀刮出的是刨花，而非碎屑。许多书籍和文章都会介绍研磨刮刀的方法，建议你花些时间阅读一下，以了解怎样研磨这种不可或缺的手工工具。

大多数情况下，你仍然需要打磨木料才能消除刨削留下的细小凸起，以确保所有的木料表面均匀一致，并为进一步获得均一的表面处理效果奠定基础。其实，刨子或刮刀做出的平面已经非常光滑了，你只须用细砂纸打磨即可，这样能够节约打磨时间并减少粉尘的生成。

在每次刨削结束前从工件上提起手工刨能够防止出现不平整的刨削痕迹。

刨削过程中需要经常使用直尺进行检查，保证木料表面平整。

在向前直线刨削的过程中让刨子前倾有助于刨削掉较浅的凹坑底部。

在加工难以处理的纹理时，有时反向拉动刨子比改变木板位置更容易。

在处理纹理复杂的木料时，要使用锋利的手工刮刀，而不是手工刨。

将砂纸包裹在毛毡块外可以增强手对打磨过程的敏感性，提高打磨效率。

将砂纸包裹在花岗岩块的外面非常适合处理边角，从而打磨出清晰平滑的边缘。

用胶水、砂纸和废弃的中密度纤维板可以制作出两面砂纸目数不同的打磨块。

良好的打磨技术

恰当的打磨能够磨出平滑、无旋纹的表面，为后续精细的表面处理过程做好准备。漫不经心的打磨会产生刮痕，或者更糟糕的是，把木料表面弄得凹凸不平——这样的平面反光不均匀，看起来非常劣质。完全不打磨则会留下压刨的处理痕迹或手工刨的刨削痕迹，这会造成上漆后表面处理效果不均匀或产生毛刺。你需要花点儿时间仔细观察木料的表面，确保使用目数连续的砂纸进行打磨。最后的打磨通常需要手工完成，记着要顺着纹理操作。

手工打磨木料表面时，要把砂纸包裹在一个木块外边。这种方法能够防止木料表面出现不规则的凸起或凹陷，并使打磨过程更加高效。打磨较宽的平面时，要用毛毡块代替木块，这样手对木料表面的凹凸更加敏感，木料表面也更容易被磨平。

打磨边缘或棱角时，要用硬木块轻轻地磨圆两个平面相接的尖锐处。木块硬度越大，打磨效果就会越好。切勿用手打磨边缘，这往往会导致打磨效果不一致。我最喜欢的打磨块是用一块平整的花岗岩做的，它非常适合深入边角打磨出整洁、均匀的边缘。

到目前为止，我最常用的打磨块是一块两面都贴有砂纸的中密度纤维板。我根据砂纸的目数不同制作了很多打磨块：在纤维板的两面和砂纸的背面都喷上胶合剂，然后把砂纸粘到木块上。你可以用这些打磨块整平表面或磨削、磨圆边缘。打磨较小的工件时，这些木块也非常有用——将它们首尾相接固定到工作台上，在木块上移动工件，而非在工件上移动木块。考虑到循环使用的问题，当砂纸不再"给力"的时候，可用吹风机或热空气喷枪加热砂纸，然后将其撕下，再贴上新的砂纸。

为了有条理地摆放砂纸，你可以考虑制作一个柜子。它可以存放所有的砂纸、裁切纸和其他相关的打磨工具。你要根据砂纸的大小确定柜子的尺寸，然后根据砂纸的目数将其分类存放。

保持部件平整

即使将实木块压平、铣削甚至进行了打磨，你还是不得不面对散放在工作间的木料有可能发生弯曲的事实。因此在铣削之前，提前几周让木料适应工作间的环境可以最大限度地减少这种状况的发生，尽管不能完全消除。理想的情况是，量好木料的尺寸，切割出所有用于接合的部件，并尽快完成组装和黏合。组装起来的家具部件能够保持平整

将粘有不同目数砂纸的木块首尾相接固定在桌面上能够有效地打磨较小的部件。

你可以借助热空气喷枪将旧砂纸从木块上撕下来，然后粘上一块新的。

且不变形。但是，大多数情况下我们都是一件一件地完成不同的部件，今天切割的接合部件可能在几周甚至几个月之后才会被粘起来。为了保持部件平整，同时让你能够根据自己的时间安排工作，你可以试试下面的两种方法。

将木板铣削磨平之后，你要尽快用垫块将其堆叠到表面非常平整的平面上。可以用工作间的废木料制作宽度和厚度统一的垫块，一般为 ³⁄₄ in × ³⁄₄ in（19.1 mm × 19.1 mm）。这样将木板堆叠好后，木板上面和下面的垫块会处在一条直线上。这时，在最上层的木板上再放一排垫块，并在上面

制作一个可调式搁板柜，用来存放目数不同的砂纸和相关材料。

用夹具切割砂纸

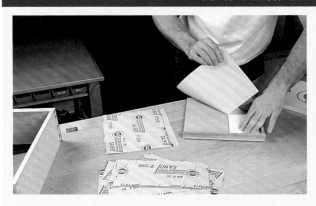

大小相当于一张砂纸三分之一的塑料薄片可以帮助你将砂纸撕开

　　我喜欢将砂纸裁成与夹具和工具匹配的尺寸。为了将砂纸三等分（这个尺寸对我来说很合适），我使用了自制的带有靠山的夹具。你可以自己制作辅具，以裁出你最喜欢的砂纸尺寸。我的砂纸尺寸是 9½ in × 10 in（241.3 mm × 254.0 mm）。使用辅具时，将几片砂纸抵在辅具的两个挡板上，在砂纸上面放一个塑料薄片，然后将砂纸撕开就得到了需要的尺寸。

将事先切割好的木板堆在一起并压上重物，可以防止它们在你离开工作间的时候发生弯曲。

较小的部件可以用收缩薄膜包裹起来以防止变形。

压上重物。这个简单的方法能帮你减少很多后续的麻烦。

　　如果你已经切出了接合部件，但是没有准备好进行最后的组装，那你最好通过干接的方式将它们简单组装起来。这样接合部件本身可以保持各部件的平整。

　　还有一种方法非常适合处理较小的部件，那就是用塑料薄膜将它们包裹起来。我用的是工业收缩薄膜，它们强度既高，又足够长，

并且很容易买到。你需要覆盖部件的所有表面，尤其是端面，然后将包裹好的部件存放在平整的台面上，直到你准备用其完成组装。

加工人造板

胶合板和其他人造板材

　　准备好一件家具所需的实木木板花费的

时间，足够让你设计并裁切出尺寸合适的胶合板来满足制作整个厨房所需的木板了。人造板材的成品宽度多样是人们无法拒绝它们的一个重要原因。还有一个原因是，有多种人造面板或薄板可供选择，包括最常见的硬木胶合板、纤维板和刨花板。人造板材的稳定性意味着你可以不必担心木料发生形变。下面的表展示了每种类型板材的优势和劣势，可以帮助你决定某个家具应该选用哪种特性的木料。

胶合板分为单芯板、实芯板、组合芯板和木芯板等种类，可以是软木贴面也可以是硬木贴面。对制作家具的木匠来说，硬木胶合板是制作面板的上佳之选。这种板材价格便宜，适合用螺丝等硬件固定，而且质地坚硬，是制作架子的理想材料。

较新型的硬木胶合板，如实芯板和组合芯板，内部的几层是较为便宜的刨花板或纤维板，并且通常更加平整——如果你要制作无支撑的部件，像浮动门板或较大的桌面，这一点是需要重点考虑的。木芯板，正如它

如果可能，在处理其他部件的时候，可以以干接的方式将家具部件组装起来防止其弯曲。

板材特性

板材	花费 （A-2 等级）	重量（¾ in ×4 ft×8 ft）	平整性	固定螺钉的 强度	硬度
软木胶合板	$20	30.84 kg	差	好	好
硬木胶合板	$45，桦木 $80，樱木	34.02 kg	中等	好	好
实心胶合板	$40，桦木 $60，樱木	36.29 kg	好	中等	中等
木芯胶合板	$100，桦木 $140，樱木	34.02 kg	中等	非常好	非常好
密度板	$25	45.36 kg	非常好	中等	中等
刨花板	$20	45.36 kg	好	差	中等

信息来自美国的乔治亚太平洋股份有限公司（Georgia Pacific Corporation）、工程木协会（The Engineered Wood Association）、美国硬木胶合板和单板协会（Hardwood Plywood and Veneer Association）和美国刨花板协会（National Particleboard Association）。

A 硬木薄板芯胶合板，胡桃木贴面；B 波罗的海桦木胶合板；C 软木胶合板，冷杉木贴面；D 组合芯胶合板，樱桃木贴面；E 中密度贴面板；F 木芯板，桦木贴面；G 中密度纤维板；H 硬质纤维板，如梅森耐特纤维板；I 实芯中密度纤维板，橡木贴面；J 刨花板；K 三聚氰胺刨花板。

的名字一样，里面是层压的实木，这使得它异常坚硬、牢固。中密度贴面板（Medium-Density Overlay，简称 MDO）是用胶水把内部的板层和表层的牛皮纸黏合起来制成的，这样的结构使得这种板材成为制作户外标志牌的理想材料。

切记，硬木胶合板表面的薄板需要小心切割、处理和上漆，以防止其撕裂或出现缺口，露出内层的木板。一般的硬木胶合板内部各个层板之间都随机地留有空间或空隙，沿木板的边缘呈现出来就是一个个洞。必须将木板的原始边缘封闭或包裹起来，以遮住空隙和内层的板材。

TIP

用梯平齿锯片切割表面脆弱的木板，比如硬木胶合板、三聚氰胺板和塑料层压板，干净、无碎屑。用60 齿的负前角锯片能够减少顶面和底面的撕裂。

波罗的海桦木胶合板、苹果木胶合板和欧式胶合板这三种板材是用多层薄板制成的，中间没有空隙。你可以按照最终需要的样式打磨其边缘。此外，这些板材具有较高的密度和稳定性，非常适合制作夹具。

中密度纤维板价格便宜，是制作平整工件的理想选择，因为这种板材本身就很平整，并且能够保持这种状态。中密度纤维板的表面极其平滑，非常适合做贴面和制作需要用高端油漆处理的工件，也是制作夹具的理想材料。它的缺点在于：过于沉重，在工作间里不易操作；咬合紧固件的能力不高，重压之下会弯曲；边缘粗糙多孔，需要填充或包裹后才能用于面板制作；内部暴露在潮湿环境中会吸水膨胀，并且不能恢复。

它的"兄弟"刨花板是用碎屑——并不是制造中密度纤维板的细纤维——做成的，所以它的表面粗糙，不适合制作较薄或精细的贴面。刨花板具备中密度纤维板的多数优点——价格便宜、相对平整——也不可避免地拥有它的所有缺点。刨花板表面粗糙，最好用作较厚材料——比如塑料层压板——的底层。三聚氰胺刨花板（Melamine-Coated Particleboard，简称 MCP），顾名思义，表面包有一层坚硬的塑料，是制作柜子内部部件的理想材料，因为其表面光滑耐用。

购买刨花板时，要挑选工业标准或高密度等级的。被称作木屑板或碎料板的建筑用刨花板过于粗糙，缺少高密度板材所具有的强度和硬度。

混合材料

毋庸置疑，实木在外观和质感方面具有优势，但是成品的硬木胶合板与实木搭配使用可以为木工作品营造出丰富的感官感受。例如，本页照片中的家庭图书馆中的面板框架、门框、饰边和装饰都是用红木做的，但是面板——包括桌面——是用沙比利胶合板做的。整体给人以结实、奢华的感觉。

即使某种木料所呈现的外观效果就是你想要的，有时将它和其他材料混合使用也是很明智的。一个简单的办法就是：用经过预先加工的板材制作箱子的内层，用硬木胶合板制作箱子的外表面。下页左上图所示的箱子，内层的大部分——包括顶部、底部和搁板——都是用三聚氰胺刨花板制作的。三聚氰胺刨花板的表面非常耐磨，所以箱子的内部不需要再做表面处理——这通常是一项乏味的工作。

箱体上能够看到的侧面是用枫木胶合板做成的，表面涂有油漆以保护内部的木料。把木门装到完成的柜子上之后，淡棕色枫木木料的自然魅力就会完全地呈现出来（见下页左下图）。

设计和切割胶合板

胶合板可以制作大块而稳定的表面，制作时只需很少或者基本不需要准备工作，但缺点是它们的体积很大不好加工。因此，如何设计切割木板，将大块木板分割成更易处理的小块木板非常重要。

你首先要列出一个切割清单，包括每一块大尺寸胶合板的草图，以及将其按部位切割成小块的计划。

▶见第 34 页 "使用切割清单"。

以这样的方式设计切割步骤能够使你的切割顺序最有效。当你根据清单实际操作的

将实木和胶合板混合使用是一种有效的方法。这个家庭图书馆的门框、饰边和装饰都是用红木做的，但面板是用沙比利胶合板做的。

沙比利胶合板做的桌面，并辅以实木和皮革镶边。

你可以使用三聚氰胺刨花板制作箱子的内部，因为其表面非常耐磨。

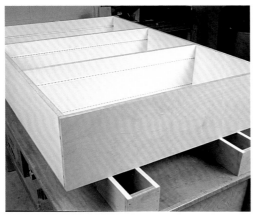

同一个箱子的外部，用枫木胶合板装饰其可以看到的部分。

枫木门和三聚氰胺刨花板制作的箱体整体呈现出天然的木质外观。

时候，它能够帮助你在实际切割胶合板时进一步选择每个部分的纹理样式。使用粉笔做标记能够预览切割效果，如果需要改变设计也会很容易，只要用湿海绵擦掉不想要的标记即可。

大块的胶合板在普通的台锯上很难操作，即使有侧向延展台面和出料台面的支撑也不太容易，所以最好先将大块木板切割成较小的木板。下页图中所示的夹具能够帮助你使用圆锯切割木板，而且只须进行简单的设置。将夹具固定到切割线上，在其底座上移动电锯进行切割。在将木块分切成较小的尺寸之后，再用台锯切割出每个单独的部件用料。

使操作更有序

使用切割清单

制作切割清单是让操作有序进行的好方法，照清单作业能够防止制作阶段出现错误。对复杂的家具来说，你需要为每个部分制作一个列表，并标记出不同部件的尺寸。图纸可以使你的操作过程变得简单。在制作工件时，记得要首先核对每个部分的切割尺寸。

做标记

和切割清单一样，做标记能使你的工作更有条理，并减少因为放错地方寻找部件的时间。对大多数工件来说，你只要准备一根普通的铅笔就可以了。在深色的木料上做标记时，你需要使用白色铅笔（在美术用品商店可以买到）。当你需要更高的标记精度，比如标记燕尾榫的时候，划线刀划出的细线效果最好。

简单的夹具通常最合适。这个圆锯"导轨"可以使你轻而易举地把胶合板切割成想要的尺寸。

这个夹具使用起来很简单,因为你可以将它的边缘直接放在切割线上;电锯由刨花板做的靠山引导前进。

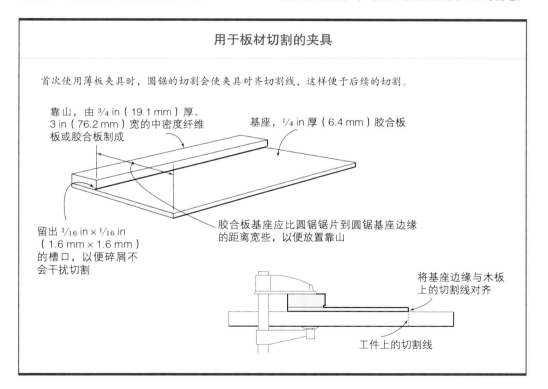

用于板材切割的夹具

首次使用薄板夹具时,圆锯的切割会使夹具对齐切割线,这样便于后续的切割。

靠山,由 3/4 in(19.1 mm)厚、3 in(76.2 mm)宽的中密度纤维板或胶合板制成

基座,1/4 in 厚(6.4 mm)胶合板

胶合板基座应比圆锯锯片到圆锯基座边缘的距离宽些,以便放置靠山

留出 1/16 in × 1/16 in(1.6 mm × 1.6 mm)的槽口,以便碎屑不会干扰切割

将基座边缘与木板上的切割线对齐

工件上的切割线

为了准确取用家具中的每个部件,标记家具中的各个部分时,你需要设计一些标记符号。我用的是三角形和直线组成的标记系统。你可以设计自己的标记系统——符号的样子本身并不重要。我最喜欢的一种方式是给工件的前面和顶部边缘指定两种标记:直线代表前面,三角形——或者一系列的三角形——用来标记顶部和内侧边缘。这种简单的标记系统使我能够以正确的顺序从大量部件中取用我需要的。

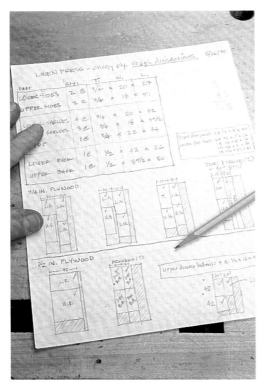

根据切割清单和图纸为每一块胶合板画出切割图，这样能够最大限度地避免浪费。

用粉笔在胶合板上画出最初的设计草图。

对于由许多部分组成的家具，切割清单能够提供很大的帮助，它可以确保每个部件都被切割成合适的尺寸。

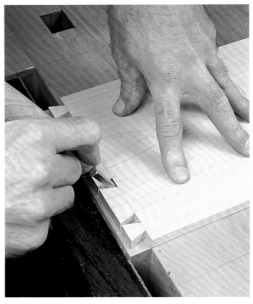

划线刀可以精确地勾画设计线。

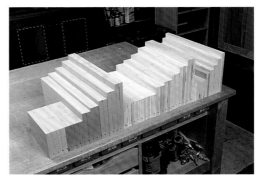

用三角形标记出部件的边缘，以便在切割接头和完成组装的时候正确地找出面和边。

选择和使用胶水

进行组装的时候，你要把自己最信任的胶水取来。但是，就像你不会只用一种材料或木料制作柜子一样，你也不会只用一种胶水完成所有的组装。

话虽如此，但我在制作家具时，90%都是用普通的木工白胶组装的。聚乙酸乙烯酯（Polyvinyl Acetate，简称PVA）胶水有白色和黄色的多种款式。通常白胶能够提供的开放时间（从涂开胶水到将所有接合部件连在一起的时间）较长，适合在完成复杂组装时使用。和所有的木工胶一样，白胶的黏合效果非常强劲。

其他的胶水也有各自的特点，比如有些胶水具有可逆性（当你需要把不同部位分开的时候会用得着）、有些具有抗湿性、有些具有防水性，需要根据具体情况选择使用。下一页的表格能够帮助你选择合适的胶水。

选定了胶水之后，你需要学会把握胶水

的用量，胶水用量过多或过少都会对接合产生不良影响。

胶水用得过少，接合线的位置可能涂抹不到，这一点会在夹具的压力把胶水从接合部位挤走的时候突显出来。这很可能导致得到一个失败的作品。所以，如果把握不好用量，我们宁可多涂一些胶水，但是注意不要把双手弄得黏糊糊的。

另一方面，如果你没有过多的胶水清理干净，它会在随后的工序中困扰你，尤其是当它作为油漆层下的浅色污点出现的时候。

那么胶水的最佳用量是多少呢？根据经验法则，当你能够从接合的部位挤出一串均匀的胶水时，用量刚刚好。

TIP

大部分胶水的保质期是1年，有的更短。所以买胶水的时候要看清生产日期；如果没有生产日期，你需要自己在瓶子上写下你的购买日期。这样你可以随时了解它的新鲜程度。

使用胶水的时候，用量以接合部夹紧之后能挤出一串均匀的胶水为宜。

不同胶水的特性

类型	开放时限	模压时间	备注
PVA（黄色和白色）	3~5 分钟	1 小时	一般木工作业；可用水清除
交联（类型 II 防水型）	3 分钟	1 小时	适合户外使用；可用水清除
热皮胶	不限，需要加热	有限	黏合薄板工件时可适当敲打；可逆
冷（液体）皮胶	30 分钟	12 小时	加热或用水可清除
聚氨酯胶	20 分钟	2 小时	抗潮湿；固化过程有泡沫
塑料树脂胶（树脂粉/水粉）	20 分钟/20 分钟	1 小时/12 小时	抗潮湿；用于薄板和弯曲工件
双组分环氧树脂胶	1 分钟/1 小时以上	30 秒/24 小时	不收缩；可用于薄片黏合；可在水中使用
氰基丙烯酸酯胶（万能胶）	5 秒	5 秒	快速固定小部件；填补空隙
接触胶合剂	30 分钟到 3 小时	即刻	用于层压板工件
热熔胶	15 秒	临时黏合	制作夹具和模板

用来接合木料的胶水品种数不胜数，从传统的皮胶到现代能够即刻黏合的合成胶。

第四章
设计家具

基本原则

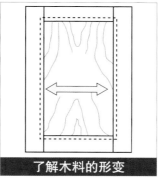

了解木料的形变

基本原则

　　要想自信十足地加工木料，制作出令你引以为豪的家具，对家具设计有一个基本的了解非常重要。尽管设计令人满意的家具是我们一生都要面对的挑战，但是它的要点却极其简单。

实用性优先

　　当我制作家具时，我会遵循一个最基本的原则：优先考虑功能性，然后再考虑造型问题。简单来说就是，家具在外观赏心悦目的同时，更要让人们用起来舒服、满意。依照这个原则，我会首先考虑家具的实用性，然后再考虑它的外观或样式。比如，桌子的设计高度应该与你坐的椅子相匹配，你不能撇开椅子单独考虑桌子的设计。你可以通过下页的表格重新了解和认识常见家具的重要尺寸。

画草图

　　一旦你了解了这些家具的重要尺寸，你的设计要从画草图开始。请注意：画草图并不需要经过正式的培训。画草图的目的是把你做家具的基本想法画到纸上，以便进行研究。即使画得很粗略，这些草图依然非常有用。在之后的工作中，你可以参照草图来检查制作进度。

制作模型

现在开始进行制作。当然，你要选择合适的材料和细致的做工。我敢保证，下一件家具你会制作得更好，而且以后会越做越好。

为提高设计水平，在制作家具时需要考虑一些事情，诸如外观、比例、平衡、线条、形状、重量、颜色、纹理等。这些都是一件赏心悦目的家具不可或缺的元素，而这些元素都要由你自己确定。

完全按自己的想法、随心所欲进行设计是有风险的。这样的设计效果往往并不理想。更安全、更保险的方法是，在制作实物之前首先制作一个模型，并用其做一些测试。比如，如果你正在设计一组扬声器，你可能需要检测一下各种木料的声学性能；如果需要设计一个门，你需要尝试各种铰合方式。在制作测试模型时，我们可以使用废木料，用螺丝、热熔胶，甚至胶带将各部分组合起来。

制作比例模型是另一种测试方法，它能在制作之前帮助你确定家具的外观。你要仔细标出各部分的尺寸，用建筑用尺确定精确的比例。

薄木板、胶合板、密度板、硬纸板废料等——无论你手边可以找到哪种——都是制

常见家具的尺寸

家具	高度（in/mm）	深度（in/mm）	长度/宽度（in/mm）
桌子			
咖啡桌	14~18（355.6~457.2）	18~24（457.2~609.6）	36~60（914.4~1524.0）
纸牌桌/游戏桌	29（736.6）	30（762.0）	30（762.0）
茶几	30（762.0）	15（381.0）	24（609.6）
客厅桌子	30~40（762.0~1016.0）	15（381.0）	24~40（609.6~1016.0）
写字桌	30（762.0）	24（609.6）	36~40（914.4~1016.0）
厨房用桌	30~32（762.0~812.8）	30（762.0）	42（1066.8）
餐桌	29~32（736.6~812.8）	42（1066.8）	60~84（1524.0~2133.6）
椅子			
书桌椅/工作椅	16½（419.1）	16~18（406.4~457.2）	16~20（406.4~508.0）
餐椅	16~18（406.4~457.2）	16~18（406.4~457.2）	16~18（406.4~457.2）
睡椅/躺椅	14~18（355.6~457.2）	18~24（457.2~609.6）	24~90（609.6~2286.0）
柜子			
自助餐柜	30（762.0）	16~24（406.4~609.6）	48~72（1219.2~1828.8）
瓷器柜/展示柜	54~60（1371.6~1524.0）	12~22（304.8~558.8）	任意
厨房橱柜	32~36（812.8~914.4）	12或24（304.8或609.6）	任意
其他			
衣橱	32~54（812.8~1371.6）	24（609.6）	任意
书柜	32~82（812.8~2082.8）	14~18（355.6~457.2）	任意
办公桌	30（762.0）	24~30（609.6~762.0）	40~60（1016.0~1524.0）

作这些缩微模型的理想材料。用热熔胶或氰基丙烯酸酯胶将各部分黏合起来，以便判断家具的比例和整体感觉。

有时，比例模型呈现出的感觉与真实的家具并不一样。为了获得最真实的效果，我们还要制作一个与家具一样大小的实物模型，以观察家具部件的实际比例。制作实物模型可以采用普通的材料，比如两份木料、硬纸板和螺丝，然后不断进行改进，直到你满意为止。

一方面是为了设计，另一方面是为了完善制作信息，我经常会绘制一系列设计图，包括家具的侧视图、前视图（立面图），以及俯视图。设计图可以和实物一样大小或者按比例缩小，使用直尺和30°、60°或90°的制图三角板（从美术用品商店可以买到）就可以完成。除了帮助你设计外形，如果需要，设计图还能帮你生成一个切割清单。

▶ 见第 34 页 "使用切割清单"。

了解木料的形变

木料的形变方向

随着环境湿度的变化，所有的实木都会相应地收缩或膨胀。由于木材的吸湿性（从空气中吸收水分的能力），如果无法在真空环境中密封木板，就不可能完全阻止这种变化——即使使用世界上最好的胶水和油漆也是一样。所幸的是，顺着纹理的形变是可以忽略不计的，所以无须担心各部分的长度方向。但是，如果你没有考虑到切向或横向于纹理方向的形变，则会对你的家具起到破坏性的作用。如果能遵循一些原则，家具就不会弯曲变形，并能使用很长一段时间。

影响木料形变的因素

一般情况下，根据所处环境的湿度随季节的变化，你可以推测大部分窑干或者风干的木料随之变化的情况——在宽度方向上，每 12 in（304.8 mm）允许的最大形变量是

比例模型可以帮你确定家具的比例。刻度尺或建筑用尺（最前面）可以帮你把实际尺寸转化为适当的比例尺寸。

¼ in（6.4 mm）。此外，不同品种的木材，其形变量存在明显的差异。有些品种的木材形变量很小，有些木材则很大。比如，12 in（304.8 mm）宽的弦切（或者称为平切）黑樱桃木板材，其水分含量从 6% 变化到 12% 时，形变量只有 ⅛ in（3.2 mm）多一点，而同样宽度、同样切割方式的山毛榉木板材在经历同样的水分含量变化时，形变量会稍大于 ¼ in（6.4 mm）。

木材的切割方式也会影响到形变量。如果改弦切为径切，同样 12 in（304.8 mm）宽的山毛榉木板材的形变量会减少到 ⅛ in（3.2 mm）。径切板材比弦切板材有更好的稳定性，因为后者纹理不规则，易于弯曲，所以会造成横向上形变不均匀。这里要传授的经验之一就是，使用更加稳定的径切木料制作宽大、无支撑的面板，比如下面没有牢固框架支撑的桌面。

应对木料形变

事先考虑木料的形变是制作能持久使用的家具的关键。最好的解决方案之一，或许也是最古老的办法，就是制作一个框架和面板结构。这个系统依赖于一个狭窄的、有凹槽的框架，以放置一块宽大的面板。当面板随着环境湿度水平的变化发生形变时，它的尺寸可以自由地在框架的凹槽内变化，其膨胀和收缩都不会破坏框架，或使框架开裂。

另一种方法是将箱体不同部分的木料的纹理对齐。比如，如果箱体各面的纹理都呈纵向分布，即从顶部到底部贯通排列，那么当柜子吸收或失去水分的时候，各个部分的形变就是一致的。按交叉纹理的方向黏合或排列木料会产生灾难性的后果，但是也有例外。比如，这样的榫卯接合是没有问题的。

接合处能够保持牢固是因为纹理交叉的部分相对较窄，并且较小的木块（100 mm 或者更小）形变量非常小。在宽大的木料上，这种形变不容忽视，某个部分的膨胀或者收缩都会剧烈地推拉与之相邻的部分，不可避免地造成木料断裂或接合失败。甚至于厚重的油漆，如果像胶水那样涂抹在不正确的位置，也会加剧木料的断裂。

尽管油漆不能阻止木料形变，但也不能忽略它的保护作用。任何一种油漆，包括天然油这样的不干性油漆，都可以在某种程度上减少木料的形变。但是要确保在家具的每个面涂刷油漆的厚度相同，尤其是独立式面板。举个例子，虽然我们更关心木桌表面的美观和光泽，但给底面上漆也同样重要。只有这样，面板或桌面才能以均匀的方式吸收或释放水分。如果你忘记了上下两面应同时涂刷油漆的原则，最后我们只能得到走样的桌面。

除了具体的制作技术，了解你加工木料的环境及其相对湿度也非常重要。比如，在大部分地区，同样的木料在冬季的室内要比夏天的时候干燥。因为相对湿度在一年的这段时间非常低，一方面是由于室外寒冷的天气，另一方面是由于室内的热量集中，两者都能降低相对湿度。了解了这一点之后，聪明的你在冬天制作工件的时候就会将其做得窄一点或薄一点，因为你知道夏天来临时，它们会吸收水分膨胀。反过来，在潮湿的月份制作的工件要稍微"胖"一点，为干燥季节的收缩留出余地。你可以使用湿度计监测工作环境，了解不同季节环境相对湿度的具体变化。

▶见第 21 页"购买和准备实木"。

重视木料的形变

最后，我要提醒大家，木料的形变是不可避免的，只有承认它的这种特性并采取相应的措施才是最稳妥的。换句话说，要做好最坏的打算——并以此为出发点制作家具。

你可能需要假设，家具最终会到达南半球的某个靠近水源的热带地区（湿度变化非常剧烈）——即使这不可能发生。这样在设计和制作家具的时候，你就会把尺寸的巨大变化考虑在内，这样你的家具在制作完成之后才能久存于世。

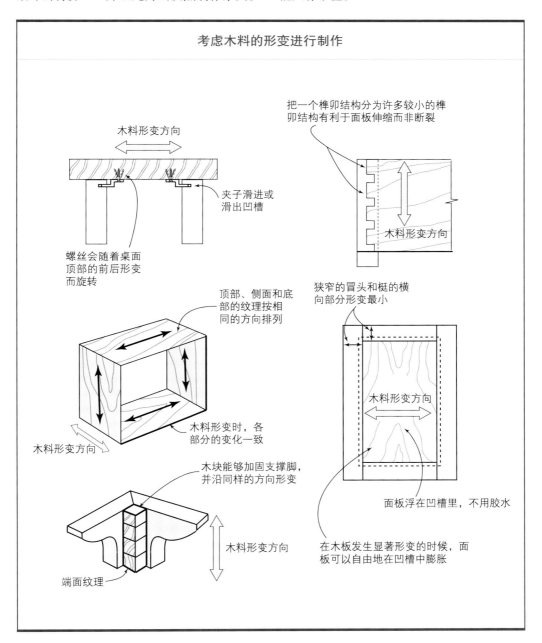

考虑木料的形变进行制作

木料形变方向

夹子滑进或滑出凹槽

螺丝会随着桌面顶部的前后形变而旋转

把一个榫卯结构分为许多较小的榫卯结构有利于面板伸缩而非断裂

木料形变方向

顶部、侧面和底部的纹理按相同的方向排列

木料形变时，各部分的变化一致

木料形变方向

木块能够加固支撑脚，并沿同样的方向形变

端面纹理

木料形变方向

狭窄的冒头和梃的横向部分形变最小

木料形变方向

面板浮在凹槽里，不用胶水

在木板发生显著形变的时候，面板可以自由地在凹槽中膨胀

◆ 第二部分 ◆

盒子和箱体的结构

作为所有木工制作的基本功，箱体的制作可不仅仅是制作有六个面的柜子。复杂的箱体设计需要综合你知道的每一个知识点，还可能会涉及到曲线或者大跨度的部件。但是，你可以从基本的箱体制作中学到必要的技巧，比如制作平整、方正的表面，并使它们保持结构稳定。制作光滑曲线，也就是制作没有凸起或凹陷的平滑线，也是技巧的一部分。还有安装件，是的，在制作箱子的过程中，你要不停地安装各种部件。没有耐心的人就不要尝试了。把所有小部件组装成一个盒子或橱柜这样的大家伙会是种不错的体验。慢慢地，你就可以学会使用各种工具和材料了，运气好的话，你还能更好地掌控它们。

基础式箱体，第 47 页

搁板，第 59 页

钉子、螺丝和其他紧固件，第 87 页

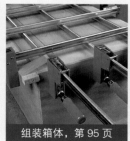

组装箱体，第 95 页

切割与安装线脚，第 103 页

抽屉，第 109 页

抽屉五金件，第 129 页

第五章
基础式箱体

箱体结构

箱体内部

安装到墙上

箱体结构

　　箱子或柜子有不计其数的类型和特点以满足不同人的需要和审美。但是基本的箱体结构都可以归结到少数几种不同的样式或类型中。

　　无论你是制作一个小小的首饰盒、一组抽屉，还是娱乐中心所用的排满墙面的柜子，基本的方法都是相同的：你首先需要把两个侧面（至少两个）连接起来，然后陆续把顶部、底部和背面添加进去。如何把箱体组合起来，某种程度上取决于你使用的材料——是实木，还是胶合板这样的人造板，或者是二者的组合。是的，实木箱体使用胶合板部件是完全可以的，但是需要遵循一些特定的规则，否则由于实木不可避免的形变，你新制作的柜子很快就会在接合处开裂。

▶ 见第 41 页 "了解木料的形变"。

　　第 49 和 50 页的图片展示了一些可选择的接合方式。

　　制作完箱体后接下来需要设计内部的结构，这个设计很大程度上取决于作品的用途。水平隔板和垂直隔板可以将柜子分隔成不同的部分，使其内部的空间得到最大限度的利用。如果想要安装搁板，那么在组装柜子之前你要思考一下如何设计。

柜子的类型

基本的柜子造型在很大程度上能够满足个人的审美和使用要求。比如，同样类型的柜子既可用作文件柜，又可用作橱柜。

独立式：可高可宽，或者由独立的部分组成，比如设计一个上部的柜子单元放在作为底座的箱子上面

嵌入式：连接墙面、地板或天花板，并符合空间的布局要求

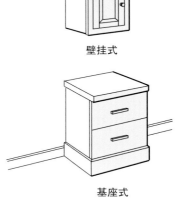

壁挂式

基座式

陈列柜或开放式柜子

组合柜（无框架）

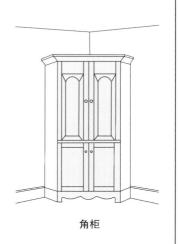

角柜

➤ 见第 59 页 "搁板"。

箱体支撑着抽屉和小托盘，并且需要安装导轨和挡轨导引这些部件进出柜子。当然，

每个柜子都有背板（或者小盒子或抽屉的底板）。不过，给柜子安装背板一般安排在组装过程的最后一步。你需要注意，大多数柜子需要搭口槽或者某种结构来安装背板，它

箱体接合方式的选择

你可以在用胶合板和其他人造板制作的柜子上使用与实木柜相同的接合方式，但滑入式燕尾榫除外，因为在胶合板上这种连接方式的强度不够。用实木制作柜时，各部分木板的纹理方向要一致（如图中箭头所示），这样的纹理排列方式可以保证整体结构的稳定性。

对接

用胶水、钉子或螺丝接合

胶合榫槽和搭口槽

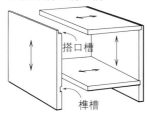

搭口槽

榫槽

圆木榫

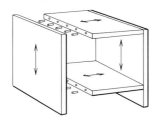

榫卯连接

用指接榫固定顶部；底部的榫头插入侧面的榫眼中

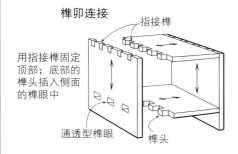

指接榫

通透型榫眼　榫头

可拆装接合

金属连接件与其配合件接合

将螺栓穿过侧面，拧入搁板内的螺母中

将螺母嵌入搁板下面的盲孔中

饼干榫

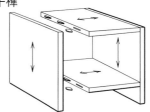

用胶水把压缩木材料做成的饼干榫粘入成对的切口中

燕尾榫

插接头
燕尾头

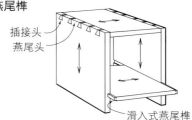

滑入式燕尾榫

顶部用燕尾榫接合；底部或搁板用滑入式燕尾榫固定

方栓接合

方栓

方栓切口

方栓

们应该在柜子组装之前被设计并制作出来。

最后，如果柜子需要悬挂在墙上，你还要考虑设计悬挂系统。或者，如果你需要把一个基座式的柜子固定到地板或墙上时，重量是需要重点考虑的因素，因为柜子有可能要装入几倍于它自身重量的物品。木质的防滑条适用于大部分的箱体，并且可用于把箱体永久地固定在一个垂直表面上。但是如果要从原来的位置移动柜子怎么办？那就提前设计，以做出方便移动的壁挂式柜子，而且不需要任何工具。

在开始柜子的制作之前，首先要把柜子的基本类型和需要具备的功能确定下来。通常情况下，你可以以一个非常基本的设计为基础，将其修改成满足特定需求的柜子结构，比如以一个简单的基座式柜子为基础，将其修改成可以配备整个厨房使用的多功能柜。

实木板和胶合板的接合

决定了箱柜的类型之后，你就需要调查

胶合板和实木接合

在同一个柜子中成功接合胶合板和实木板的关键在于避免出现宽度大于 4 in（101.6 mm）的胶合接缝。如果一定要在一大块实木板上匹配使用胶合板，最好用螺丝将两部分组装起来，因为螺丝允许木料自由地移动。或者，如果你不想用螺丝，那你可以制作一个胶合板嵌板，把它装在实木框架里，这样家具表面就不会显露任何五金件。胶合板背板能够成功地黏合到实木侧板的搭口槽中，因为搭口槽几乎是没有宽度的槽口。

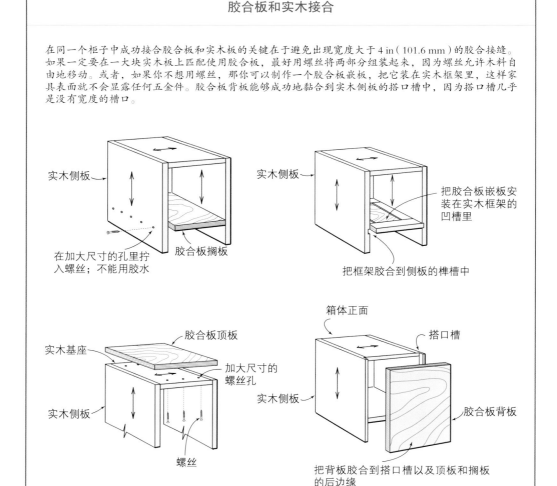

实木侧板

在加大尺寸的孔里拧入螺丝；不能用胶水

胶合板搁板

实木侧板

把胶合板嵌板安装在实木框架的凹槽里

把框架胶合到侧板的榫槽中

胶合板顶板

实木基座

实木侧板

加大尺寸的螺丝孔

螺丝

箱体正面

搭口槽

实木侧板

胶合板背板

把背板胶合到搭口槽以及顶板和搁板的后边缘

可用的材料了。实木和人造板（比如胶合板和刨花板）都可以用来制作柜子。每种材料都有各自的优缺点。

有时，接合方式的使用取决于你选择的材料类型，但更大程度上取决于你愿意在这个家具上投入的精力以及由此选择的接合方式的复杂程度。

► 见第 20 页 "保证安全"。

比如，使用胶水和钉子的对接接合没有什么不好。认真细致地完成操作，用钉子接合的柜子也能使用很长时间，并且用这种接合方式组装柜子会很快。柜子的四个角用燕尾榫接合也可以，但是需要详细设计并投入更多的精力。关键在于，你希望投入多少时间和精力去制作简单的——或者不那么简单

的——接合方式。通常，这取决于哪种接合方式最符合你的个人风格，以及你的工作间配备状况和你的技术水平。

考虑在实木上使用哪种接合方式时，主要考虑的是木料形变的方向，制作的接合件要能容纳这种形变。49 页的图展示了各种情况下排列纹理方向的正确方式——尤其是在把各部分胶合在一起的时候。对于硬木贴面的胶合板和表面有纹理的其他人造板材，就不用考虑纹理方向的排列了。当你混合使用实木板和人造板（见第 50 页图）时，你则需要再次考虑木料形变的问题。

设计柜子的内部

确定了柜子的类型和所用材料后，你需要专注于设计柜子内部结构的细节。柜子的

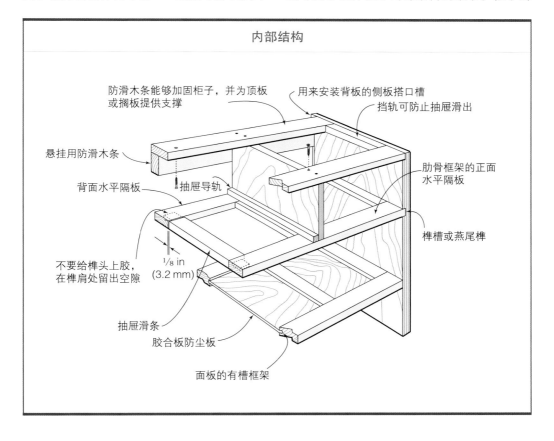

内部结构

防滑木条能够加固柜子，并为顶板或搁板提供支撑

用来安装背板的侧板搭口槽

挡轨可防止抽屉滑出

悬挂用防滑木条

肋骨框架的正面水平隔板

背面水平隔板

抽屉导轨

榫槽或燕尾榫

不要给榫头上胶，在榫肩处留出空隙

¹⁄₈ in (3.2 mm)

抽屉滑条

胶合板防尘板

面板的有槽框架

内部构造有多种功能。接合在箱体侧面的肋骨框架可以加固箱体，并为抽屉提供平台；水平隔板可以加固内部框架，并高效组织空间；防滑木条可以代替较宽的面板，并可以为顶板的连接提供支撑。抽屉导轨能够引导抽屉平滑地进出柜子，挡轨能够防止抽屉在拉出来的时候向下倾翻。

如果你制作的是壁挂式柜子，你需要一种悬挂柜子的方法，这经常需要巧妙地把一些部件藏在箱体内部。

垂直隔板和水平隔板

肋骨框架和防尘板提供了内部构造的骨架，我们经常还要在其中安装垂直隔板和水平隔板。水平隔板不仅分割了柜子内的空间，而且为五金件和抽屉提供了承重面，为搁板提供了平台。在水平隔板或搁板下面装一块垂直水平隔板，能够起到加固搁板，防止其下垂的作用。如果把水平隔板固定到柜子的侧面，则能够提高箱体的整体强度。

垂直隔板有助于支撑搁板或抽屉，并能防止这些部件下垂。

水平隔板与垂直隔板结合使用，能够为抽屉提供坚实的支撑。

一系列薄的垂直隔板能够形成分隔架，方便储存小物件。

水平隔板的连接方式

水平隔板和垂直隔板可以成为柜子整体结构的一部分，尤其是在其接合方式可以加固柜子的时候。对接接头和螺丝是连接箱体内部水平隔板的一种简单方式，并且不会把五金件暴露在外。金属线支撑能把接合处隐藏起来，并可以让你轻松地拆掉水平隔板。

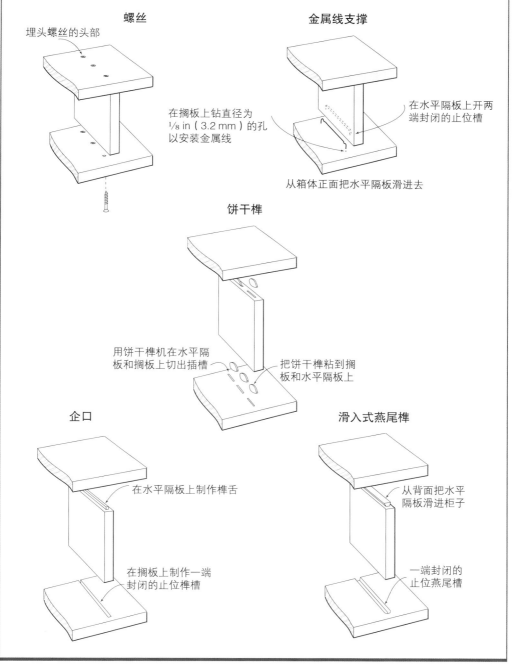

螺丝

埋头螺丝的头部

金属线支撑

在搁板上钻直径为 $\frac{1}{8}$ in（3.2 mm）的孔以安装金属线

在水平隔板上开两端封闭的止位槽

从箱体正面把水平隔板滑进去

饼干榫

用饼干榫机在水平隔板和搁板上切出插槽

把饼干榫粘到搁板和水平隔板上

企口

在水平隔板上制作榫舌

在搁板上制作一端封闭的止位榫槽

滑入式燕尾榫

从背面把水平隔板滑进柜子

一端封闭的止位燕尾槽

箱体内部

肋骨框架

　　肋骨框架能够加固箱体，为放置抽屉提供坚实的平台，并且不会给柜子增加额外的重量——它的设计也充分考虑到了实木侧板的形变问题。

　　要匹配柜子的内部尺寸来确定框架各部分的尺寸并进行切割。首先切割框架部件的榫卯接合结构，为箱体的接合做好准备；然后在箱体侧面切割燕尾槽和榫槽。为了精确起见，用一个夹具同时切割两种槽——但要使用底板直径不同的两个电木铣（A）。对于较小的电木铣来说，其两侧要放上薄垫片来弥补底板直径的差异。你需要确定薄垫片

的厚度以匹配你的电木铣。你也可以只用一个电木铣切割这种槽，但那需要你在两次切割之间更换钻头，改变切割深度，或者重新调整夹具的位置。

　　用 1/2 in（12.7 mm）的铣刀铣切一个 11/16 in（17.5 mm）宽、5/16 in（7.9 mm）深的燕尾槽，用于安装抽屉的水平隔板。使用比最终需要的槽口宽度稍小的铣刀能够大量减少铣刀的压力，使切割干净整洁。将薄垫片放在电木铣的两侧，以顺时针方向移动电木铣，先使其接触左侧的薄垫片，再接触右侧的。用铅笔线标记出燕尾槽的长度，当铣刀到达标记位置时停止切割即可（B）。

　　接下来为抽屉导轨制作榫槽。将薄垫片移开，使用同样的夹具和底板直径较大的电木铣。使用 3/4 in（19.1 mm）的切入式直铣

这个燕尾槽、榫槽切割夹具具有双重作用：在箱体侧板上切割 11/16 in（17.5 mm）的燕尾槽和 3/4 in（19.1 mm）的榫槽。在第一个电木铣上使用 1/2 in（12.7 mm）的燕尾榫铣刀，为两侧的导轨装上垫片，使得电木铣在靠着一侧铣切时，与另一侧总是留有 3/16 in（14.8 mm）的空隙。铣切燕尾槽时，让电木铣先靠左（向前方推）再靠右（向后拉时）。在制作榫槽时，你要拿掉垫片、为底板直径较大的第二个电木铣换装 3/4 in（19.1 mm）的铣刀。

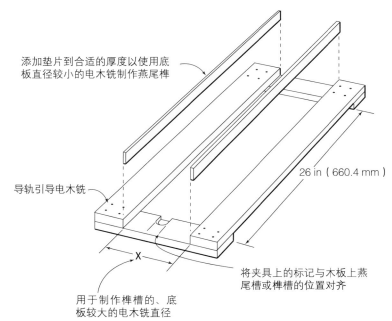

添加垫片到合适的厚度以使用底板直径较小的电木铣制作燕尾榫

导轨引导电木铣

26 in（660.4 mm）

X

用于制作榫槽的、底板较大的电木铣直径

将夹具上的标记与木板上燕尾槽或榫槽的位置对齐

A

刀在燕尾槽之间切割出 1/8 in（3.2 mm）宽的浅槽（C）。

从柜子的正面进行操作，把燕尾榫胶合到槽内并用夹具夹住接合处，这样就安装好了正面水平隔板（D）。

然后把箱体翻过来，从背面入手，把抽屉导轨胶合到正面水平隔板后的榫眼中。不要把导轨粘在榫槽中，要用螺丝穿过导轨中心的大尺寸孔并拧进箱体的侧板中（E）。对于较宽的箱体，整个导轨需要使用两到三个螺丝。使用螺丝听起来像是非传统的做法，但是这个技巧可以加固整体框架，更重要的是，随着时间的推移，箱体的侧面仍能保持平整。

把背面的水平隔板胶合到背面的燕尾槽中，但不要用胶水把导轨后面的榫头粘到导轨上。计算好导轨的尺寸，以确保导轨后部的榫肩和背面水平隔板之间留出 1/8 in（3.2 mm）的间隙（F）。这种设计充分考虑到了箱体侧板的形变。给后面的榫头上蜡也是一个便于导轨活动的好办法。在图中所示的箱体中，每一层都包含两个抽屉，所以需要在箱体正面中央的垂直水平隔板上也切出燕尾槽。将较宽的导轨安装在水平隔板背面——同样不要给榫头上胶。接下来，把较窄的导轨木条安装到中央导轨上以引导抽屉的侧面。

➤ 见下页"抽屉导轨"。

B

C

D

E

F

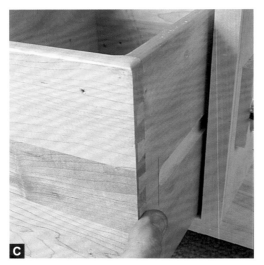

抽屉导轨

如果柜子有抽屉，那么安装引导系统就是十分必要的。对最简单的柜子来说，侧板本身就能够引导抽屉。但是，如果正面框架超出了柜子的侧板或者是当一个垂直隔板被分出了两个甚至更多的并排抽屉时，额外的引导系统就十分有必要了。

如果柜子中没有设计水平前隔板，而你想把可用空间最大化，那么你可以把实木条滑轨安装到柜子侧面，然后在抽屉侧面铣切出与之匹配的凹槽，直接把抽屉上下排列安装。

在抽屉侧面铣切 $1/4$ in（6.4 mm）深的止位槽（A）。用螺丝把木条安装到箱体上。一块抵在木条下的胶合板可以使两侧的木条保持水平，并处在同一高度上（B）。把抽屉滑入到木条上后，你就只能看到抽屉两侧的凹槽了（C）。如果柜子正面的框架超出了箱体，只须用胶合板木条填满超出的空间，然后用螺丝把实木导轨条钉到箱体的侧面上。

TIP

如果抽屉两侧的上方是空的，那么要在侧面上方安装挡轨以防止抽屉倾翻。可以用几个螺丝或一些胶水把挡轨连接到箱体上。

对于水平并排的抽屉，直切并刨出一个与水平隔板厚度相当的木条，并将其榫接到柜子的正面和背面，或者直接用胶水将其粘到肋骨框架上。为使导轨木条对正抽屉两边的槽，可以使用一对与抽屉开口宽度完全一致的废料板，然后将导轨木条夹在两块废料板之间，固定好位置后，拿掉其中一块废木板，把木条黏合并夹在框架上（D）。

防尘板

在箱体内部安装防尘板有两个主要原因：对衣柜来说，防尘板能够防止衣服绞到上方的抽屉里；密封柜子，防止空气中的尘土进入。

在组装框架之前，你需要在肋骨框架上为防尘板开槽。在电木铣倒装台上用开槽铣刀能够快速完成这项工作（A）。

安装好正面搁板和导轨之后，从背面把防尘板滑进凹槽中。为了进一步加固整体结构，可以把防尘板粘到正面和侧面的凹槽里，只要你的防尘板是用胶合板做成的就可以（B）。

在安装背面搁板时，你只须把燕尾榫黏合到燕尾槽里。考虑到柜子侧板的形变，注意不要把搁板黏合到防尘板或者导轨的榫头上（C）。

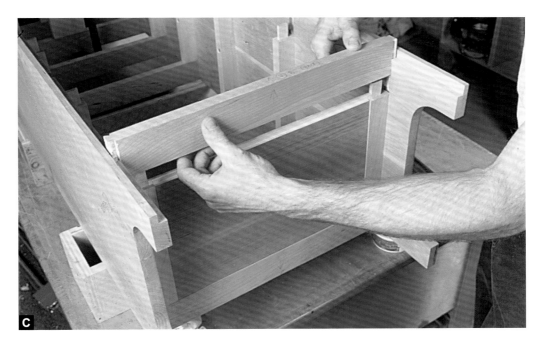

安装到墙上

悬挂防滑木条

要把柜子固定到墙上、地面或天花板上，一般还需要在箱体上增加一个部件。对于基座式底柜，在柜子背面的顶部安装一条水平木条，一般就足够把它固定到墙上了。或者，你也可以在柜子底部安装几个木块，然后用螺丝或螺栓把柜子固定到地板上。

对于需要悬挂到墙上的柜子，要在柜子内部安装一个实木条，将其固定在顶板的下方（A），并在箱体底部的下面安装一个类似的木条（B）。用螺丝或钉子分别穿过两个木条和柜子的背板以固定柜子。木条能够支撑柜子的顶板和底板，这比简单地在背板拧入螺丝要牢固得多。如果你要把柜子固定到传统的木架墙上，你要确保紧固件进入到墙壁的壁骨里面。对于石头或混凝土墙壁，需要使用高强度的砖石锚固钉。

如果希望挂在墙上的柜子是可移动的，你可以把它挂在水平固定到墙面上的斜面木条上（C）。把一个匹配的斜面木条安装到柜子背面，再把一块同等厚度的木条安装到靠近箱体底部的位置，以保持柜子的背面贴近墙面。然后把箱体"挂"到墙上的木条上即可（D）。

对于较小的柜子，给电木铣换上锁孔铣刀在箱体背面切割一对锁孔槽（E）。如果可能，应使锁孔正对墙壁的壁骨；然后用一对螺丝钻入壁骨，将柜子挂到螺丝上。

A

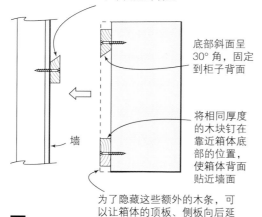

顶部斜面呈30°角，水平固定到墙上

底部斜面呈30°角，固定到柜子背面

将相同厚度的木块钉在靠近箱体底部的位置，使箱体背面贴近墙面

墙

为了隐藏这些额外的木条，可以让箱体的顶板、侧板向后延伸出来

C

B

D

E

第六章
搁　板

选择和设计搁板

搁板的接合

开放式搁板

选择搁板

装饰搁板

看上去不起眼的搁板是柜子最重要的组成部分。你还能找到其他像这样有用的水平存储空间吗？无论是储存书籍、厨房用具、办公用品、工具，还是其他我们在生活中积累下来的物品，现在制作的搁板在未来的许多年里仍然用得上。

选择合适的材料对制作搁板来说非常关键。相比复合板和人造板（比如胶合板），实木板更容易在前缘制作装饰造型，使搁板更美观。胶合板、刨花板和中密度纤维板在制作宽大平整的面板方面具有显著的优势，制作宽大的水平表面的过程就像用台锯或圆锯把木板切割成合适的尺寸一样简单。你选用的材料在很大程度上决定了，当承载物品的时候，搁板是否会弯曲或下垂。总的来说，实木板比胶合板更加牢固。

➤ 见本页"设计防下垂搁板"。

选择和设计搁板

制作搁板时，你有两种选择：固定式搁板和可调节搁板。后者在家具制作完成以后还可以自由移动位置，从而增加橱柜的功能性，但是这种搁板经常会增加柜子设计的复杂性。固定式搁板设计和制作起来都更为简单，并且可以显著提高柜子的强度，也使每个独立的搁板更加牢固。

制作固定式搁板最常见的方法是将其装入箱体侧面的榫槽内。用燕尾榫把搁板固定到柜子上会更为牢固，因为这种接合可以增加胶水的接触面积和接合处的机械强度。

➤ 见第 65 页"搁板的接合"。

对于可调节搁板，你有很多种选择，可以把支架销插入到箱子上钻好的孔里来支撑搁板，也可以选择更精巧的支撑方式。

➤ 见第 71 页"可调节搁板"。

设计防下垂搁板

柜子或书架上的搁板哪怕只有一点弯曲，看起来都非常不雅观——好的家具应该拥有平直和外观坚实的搁板。在着手制作搁板之前，你要想办法找到使搁板足够坚实以支撑预期重量的方法。

还有一些技巧可以使用，比如处理边缘和设计壁架、制作隔舱和抗扭箱等。其他的策略还包括尽可能减小搁板的跨度、选择厚度合适的正确板材。对强度要求极高的搁板来说，厚实的硬木板是最好的选择。此外，固定式搁板比可调节搁板要牢固得多，因为接合本身就能额外加固搁板。

➤ 见第 79 页"木边条"。

选择可调节搁板的支撑件

如果你希望搁板是可以移动的，并将搁板的作用最大化，那么可调节搁板是最好的选择。你可以从成品五金件中选择需要的支撑件或者自己制作支撑件（见第 62~63 页的插图）。

搁板跨度的最大值

为了在 10 in（254.0 mm）宽的搁板上实现中等承重（20 磅/英尺），两个支撑件之间的最大间隔为：

材料	最大间隔
刨花板，3/4 in（19.1 mm）	24 in（609.6 mm）
中密度纤维板，3/4 in（19.1 mm）	28 in（711.2 mm）
硬木胶合板 3/4 in（19.1 mm）	32 in（812.8 mm）
软木	
3/4 in（19.1 mm）	36 in（914.4 mm）
1 in（25.4 mm）	48 in（1219.2 mm）
1 in（25.4 mm）	63 in（1600.2 mm）
硬木	
3/4 in（19.1 mm）	42 in（1066.8 mm）
1 in（25.4 mm）	48 in（1219.2 mm）
1 in（25.4 mm）	66 in（1676.4 mm）

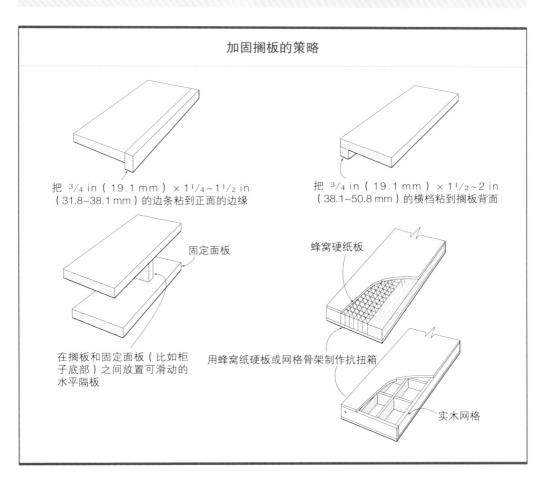

加固搁板的策略

把 3/4 in（19.1 mm）× 1 1/4~1 1/2 in（31.8~38.1 mm）的边条粘到正面的边缘

把 3/4 in（19.1 mm）× 1 1/2~2 in（38.1~50.8 mm）的横档粘到搁板背面

固定面板

在搁板和固定面板（比如柜子底部）之间放置可滑动的水平隔板

蜂窝硬纸板

用蜂窝纸硬板或网格骨架制作抗扭箱

实木网格

可调节搁板支撑件的类型

市售配件

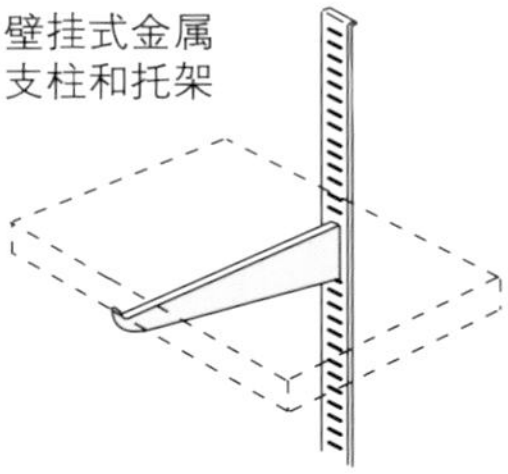

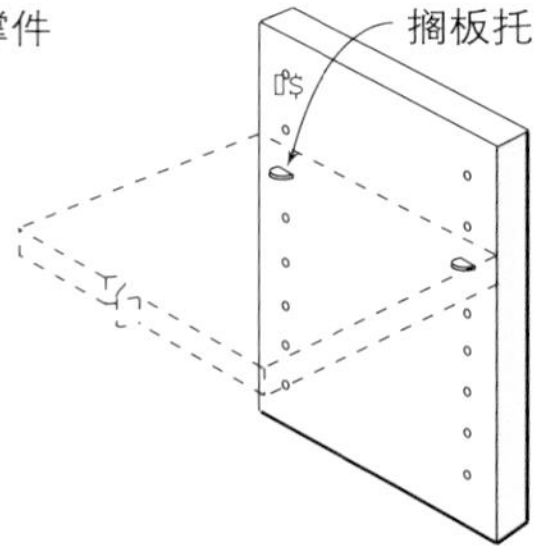

壁挂式金属
支柱和托架

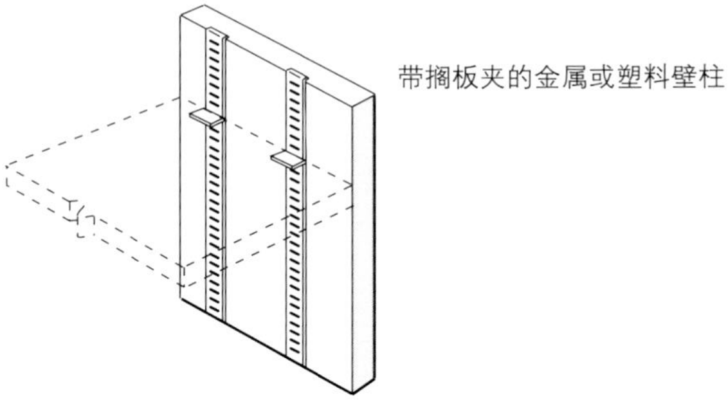

带搁板夹的金属或塑料壁柱

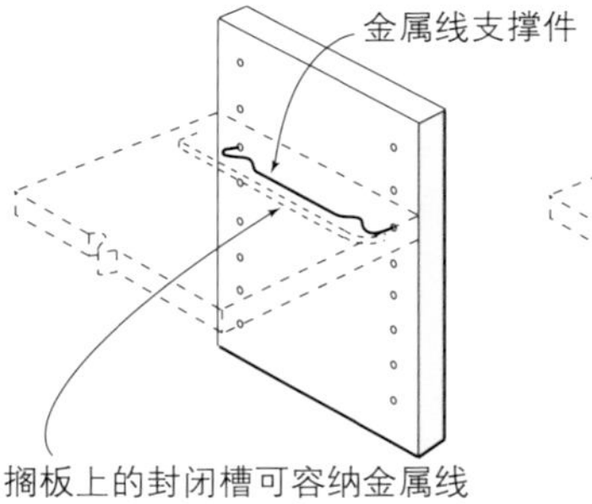

夹子和搁板托

有各种各样的金属和塑料材质
的夹子和搁板托，能够插进壁
柱或柜子上钻的孔里

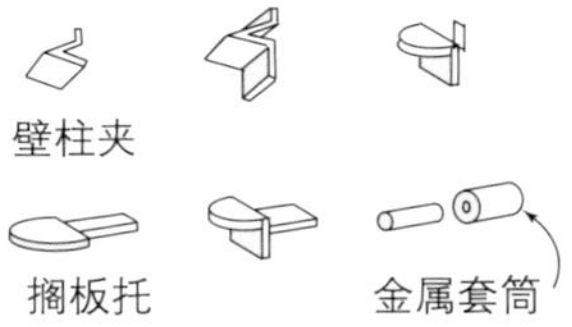

金属线支撑件

搁板托

壁柱夹

搁板上的封闭槽可容纳金属线

搁板托

金属套筒

定制可调节搁板

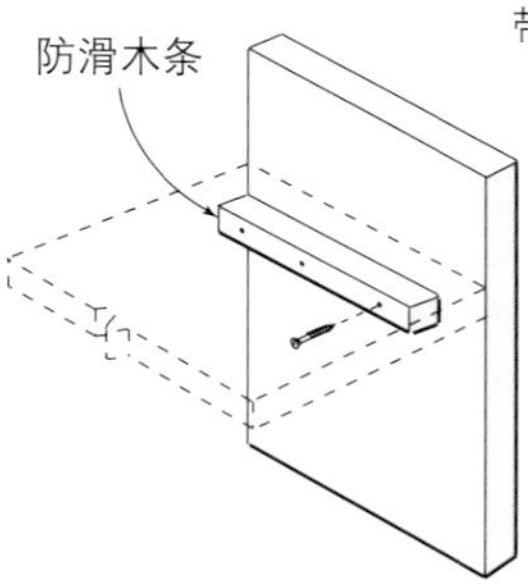

防滑木条

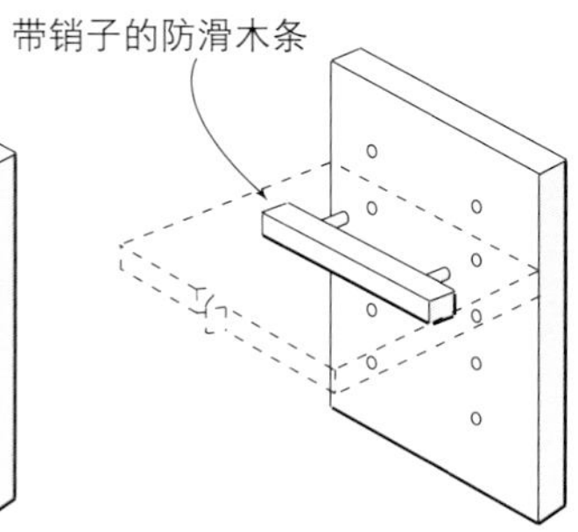

带销子的防滑木条

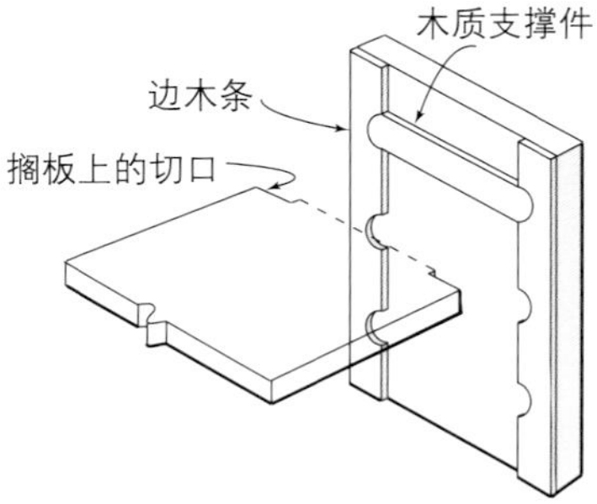

木质支撑件

边木条

搁板上的切口

边缘处理

在搁板边缘铣切、刨削或横切一个形状会给家具增添许多设计感。以下是一些选择。

基本形状

各种变式

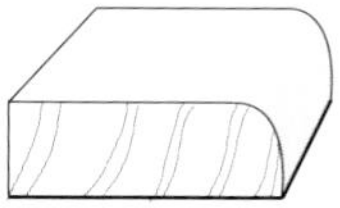

圆角

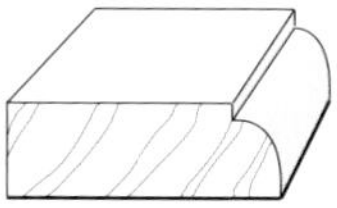

带摺角的圆角

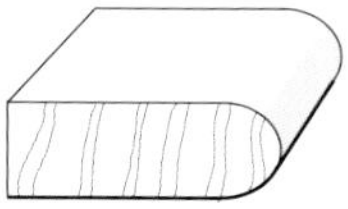

外圆角

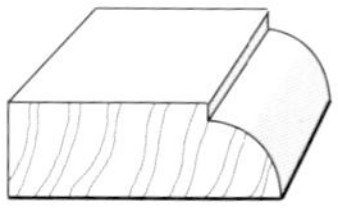

带摺角的小圆角

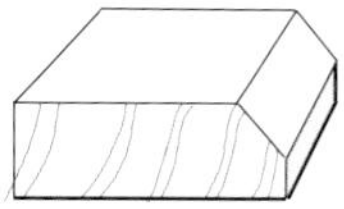

斜切角

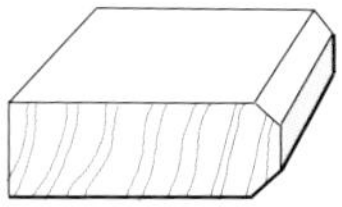

斜切角式顶和底

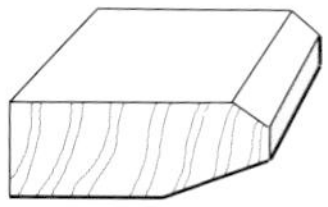

斜切角式顶和斜面底

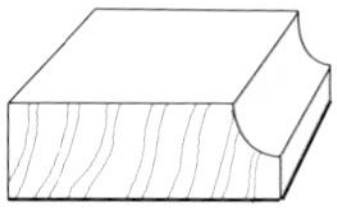

内凹角

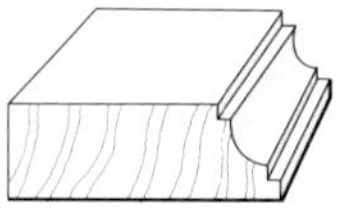

内凹角和摺角

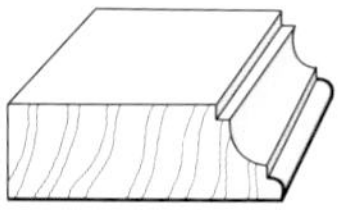

内凹角和四分之一圆

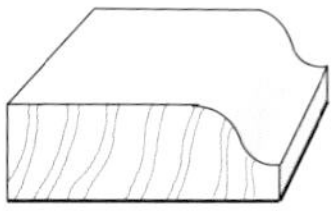

S形

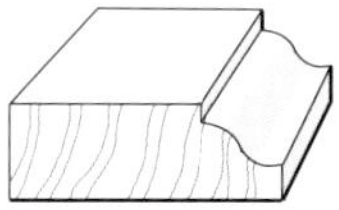

带摺角的罗马S形

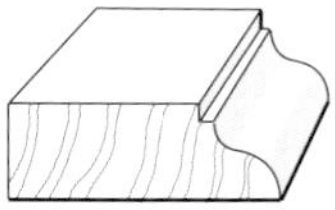

带摺角的倒S形

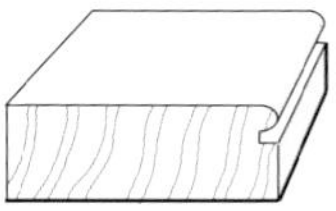

珠边

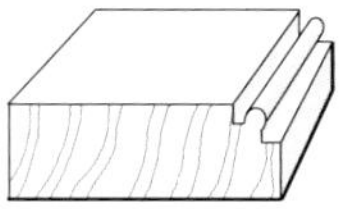

转角珠边

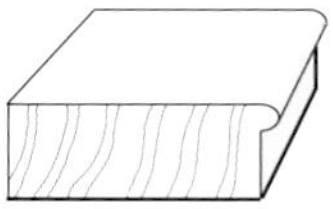

凸形珠边

在做一系列木塞时，要靠近木条的边缘钻取，以便刀头切透木块边缘，这样还可以减少摩擦和生热。

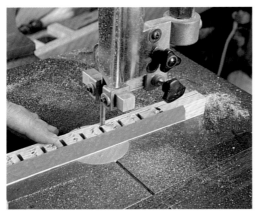

使用带锯将木塞切下来，一定要沿着木塞的底部基准线切割。

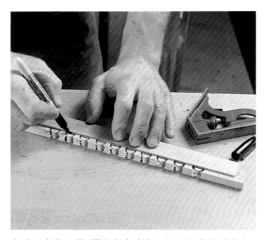

在分开木塞之前，要在所有木塞上标记出长纹理方向。

隐形木塞

在搁板的木料和整体结构确定以后，有许多技巧能够增加搁板的牢固性，防止其在负重条件下变形。例如，你可以使用螺丝或钉子在几个点支撑搁板。为了隐藏紧固件，避免使其暴露在表面，你可以使用木塞作为替代。

为了与埋头直孔紧密配合，你需要用锥形木塞刀在台钻上切下木塞。制作木塞要选择与准备填入的木板相同的材料，以便木塞的纹理能够与之匹配。确定好靠山的位置，以便在钻孔时，刀头能够稍越过木块的边缘。这个技巧可以防止刀头过热和变钝。

给木条上木塞向上的切割面粘上胶带，使其牢牢粘住木塞。把木条侧翻过来，用带锯将木塞从木条上切离。注意盯住木塞的底部，要沿着底部的基准线进行切割。

在把每个木塞分离出来之前，你要在上面做好标记，以指示正确的长纹理方向。这很重要，因为带锯的锯痕与纹理呈90°角，经常会误导你装错木塞的方向。顺着纹理安装木塞，然后将其削平或磨平，注意体会它们是如何"隐形"的。

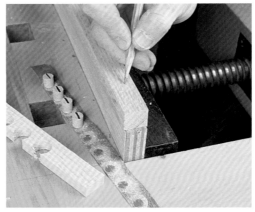

顺着工件的纹理安装的木塞几乎是看不出来的。

搁板的接合

用榫槽固定搁板

牢固的搁板连接方法是把搁板永久地连接在箱体侧板上。这种方法不仅可以加固箱体自身，而且能够加固搁板，防止它在负重条件下下垂。

最简单的制作固定搁板的方法就是在箱体侧板切割榫槽以插入搁板。用直尺引导直槽铣刀切割榫槽。为了让切面干净，减少撕裂，要从较小的铣切深度开始，每次逐渐增加铣切深度（A）。榫槽要开得浅一些——在 ³⁄₄ in（19.1 mm）厚的木板上开出约 ¹⁄₄ in（6.4 mm）深的槽就可以了——以保持箱体侧板的牢固性，并为用钉子和螺丝穿过接合处留出足够厚的木料。

紧密的接合对柜子的牢固度和美观度来说都非常重要。大部分胶合板的实际厚度都会比给出的尺寸薄约 ¹⁄₆₄ in（0.4 mm），所以你需要把榫槽尺寸开得稍小一点以保证紧密接合。B 图中右侧的榫槽是用传统的直槽铣刀切割的，结果接合较松，边沿留有缝隙。B 图中左侧展示的铣刀是为精确匹配标准的 ³⁄₄ in（19.1 mm）硬木胶合板专门设计的，因此接合处非常牢固、紧密。

只须上胶并夹紧接合处，搁板的制作就最终完成了（C 图）。对于看不见的箱体侧板，用螺丝或钉子穿过木板可以方便组装、加固连接。

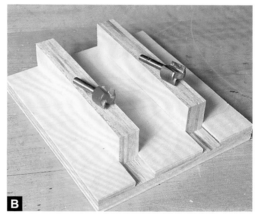

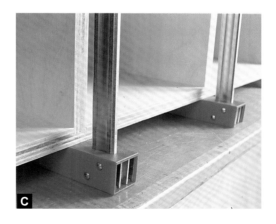

锥形滑入式燕尾榫

最强有力的接合方式是用燕尾榫将搁板榫接到箱体侧板上，燕尾榫和燕尾槽由外向内逐渐变细。

首先在箱体上切出锥形的燕尾槽，使用 $\frac{1}{2}$ in（12.7 mm）的燕尾榫铣刀，并用定制夹具（A、B）引导电木铣。为减少撕裂，在切割整块木板之前，要先在后边缘切割一个切口（C）。

然后，在搁板的两侧用胶带粘上 $\frac{1}{32}$ in（0.8 mm）厚的垫片（D）。

使用加工燕尾槽的铣刀，将搁板固定到电木铣倒装台上，在其两侧各铣削一次，做出燕尾头。先用废木板试切，以便进行微调，可以把靠山向铣刀推近或推远一些，或者调整垫片的厚度，直到燕尾头最宽的部分几乎可以——但不完全——匹配进入燕尾槽较宽的末端。固定在木块上的木条能够避免各种可能的弯曲（E）。

当燕尾榫即将装配到位时，燕尾头应该会收紧。在最后 $\frac{1}{2}$ in（12.7 mm）的距离上，把燕尾头轻轻敲进燕尾槽，就做成了一个紧密的接合。胶水是可选项，但对实木板来说，最好还是在接合处的前部约 2 in（50.8 mm）的范围内用胶，这样无论木料怎样形变，搁板与箱体总是平齐的（F）。

这个锥形燕尾槽工装的尺寸适合使用 $\frac{1}{2}$ in（12.7 mm）的燕尾榫铣刀，可以在宽达 14 in（355.6 mm）的柜子侧面切割出 $\frac{5}{16}$ in（7.9 mm）深、$\frac{5}{8}$ in（15.9 mm）宽的燕尾槽。燕尾榫的斜度比它的长度多出 $\frac{1}{16}$ in（1.6 mm）。对于更宽大的柜子，可以使用同样尺寸的榫头，但需要加宽导向板。

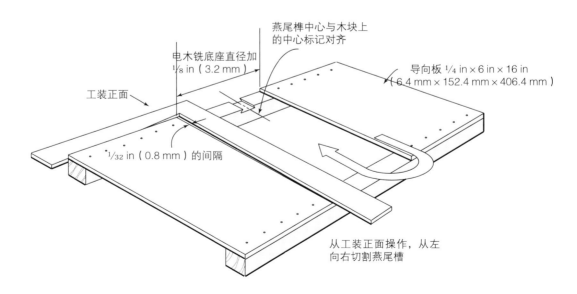

燕尾榫中心与木块上的中心标记对齐

电木铣底座直径加 $\frac{1}{8}$ in（3.2 mm）

导向板 $\frac{1}{4}$ in × 6 in × 16 in（6.4 mm × 152.4 mm × 406.4 mm）

工装正面

$\frac{1}{32}$ in（0.8 mm）的间隔

从工装正面操作，从左向右切割燕尾槽

A

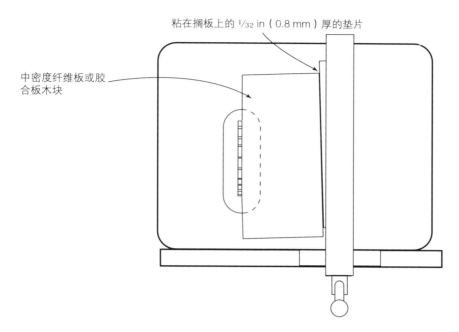

粘在搁板上的 $^1/_{32}$ in（0.8 mm）厚的垫片

中密度纤维板或胶
合板木块

B

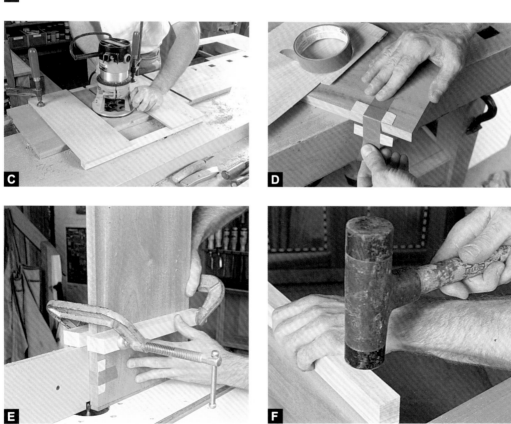

开放式搁板

用于开放式搁板的壁架

　　展示用的搁板通常会在木板的中间放置一个壁架，这个壁架可以从背面用螺丝固定到合适的位置。

　　为了避免直线型壁架的简单枯燥，首先要用带锯在木块的两端切出圆角（A），然后用窜动轴砂机或手动清理锯切过的表面。

　　为了能够感觉更加精致，需要在电木铣倒装台上斜切木块的底面。使用带导向轴承的斜切铣刀，为了安全，开始铣切时，要抵着起始销旋转木块。斜切角不能通过一次切割完成；每次切割后抬高刀头以逐渐加深切

入的深度（B）。

　　为了使外表看上去不那么突兀，要使用 $1/4$ in（6.4 mm）的木工平翼开孔钻在木块上钻取埋头直孔，并使用沉头螺丝将壁架固定到背板上（C）。之后在 $1/4$ in（6.4 mm）的木塞上涂满胶水，把它塞进埋头直孔里。木塞上的标记指示了纹理的方向（D）。

　　胶水干了以后，切削并打磨木塞，使其与壁架的表面平齐（E）。因为木塞的纹理与壁架的纹理平行，所以二者能够实现无缝融合。

　　定制的壁架具有明显的特征。如图所示，我用来存放较大的手工刨的壁架，其边缘轮廓与放在其上的手工刨的轮廓相符（F）。

A

B

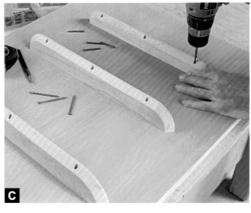

C

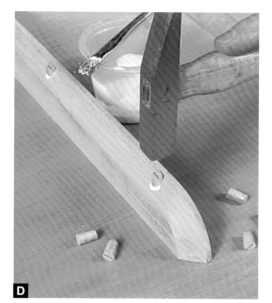

用于开放式搁板的托架

无论是被安装到墙上还是开放式的柜子里，托架都能够承载很大的重量，并使家具的外观更富于变化。

如果你要制作一个或两个木托架，你可以在木板上画出需要的形状，用带锯锯切出来。如果需要多个托架，就需要使用胶合板制成的模板在木板上画出想要的形状（A）。

在带锯上沿着切割线进行切割（B）。用窜动轴砂机清除锯切的痕迹，斜向于纹理的方向打磨，以获得最光滑的表面（C）。修剪肩部，并用锋利的凿子将其整平。

如果可能，你可以用螺丝穿过箱体的背部或背板，并将其拧入托架中，这样可以隐藏接合处（D）。必要的话，你也可以用螺丝穿过托架本身拧入背板中；为了获得一致的外观，需要用木塞塞住螺丝的孔。

➤见第 64 页 "隐形木塞"。

你可以简单地把完成的搁板放在托架上，或者用螺丝或细钉从背板的后面、托架的下面固定搁板（E）。

选择搁板

可调节搁板

为了使柜子或书架的利用率达到最大，把搁板放在支撑件上是一个不错的办法。使用这种方法，你可以轻而易举地重新安排各种搁板。

支撑件的选择很大程度上是审美观的体现：从与箱体上的钻孔匹配的简单的销子，到更加复杂的、使家具更美观的木架。

➤ 见第 62 页"可调节搁板支撑件的类型"。

用来支撑搁板的木支架既简单又实用。为了外形美观，支架越薄越好——最小厚度约为 ³⁄₈ in（9.5 mm）——然后用细钉或小螺丝进行安装。

将木块的宽度和长度切割成合适的尺寸以后，在电木铣倒装台上削圆其正面和底面的边缘。开始操作时，要使用起始销以确保安全（A）。

在完全安装好箱体之前固定支架会相对容易。使用直角尺以确保完全方正地将支架固定在了箱体上（B）。

把完成的搁板放在支架上面（C）。如果要调节搁板，只须将其放在另一组支架上即可。

木支架和接缝搭板

对于可调节搁板，一个比较好的解决办法就是用支架支撑每层搁板，而这些支架则嵌入到木质搭板上钻好的半孔中。这种结构的制作没有看起来那么难，一个带圆角模板的夹具可以帮助你精确地制作出圆角末端的支架（A）。

首先准备两块 2 in（50.8 mm）宽的木条完成接缝搭板的制作。在台钻上使用开孔钻头沿着每块木条的中心钻出一排直径为 1 in（25.4 mm）的孔（B）。

在台锯上将每块木条直切成对称的两半以制成一对搭板（C），并将其用钉子钉到箱体的四角。使用气钉枪可以快速地完成操作（D）。

接下来制作木支架。木支架坯件的尺寸应该比最终尺寸长约 1/8 in（3.2 mm），用一个带圆角模板的工装和模板铣刀切出最后的长度，同时做出圆角末端（E）。

以合适的高度把木支架安装到接缝搭板之间。把做成的搁板放在木支架上面（F）。为了与接缝搭板相匹配，你还要在搁板上做出相应的缺口。

⚠ 警告
在台钻上进行操作时要摘掉戒指和其他首饰。因为戒指如果卡到旋转的钻夹头或钻头上会伤害到手指。

在电木铣倒装台上，你可以借助这个工装切出木支架两端所需的半圆，或者在任何你需要的时候，在木料末端切出特定的弧形。把木条切割到需要的宽度，长度则需要比最终长度多出 1/8 in（3.2 mm）；然后用带锯在木条两端锯出曲线，曲线的半径要比最终的半径尺寸略大一点。用上盖轴承模板铣刀连续操作 4 次切割每个支架，每次切割支架的一个角。

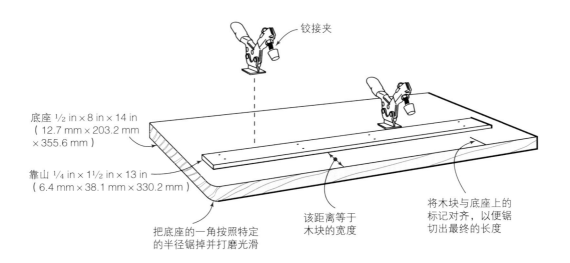

铰接夹

底座 1/2 in × 8 in × 14 in（12.7 mm × 203.2 mm × 355.6 mm）

靠山 1/4 in × 1 1/2 in × 13 in（6.4 mm × 38.1 mm × 330.2 mm）

把底座的一角按照特定的半径锯掉并打磨光滑

该距离等于木块的宽度

将木块与底座上的标记对齐，以便锯切出最终的长度

A

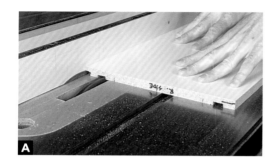

壁柱和壁柱夹子

壁柱是一种能够把可调节搁板组装到箱体上的简单构件，而且能够将高度的调节量控制在 1/2 in（12.7 mm）甚至更小的范围——这对于把搁板准确地安装到你需要的位置十分有用。有些壁柱可以装在表面，但嵌入式壁柱可以让家具看起来更简洁。

用开槽锯或电木铣在木块上切割凹槽以安装壁柱，首先用废木料试验一下以确保尺寸合适（A）。对于铝质、黄铜和塑料的壁柱条，你需要使用横切式的硬质合金锯片，将其切割到合适的长度（B）。如果壁柱条是钢质的，你必须使用钢锯。使用任何一种壁柱时，放置壁柱夹子的插槽或插孔要与每个壁柱末端的距离相等，这一点非常重要，因此长度方向在切割时必须仔细测量。

把壁柱条压进凹槽里，可以用组装好的柜子顶板和底板辅助固定（C）。

完全将柜子组装好之后，就可以把搁板装上了。把塑料壁柱夹子牢牢地拧进这种风格的壁柱里（D）。

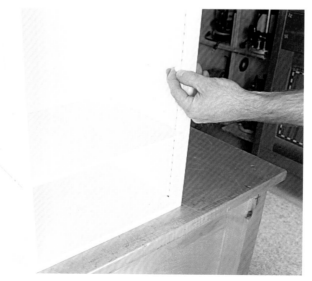

销子和孔

在箱体上钻出一排孔，插入销子以支撑搁板是另外一种简单而不失美观的、制作可调节搁板的方法。但是，一旦孔的位置出现差错，放在上面的搁板就会不稳。使用一种简单的夹具可以帮助你在柜子侧面打出位置十分精确的孔（A）。

把夹具固定到箱体侧板上，它的边缘要与侧板的边缘平齐。在这个例子中，我在木板上装上了饼干榫，这有助于对齐夹具的末端。使用一个中心冲头或锥子穿过夹具上的孔在木块上做标记。在夹具上用胶带限定钻孔的范围（B）。

用台钻和三尖沉孔钻头钻孔。夹在桌面上的靠山在底部有搭口槽，可以容纳偶然出现的木屑，使其不会影响我们钻出排列整齐的孔。

如果没有台钻，那你可以使用市售的钻机搭配图中这样的夹具来操作。不需要标记，只须把夹具固定到木板上，让钻头通过淬火钢化套管钻入工件（D）。环绕钻头的胶带能够引导它到达合适的深度。

手持式沉孔钻在孔的内侧轻轻地斜切一下是个不错的修饰方法。确保在每个孔上旋转相同的次数，以保证它们外观一致（E）。黄铜制的销子可以使外观更加整洁（F）。

这个简单的布孔夹具能帮助你在木板上精确地标出打孔的位置。使用时需要将夹具的底边对齐箱体侧板的底边或者箱体的接合处，比如榫槽或饼干榫的位置。用锥子或者中心冲头穿过夹具上的孔就可以在木板上标记出孔的位置。

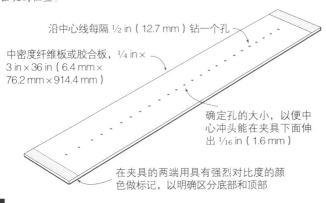

沿中心线每隔 ½ in（12.7 mm）钻一个孔

中密度纤维板或胶合板，¼ in × 3 in × 36 in（6.4 mm × 76.2 mm × 914.4 mm）

确定孔的大小，以便中心冲头能在夹具下面伸出 1/16 in（1.6 mm）

在夹具的两端用具有强烈对比度的颜色做标记，以明确区分底部和顶部

 A

 **B**

 **C**

 **D**

 **E**

 **F**

金属线支撑件

这些奇妙的金属细线——我们称之为隐形线或"魔术"线——在你需要制作可调节水平隔板或垂直隔板时能发挥很大的作用。

一对小的弯曲金属线能够嵌入搁板末端的插槽和箱体上的小孔中。为了安装搁板，你只须从箱体正面滑动搁板，使其越过金属线。使用金属线支撑件有两个好处：首先，在箱体上钻取的孔会非常小，直径为 ⅛ in（3.2 mm），因此不会影响家具的整体设计；其次，搁板挂好以后，从外面看不到任何支撑件的痕迹。

➤ 见第 62 页"可调节搁板支撑件的类型"。

金属线支撑件一般有 6 in（152.4 mm）和 9 in（228.6 mm）两种长度规格。如果搁板较宽，需要更长的金属线，你可以使用两根金属线以获得必要的支撑。对于较窄的搁板，你可以使用自制的较短的金属线。把一根结实的、直径为 ⅛ in（3.2 mm）的金属线——或者现成的、更长的金属线支撑件——固定到金工虎钳弯曲的夹具上做成弯曲的形状就可以了（A）。

用夹具在箱体侧板上为金属线钻出 ⅛ in（3.2 mm）的孔，尺寸要精确（B）。在钻

A

使用这个夹具能够钻出一对间隔精确的孔，可用于安装金属线支撑件。使用这个夹具需要将靠山牢牢地抵住木板的正面边缘，并穿过亚克力板上相应的孔在木板上打出需要的孔。

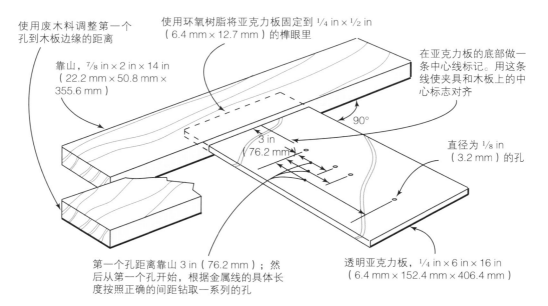

使用废木料调整第一个孔到木板边缘的距离

使用环氧树脂将亚克力板固定到 ¼ in × ½ in（6.4 mm × 12.7 mm）的榫眼里

靠山，⅞ in × 2 in × 14 in（22.2 mm × 50.8 mm × 355.6 mm）

在亚克力板的底部做一条中心线标记。用这条线使夹具和木板上的中心标志对齐

90°

3 in（76.2 mm）

直径为 ⅛ in（3.2 mm）的孔

第一个孔距离靠山 3 in（76.2 mm）；然后从第一个孔开始，根据金属线的具体长度按照正确的间距钻取一系列的孔

透明亚克力板，¼ in × 6 in × 16 in（6.4 mm × 152.4 mm × 406.4 mm）

B

头的适当位置粘上胶带，你就可以知道何时钻到了合适的深度（C）。

在每个搁板的末端切出一个凹槽，在距离正面边缘 1/2 in（12.7 mm）的位置停止，这样安装好搁板后就看不到槽了。在电木铣倒装台上调整靠山并使用 1/8 in（3.2 mm）的直铣刀使切割的深度准确无误。靠山上的铅笔标记能够指示出开始切割和停止切割的位置（D）。然后将制作完成的搁板越过金属线滑进箱体（E）。

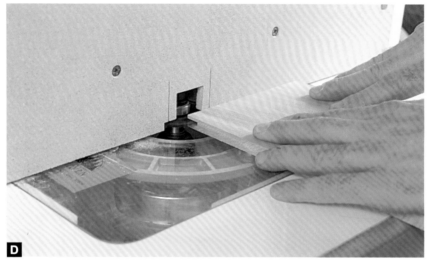

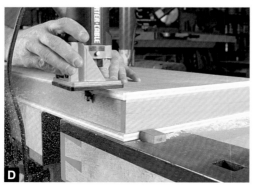

抗扭箱形搁板

为了最大限度地加固箱体，你可以在两片薄薄的胶合板之间夹入一块蜂窝状材料或木条做成的栅格——有点类似于飞机机翼的构造——你会得到一个相对较轻但是非常牢固的搁板。抗扭箱结构适用于各种类型的家具，包括大型会议桌、箱子，以及其他任何具有需要在承重条件下不弯曲、不变形的宽大平面的家具。

首先，要用 1/4~3/4 in（6.4~19.1 mm）厚的实木条制作一个栅格。松木、杨木等重量较轻的木料效果最好。木条越宽，搁板就会越牢固。木条间距约为 4 in（101.6 mm），具体数值取决于表面材料的厚度。一般来说，木条间距越大，表面变形的概率就越高。用钉钉器把各部分组装起来，内部每块木条的两侧都要钉上钉子（A）。这一步不需要胶水；只要钉子能够在我们装上表面材料之前，保持网格的各个部分不分离即可。

接下来要把表面材料粘到栅格上。为了使胶合的过程变得简单，用滚筒在栅格的两面分别刷一层胶水（B）。

用 1/4 in（6.4 mm）或 1/2 in（12.7 mm）厚度的胶合板或中密度纤维板制作表面板。表面板的长宽尺寸要比组装好的网格大 1/2 in（12.7 mm）左右。把表面板粘到栅格的两面，用夹具夹住，并用弓形夹钳垫板使来自夹具的压力均匀分布（C）。

胶水干了以后，用层压板铣刀铣削表面板的边缘，使其与中间的栅格结构保持平齐（D）。为了让搁板好看些，你可以为其贴上一层饰面薄板或者覆盖一层层压板或皮革进行装饰。附加实木边条能够有效地隐藏粗糙的边缘。

装饰搁板

木边条

在胶合板搁板和其他板材产品的边缘覆盖一层实木薄板或者饰面薄板能够有效地隐藏人造板上的空隙和凸凹不平的地方。木边条可薄可厚，这取决于家具的设计。使用木边条的方法很多。如果你使用的是实木边条，或切或锯，可以做出装饰性的效果，而粗糙的胶合板边缘就不能进行这样的操作。

▶ 见第 17 页 "弓形夹钳垫板"。

在搁板或箱体边缘，无论安哪种类型的木边条，边条的宽度都应该比搁板材料的厚度超出一点。这样允许你在安装好木边条之后可以准确地将其处理到与面板边缘平齐的状态。木边条的宽度经打磨后最好比搁板的厚度多出 1/16 in（1.6 mm）（A）。

对于简单的边缘接合，可以用滚筒在搁板和边条上涂抹胶水（B）。把搁板底下的薄木垫片滑到搁板边缘较厚边条的中心处（C）。

管夹可以有效地把边条拉紧。放在夹具和边条之间的宽大垫板能够分散夹具的压力，使你不必使用过多的夹具（D）。

为了更均匀地分散夹钳的压力，可以一次黏合两块搁板：调整边条的位置，使两块搁板的边条彼此相对（E）。图 F 展示的约根森（Jorgenson）边缘夹钳能够快速、有效地提供压力，但是你需要许多夹钳才能完成接合。

对于很薄的边条——1/8 in（3.2 mm）或更小尺寸的——可以使用胶带将其暂时粘到木板边缘。将胶带紧紧地按在面板的一面，然后使其越过木板边缘粘到另一面上（G）。

A

B

修齐边条

胶水干了以后，有多种方法可以用来修齐边条。如果边条较薄，可以使用装有导向轴承铣刀的电木铣把边条铣削平整。固定到台面上的木块能够帮助你平稳地操作电木铣（A）。

我最喜欢用手工刨刨平边条的做法。这种方法快速、安静，扬尘也相对较少。这种方法的危险在于，如果刨削过深，就会损坏木料表层的薄板（内层的木料可能会暴露出来）。这里有一种简便的方法可供参考：把刨刀调整到中等的刨削深度，靠近——但不能过于贴近——表层薄板进行刨削。用手指感觉需要刨削的深度，倾斜刨刀有助于减少木料的撕裂（B）。调整刨刀进行非常轻微的刨削，完成刨平边缘的过程。通过薄纱般的刨花，你可以看到刨刀调整前后产生的差异（C）。这样即使你真的切到了表层薄板，那么只会切下一层非常薄的刨花，而不会将其撕裂。

如果边条较宽，或者木料多节难以刨削，你可以使用一块拧在电木铣倒装台上的三聚氰胺刨花板来切割边条。当电木铣将边条铣削平整时，这块板会在表层薄板的表面上滑动。四刃端面铣刀切割出的表面最为光滑平整，但是任何一种平底铣刀都可以使用（D）。

面板表面修整完毕后，就需要整修末端。如果你预先切好的面板长度偏大，边条比面板稍短，那么你只须在台锯上横切面板两端（宽度方向）的边条就可以了（E）。

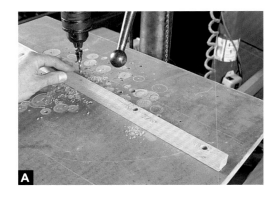

嵌入螺丝

拧入螺丝是一种连接边条的有效方式，尤其是在你手头很忙、无法用夹钳进行工作的时候，这种方法就更方便了。为了隐藏螺纹孔，你可以用木塞将其填满。如果你制作和安装木塞的时候足够细致，接合的痕迹几乎是看不到的。

在台钻上用埋头钻或者平底扩孔钻一次性地在边条上钻出螺丝孔。在这个例子中，每个螺丝孔之间相距 5 in（127.0 mm），对于较宽的边条，你可以使用更少的螺丝（A）。

扶稳面板，将钻头穿过边条上的孔，钻入面板做出定位孔。然后在面板和边条上涂上胶水，并用螺丝把边条拧入面板（B）。

在木塞上涂上胶水，并将其敲入埋头直孔中。在木塞上做好标记，以保证它们的纹理方向与边条纹理方向一致（C）。

用凿子或木槌把凸出在外的木塞部分处理掉。然后小心地手动打磨木塞，使之与边条平齐（D）。最后使用精细设置的手工刨刨平整个边缘（E）。

饼干榫

大部分边条并不需要用饼干榫接合来加固，但是要完成可靠的对齐，饼干榫具有无可匹敌的优势。每隔 8 in（203.2 mm）左右安装一个饼干榫，这样边条就能够与搁板或箱体的某个部件精确地排在一条直线上，也就避免了使用垫片，以及在夹住边条的时候调整其相对于搁板位置的麻烦。如果边条上的饼干榫槽出现了偏移，你同样可以把边条相对于搁板偏移一点，这样边条就可能会稍微凸出一些。这样在把饼干榫粘到面板上之后，你还要把边条打磨得平整、光滑。

铣削饼干榫槽不需要测量。只须用边条抵住面板边缘，穿过两件工件画出中心点的标记即可（A）。

在面板上开槽非常简单：调整靠山，使钻头正对面板边缘的中心，并在中心点的标记处插入。较小的工件务必要夹紧（B）。

切割较窄或较短的木板需要更多的技巧，也常常更加危险，因为在有效固定工件的同时保持你的手远离刀头变得很困难。为了保证安全，你需要使用这里展示的、专门用于小工件开槽的压紧夹具（C）。这个夹具制作简单，并且适用于不同尺寸的小木板（D）。

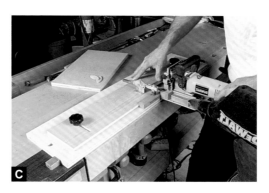

这种压紧夹具能够保证你在较短或较窄的木板上安全地铣削饼干榫槽，同时保持你的手远离刀头。

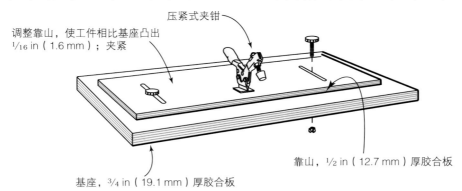

调整靠山，使工件相比基座凸出 1/16 in（1.6 mm）；夹紧

压紧式夹钳

靠山，1/2 in（12.7 mm）厚胶合板

基座，3/4 in（19.1 mm）厚胶合板

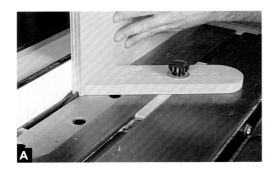

企口接合

与饼干榫类似，企口边条能够促进黏合的过程，保证各个工件准确地接合在一起。企口接合方式额外的黏合表面意味着接合处有更高的强度。在你需要额外的强度，比如处理较宽的边条时，这一点就非常值得考虑了。在台锯上使用开槽锯片给面板开槽。凹槽的宽度应该为木板厚度的三分之一。使用羽毛板使面板紧贴靠山（A）。

TIP

在塑造边缘细节的时候要使用大尺寸板材，以保持双手远离锯片。在凹槽或者细节部分完成之后，再把需要的部分从宽大的木板上切下来。

安装一个辅助靠山，使锯片保持在与切割边条上的榫舌同样的高度位置。通过在木板的两面切割搭口槽，榫舌的位置就自动固定了（B）。

将榫舌铣削好之后，将木板切割到最终宽度（C）。

用胶水粘好的边条只须将其两面稍加打磨就可以使用了（D）。

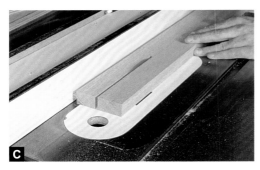

成品封边条

在搁板的边缘加上饰面材料是另外一种选择。因为加过饰面材料的搁板在某种程度上更加"娇贵"，不适合过多装饰，所以这种封边条在家常的工件中更为常用，比如橱柜的内部搁板。给边缘加上饰面材料的最简单的方法是使用一面涂有热熔胶的成品封边条。基本上所有类型的封边条都是卷曲的，比标准的 3/4 in（19.1 mm）胶合板要宽 1/16 in（1.6 mm）左右。你也可以购买颜色多样的塑料封边条，搭配三聚氰胺刨花板和层压板使用。

你可以使用工业生铁制成的烙铁，但是温度适中的家用熨斗也能起到同样的效果。在给胶水和饰面加热的时候要不停地移动铁块以防止材料被烧焦。用另一只手引导封边条，保证在用铁块按压的过程中封边条均匀地悬在面板的两侧（A）。

把胶水加热后，立即用硬模块按压封边条。要确保沿着封边条的边缘和面板的末端按压，以形成牢固的接合（B）。

用宽凿修整边条末端的效果最好，尤其是对粗糙的木料而言，比如示例中的橡木板。用凿子的背面靠住面板的边缘，以向下切割的方式移动凿子，这样可以得到最干净整洁的切割效果（C）。

修整长纹理的边缘有几种选择。边缘切割锉刀对于容易撕裂的饰面来说是一种保险的选择。保持锉刀竖直，然后使其倾斜与面板表面形成一定角度，向下进行切割（D）。

如果要同时切割两个边缘，可以使用两侧都带有刀片的商业修边器。但是要小心，因为如果逆着木料纹理切割，这种工具可能会撕裂难于加工的木料（E）。

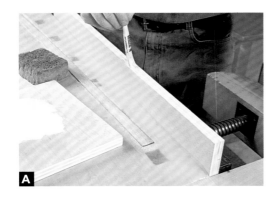

PVA 胶水与饰面

你可以自己制作饰面封边条，并且不需要昂贵的胶水或夹钳就能将其安装好。这个技巧依靠的是白色或黄色的聚乙酸乙烯酯（PVA）胶水热塑性的特点。

TIP

这种方法只适合黏合小块的饰面材料，对较大的工件来说，使用更宽的饰面材料并不可行。

用水将白色或黄色胶水稀释到 10% 左右，在面板和饰面材料上刷上同样的厚度。这里不要使用滚筒，因为滚筒会留下小气泡。要确保所有的边缘和角落都被覆盖到，因为这些部分更容易翘起。为了防止饰面材料发生卷曲，在涂胶水之前需要用湿海绵沾湿饰面的另一面（A）。

用 80 目的粗砂纸轻轻地打磨掉干透的胶水，并去除任何颗粒物或灰尘（B）。然后在面板和饰面上再涂一层胶水混合物。

待第二层胶水干透之后（这时胶水会透亮闪光），在用熨斗重新加热胶水的同时，要将饰面紧紧地压住（C）。最后修整好边缘就可以了。

第七章
钉子、螺丝和其他紧固件

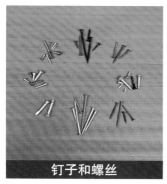

钉子和螺丝

五金件解决方案

钉子和螺丝

　　紧固件是橱柜制作者的必需品。用螺丝把各部分拧在一起可以节省时间；对于夹具难以到达的接合处，使用螺丝也是胶水凝固之前的一种理想处理方式。即使是最老式的钉子在商店中也占有一席之地，尤其是用来钉合较小物件和部件的细钉和平头钉。市场上种类繁多的气动钉枪和便宜的空气压缩机使小型工作间以压缩空气为动力安装紧固件更容易、更经济。

　　对于需要现场组装的大型柜子或者木工床这样的大型物件，你可以选择可拆卸的五金件。这种五金件类型繁多，在家具业被广泛使用。如果工件过大，以至于没有办法搬出商店，那么使用可拆卸的五金件就是一种解决办法。

电动安装螺丝

　　现在强劲的锂电池枪钻是安装螺丝的理想工具。尽管使用电源线的钻机也能达到同样的效果，但是充电电钻／手枪钻能够使你操作起来更加方便，而且不会受到电线在脚下乱成一团的困扰。我在电钻上安装了一个磁性钻头支架，这样就能吸起螺丝，并将其移动更长的距离。这种电力驱动技术对于十字槽螺丝和方头槽螺丝尤其有效，而且随着实践经验的增长，你也能够用这种方法安装传统的一字槽螺丝。

正确的安装技巧对于避免钻头旋压这种常见的错误十分必要，钻头旋压会以迅雷不及掩耳的速度磨损螺丝的头部。有两件事情需要牢记：其一，手枪钻要与螺丝在一条直线上；其二，使用手枪钻的时候，作用于螺

用圆木榫穿过端面

在端面楔入螺丝是最危险的，可能会撕裂木纤维；这种接合方式很松散，并且接合处一旦受到压力就可能破裂。如果你需要把螺丝拧入端面，一个非常实用的技巧是，在螺丝穿透的位置区域引入某种沿长纹理方向的构造。最简单的方法就是穿过接合处安装一个圆木榫。

圆木榫强化螺丝接合

用胶水把圆木榫粘到端面构件中，使螺丝可以获得咬合力

圆木榫

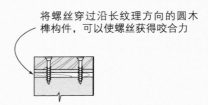

将螺丝穿过沿长纹理方向的圆木榫构件，可以使螺丝获得咬合力

螺丝剖面图

为了成功地安装螺丝，首先要测量齿根直径，然后钻一个同样尺寸的引导孔（如果是软木，引导孔的尺寸可以略小）。然后确定柄直径，钻同样尺寸的模柄孔，这样螺丝就能轻松地进入工件的上层。螺丝头的不同样式决定了安装方式也不尽相同，因此手枪钻的钻头应该与螺丝头匹配。一字槽螺丝更容易滑动，手枪钻经常会突然地从槽中滑出来。十字槽螺丝的话，只要保持手枪钻的压力恒定、螺丝与手枪钻在一条直线上就很少滑动。在不易滑动方面，方头槽螺丝绝对是首屈一指的，但是方头螺丝比传统螺丝更贵。组合手枪钻能够很好地安装方头螺丝；必要的时候，也可以用十字槽螺丝刀代替。

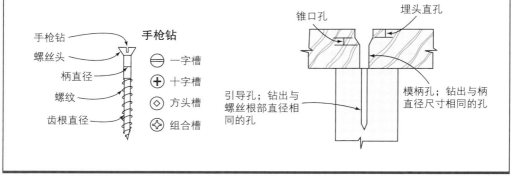

手枪钻 —— 螺丝头 —— 柄直径 —— 螺纹 —— 齿根直径

手枪钻

⊖ 一字槽
⊕ 十字槽
◇ 方头槽
⊕ 组合槽

引导孔；钻出与螺丝根部直径相同的孔

锥口孔 埋头直孔

模柄孔；钻出与柄直径尺寸相同的孔

丝头部的压力要持续且稳定（你要尽可能地用力）。

螺丝的种类

市场上种类繁多的螺丝会让木工爱好者眼花缭乱。但令人欣慰的是，有一种螺丝几乎适用于所有的木工制作和材料类型。对于典型的家具而言，你同样可以选择少数几种适用于多种操作的螺丝，以适当缩小选择的范围。选定螺丝之后，要给钻头选择一些配件，如右下图所示。

为了防止损坏螺丝头，操作时需要将钻头、螺孔与螺丝柄对齐，并施加稳定的压力。

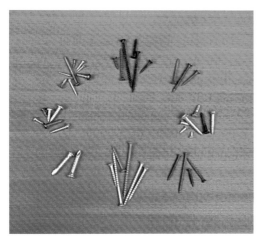

工作间使用的螺丝（从顶部开始沿顺时针方向）：作业螺丝或刨花板螺丝，在胶合板和刨花板中的咬合力很强；干壁钉；锥形木螺丝，适用于各种尺寸的部件和材料；带有细小自沉头的平头螺丝；面板螺丝，表层涂有持久耐用的环氧树脂；深螺纹螺丝和膨胀螺丝，它们的螺纹非常深，因此适合中密度纤维板或刨花板这样没有纹理的材料；盘头钣金螺丝，用于连接五金件；实心黄铜螺丝，用于固定高质量的黄铜五金件。

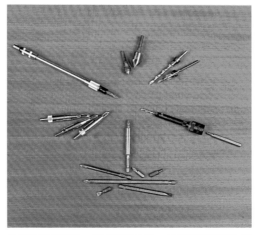

为你的电钻装备一些必要的工具，用于安装和驱动螺丝（从顶部开始沿顺时针方向）：埋头钻可以斜切螺孔，从而使螺丝头固定得牢固；埋头钻/平底扩孔钻一次能进行三项操作（钻取引导孔、装埋螺丝头和为螺丝柄镗孔）；快换钻/手枪钻能够省节省改换钻头的时间；磁性钻头支架和一种能够滑入支架与之匹配的手枪钻钻头；用于铰链安装的自定心钻头；用于狭小空间的可调螺丝刀。

钉子接合件

有时候，为了把某个部件牢牢地固定到柜子或家具上，只需要安装一根合适的钉子就可以了。但是，不要使用普通的钉子，因为这些钉子对木工来说太大了。

箱钉很适合小物件的制作，比如安装柜子的背板。箱钉的柄部很牢固，也不易弯折，头部相对较小，一般不太显眼。制作仿古家具时，方钉迟早能派上用场。平头钉和细钉是制作家具时最常用的钉子。平头钉非常适合用于较细的线脚和饰边，它可以钉入到孔里，小到你几乎看不到。细钉可以用腻子刮平，和工件融为一体。

与气动打钉相比，你一般需要提前在实木上给将要手工转动的钉子打一个引导孔，否则木料很有可能被撕裂（A）。

TIP

如果无法找到与细钉的尺寸匹配的钻头，你可以把钉子的头部剪掉，用剪出的末端为同样尺寸的钉子钻取引导孔。

使用直径合适的冲钉器把钉子钉到木料表层以下（B）。这样不仅可以隐藏钉子的头部，还有助于接合处的安装。

用腻子或与油漆颜色匹配的填充剂将钉孔填平，操作就完成了（C）。

气动紧固件

气动紧固件的操作简单方便无可匹敌。气动钉枪的强大动力可以让你迅速、准确地完成组装，因为各个部分根本没有机会从对准的位置滑出。你也可以放下手中的冲钉器，因为气动钉枪能够以同样的方式将钉子或平头钉拧入木料的表层以下。

虽然木工行业有多种类型的气动枪可用，但是小型工作间使用的最基本的气动枪只有曲头钉枪或销钉枪、小型钉枪、大型钉枪和大型细钉枪（A）。你需要一个空气压缩机，但实际上这些气动手枪钻对空气的需求量很小。一个气缸压力 $3/4$ hp（0.55 kW）的压缩机能够提供 100 lb/in²（689 kPa）的压力，足够驱动布莱德枪或细钉枪。

曲头钉枪和销钉枪能够接受长度从 $1/2$~2 in（12.7~50.8 mm）的 18 号或 15 号平头钉。这两种钉枪对于连接线脚和其他小型工件非常有用。平头钉一般不会使木料开裂。预先为紧固件打孔完全没有必要，你只需要将其对齐、钉入钉子即可（B）。平头钉在表面留下的孔很小，很容易填充。

细钉枪使用的钉子更粗、更牢固，非常适合在可见的平面部分用细钉接合柜子的各个部分。对于较厚的柜子上不可见的接合件，比如一组橱柜中 $3/4$ in（19.1 mm）的内部隔板，要使用 U 形钉和大型钉枪，因为 U 形钉比细钉的咬合能力更强（C）。$1/4$ in（6.4 mm）的柜子背板要使用较小的、装有 $5/8$ in（15.9 mm）或 $3/4$ in（19.1 mm）U 形钉的钉枪，这种钉枪不会使胶合板开裂。

> **⚠ 警告**
>
> 气动钉枪不能区分木料和你的手指。在扣动扳机之前，你一定要确保双手远离钉枪。

五金件解决方案

可拆卸五金件

有时候，可以拆卸或分开的五金件是最合适的，这样你就可以把家具拆分成不同部件移动，然后在工作间外进行组装。可拆卸五金件尤其适合较大、较重的家具，比如床和柜子。

我最喜欢的可拆卸五金件是螺栓连接器（A）。这种连接器很容易买到，使用，尤其是再利用十分方便。如果你制作的家具需

要经历多次拆装，方便再利用是你需要重点考虑的。

连接器包括两部分：需要嵌入孔中的螺母以及固定在上面的螺栓。螺栓一般很细，这样不会破坏成品表面的美观。在需要接合的两个工件上打孔，孔的大小要适合螺母的直径（连接器的两部分中直径较大的那个）（B）。

把螺母拧紧固定到螺栓上，将两个部件接合在一起。许多螺栓连接器都能用六角扳手安装，这样无须笨重、外凸的五金件你就可以有效地固定螺栓（C）。

螺栓连接器能够接合垂直的部件，比如柜子的两个侧面，还可以面对面地接合两块面板。另一种形式是 T 形接合，比如把搁板固定到某个侧面上。如果你在搁板的底面为连接器螺母钻了盲孔，就可以将切口隐藏起来，使其很难被发现。

面对面接合

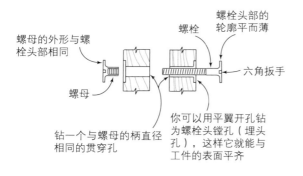

螺母的外形与螺栓头部相同

螺栓

螺栓头部的轮廓平而薄

六角扳手

螺母

钻一个与螺母的柄直径相同的贯穿孔

你可以用平翼开孔钻为螺栓头镗孔（埋头孔），这样它就能与工件的表面平齐

T 形接合

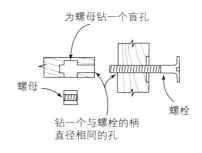

为螺母钻一个盲孔

螺母

螺栓

钻一个与螺栓的柄直径相同的孔

A

B

C

床栏紧固件

即使是最小的床框架，在工作间里用胶水将其黏合也是个大错误。即使你可以把床从商店搬出来，新的主人要把它搬进房子还是会遇到困难。可拆卸的床栏紧固件能够解决这种问题。有两种配件可以使用，床栏紧固件和底板螺栓，二者的效果都不错。

床栏紧固件包括两部分：带插槽的后面板和与之匹配的滑动导轨，后者能插入前者的槽里。虽然床栏紧固件的安装比较挑剔，但它允许你不使用工具完成床的组装和拆卸。在后面板的柱子上切凿一个较浅的榫眼，使得后面板装入后能够与柱子的表面平齐（A）。安装面板之前，用平翼开孔钻标记并开凿两个贯穿孔，以供滑动导轨的舌片插入（B）。

在导轨的一端为滑动导轨开凿一个榫眼，并确保其安装得平整。滑动导轨的金属舌片要楔进后面板的槽里（C）。如果安装正确，随着床上重量的增加，楔形效应也会增加，从而有助于加固连接。

床上的螺栓紧固件也很有用，因为它容易安装，并且非常牢固（D）。

导轨上的短粗榫能够支撑床的框架，螺栓能够将接合处拉紧。穿过立柱钻一个孔安装底板螺栓，然后用平翼开孔钻在床栏内侧钻一个平底孔。操作完成之后，在床栏的短粗榫上钻一个直径相同的孔，并在平底孔处停下。使用特定的扳手拧紧螺栓，在螺栓上安装一个螺母，这样螺栓就能够抵靠在平底孔侧壁，使接合更牢固。

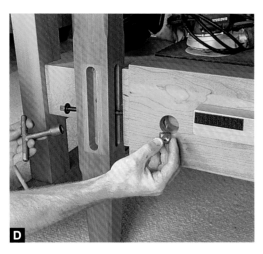

第八章
组装箱体

技术和工具

夹紧问题

技术和工具

　　组装家具需要一步到位。一旦涂上胶水，就再也不能改变。如果某个箱子粘歪了，那么在后续的组装过程中你就要付出相应的代价，因为这个错位所产生的影响会不断累积，会使接下来的安装成为一个噩梦。

　　为了保证一步到位，使用合适的组装工具和夹具，以及正确地使用夹紧技术是至关重要的。即使工具和技术没有问题，你还是会发现，本来黏合得十分完美，但施加压力之后，接合处还是偏离了直线。谁没有过这样的经历呢？所以，你不仅要学习正确的安装方法，还要勤加练习，这样才能做到心中有数、事半功倍。

模拟组装（干接）

　　最重要的组装技巧之一就是任何组装都要（注意，我说的是"都要"）提前进行模拟。模拟组装就是先不使用胶水把各部分组装一遍。要确保你使用了所有必要的夹具，并检查你是否可以满怀信心地使所有的接合部闭合。实际上，就是把整个组装过程先演练一遍。

　　你会发现，90% 的模拟组装过程中会出现某些东西找不见，或者某个具体的位置需要比预期更多的夹具才能完成组装的情况。或者你需要重新考虑一下黏合的过程，把组装顺序细分为更小、更容易控制的步骤。模拟组装会花费很多时间，但是这个投入比起涂上胶水最后却发现没办法按计划把各部分精确组装起来要划算得多。

用于组装的工具和夹具

组装过程中需要各种各样的夹具和技巧。所有这些夹具和技巧都是为了让组装过程变得更加容易、精确，避免周折。胶水涂好了，最后却发现没有合适的工具或者准备工作没有做好，没有什么比这更糟糕的了。下面会介绍一些必要的组装辅助工具，能够让黏合过程进行得更加顺利。

用内对角测量杆判断箱体是否方正。 在组装结束之后、胶水变干之前，马上确认箱体或开口是否方正是至关重要的。一种检验家具是否方正的方法是，用卷尺测量从一个外角到另一个外角的对角线长度。如果两个对角线长度相等，那么开口就是方正的。但是夹子总是会带来额外的问题，实际操作过程中对箱体背面进行测量基本是不可能的，

而且如果柜子很深的话，测量外角也无法判断柜子内侧是否方正。一个更加精确地方法是使用内对角测量杆。

传统的内对角测量杆只是简单的两根木条，木条各有一端被削尖，并在中心部分被操作者捏住或者握在一起。下图中展示的改进版内对角测量杆增加了夹头，使操作更加方便准确。把内对角测量杆按照一条对角线的长度调整好，然后检查箱体内侧另一条对角线的长度。把杆体伸进箱内读取完整的深度。不断调整杆子（和箱体），直到杆子测量的两条对角线长度相等。

可调节内对角测量杆允许你快速比较家具内部的对角线以及任何位置的深度。如果需要比较的位置尺寸相等，那么柜子一定是方正的。

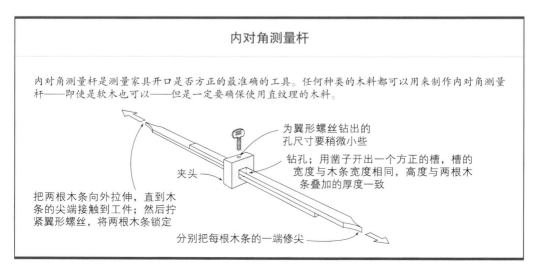

内对角测量杆

内对角测量杆是测量家具开口是否方正的最准确的工具。任何种类的木料都可以用来制作内对角测量杆——即使是软木也可以——但是一定要确保使用直纹理的木料。

为翼形螺丝钻出的孔尺寸要稍微小些

夹头

钻孔；用凿子开出一个方正的槽，槽的宽度与木条宽度相同，高度与两根木条叠加的厚度一致

把两根木条向外拉伸，直到木条的尖端接触到工件；然后拧紧翼形螺丝，将两根木条锁定

分别把每根木条的一端修尖

用木板确认箱体的方正。为了辅助确认箱体组装得是否方正，你可以将一块胶合板按照箱体开口的宽度精确切割，并确保其相邻的边是垂直的。在夹紧箱体的接合部之前，首先要夹紧箱体内侧的木板，并将木板的一边与箱体侧面对准。这样箱体就再也不会扭曲或者不方正了。

香槟锤

使用锤子反复敲打各个部件无疑是木工制作中不可或缺的。接合处可能太紧了，或者可能是在组装的关键时刻胶水使某个部位出现了膨胀。不论哪种情况，当手上或夹具的压力不够时，你都应该准备一些重型工具想办法把它们接合在一起。无弹力的香槟锤比铁锤效果要好，因为这种加重的锤子敲击的力量更集中，并且没有金属产生的刺耳的声音。用一块硬木加固表面有助于分散敲击的力道。这里展示的锤头，其两端的重量是不同的，这样的构造允许一端以轻柔的方式敲击木料，另一端则可以用力撞击木料。

用垫片和木块对齐各部分。手边有各种各样厚度不同的垫片和木块是个不错的主意，从纸牌、方形的塑料层压板、皮革条，到 1/4 in（6.4 mm）、1/2 in（19.1 mm）以及 3/4 in（19.1 mm）厚的木块。这些垫片在黏合过程中能够辅助对齐或定位各个部件，并能很好地保护工件的表面。如下页左上图所示，一小块方正的中密度纤维板能够帮助夹头对齐接合部的中心，塑料垫片能够防止管子压坏家具的表面。

一块方正的、与箱体内侧宽度相等的木板可以十分方便地确认箱体的方正程度。

无弹力锤

使用锤子敲打各个部分无疑是木工制作中不可缺少的。接合处可能太紧了，或者罪魁祸首可能是在组装时的某个关键时刻胶水使木料膨胀了。当手的压力或夹具的压力不够时，不管怎样，你都应该准备一些重型的工具想办法把它们接合在一起。无弹力锤比铁锤要好，因为这种重型铁锤能够进行强有力的敲击，却没有金属产生的刺耳的声音。用一块硬木支撑表面有助于分散敲击的压力。这里展示的锤子两头重量不同，一头敲击的力量较轻，另一头能够产生的力量较大，敲击较有力。

在黏合过程中，使用香槟锤帮助对齐各个部分。

在用胶水黏合的过程中，你需要将装满各种垫片的盒子放在手边。

简单的胶合板提升件可以抬高工件，使夹紧的过程更加方便。

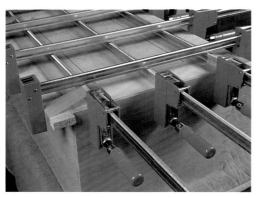

固定夹钳垫板的时候，在身边放上一卷胶带肯定能派上用场。

用提升板抬高工件。在用胶水黏合不同部件的过程中，经常需要抬起工件以安装夹具或其他部件。最容易的办法就是抬起整个组装部分将其架在木块上。但是找到足够厚

楔形木块能够帮助燕尾榫准确安放到燕尾槽里。

度的木块常常不那么容易。你可以把 ¾ in（19.1 mm）的胶合板用胶水或钉子固定在一起制成一组提升板，这样不仅可以保证强度，而且制作也方便。高 5 in（127.0 mm）、长 2 ft（609.6 mm）的木块对于绝大多数黏合过程已经足够了。

夹钳垫板。垫板与木块类似，都是用废料做成的，能够防止夹钳损坏工件表面。更重要的是，在跨过接合处时垫板能够分散夹钳的压力，从而在黏合的过程中减少使用的夹具。如果黏合的平面比较宽，要使用弓形的夹钳垫板。

▶ **见第 17 页"弓形夹钳垫板"。**

如果接合处比较窄，使用胶合板废料或者木料的边角料效果就很好。要想在使用夹具之前保证垫板停留在合适的位置，你需要用胶带将它们暂时固定。

用楔形块轻敲燕尾榫。在大多数情况下，不需要为燕尾榫的接合烦恼，尤其是对抽屉这样较小的盒状结构来说。为了组装并使接头完全就位，在不损害接头的情况下，可以使用高密度的木料制成的楔形木块敲击接合处的上方。木块的形状便于你将其定位在接合处的上方，而不需要考虑尾部的尺寸。

夹紧问题

组装箱体

大多数柜子都有基本的安装顺序，这可以保证安装成功地进行，或者至少是比较舒服地完成安装。从内部开始组装是一个基本的原则。大多数情况下，这意味着，你要首先把内部的水平隔板或垂直隔板安装到箱体的顶部或底部。如果箱体较宽，要将它正面朝下放在木工桌上，先夹紧一个侧面（A），然后再将其翻转过来，夹紧另一面（B）。

内部组装完成之后，接下来要处理箱体的外部，一般是柜子的侧面或末端。根据所用夹具的不同和柜子的设计特点，你可能需要等到内部接合处的胶水干透之后才能组装箱体的外部。如果可能，你要使用较长的夹具，因为较长的夹子能够越过已经安装的夹具，在组装过程中夹紧整个箱体（C）。

夹紧转角

转角接合构成了家具制作过程中最重要的部分（这里的家具包括木箱和抽屉），因此需要找到一种有效的方式来夹紧典型的宽大表面。与家具的边缘处理类似，使用垫板可以分散夹钳的压力。

▶ 见第 96 页 "用于组装的工具和夹具"。

当接合发生在转角处时，诸如通过燕尾榫或指接榫接合，那就要使用有切口的垫板将转角组装起来（A）。切口要使用带锯或台锯切割。这种构造可以夹紧接合部件，并且不会干扰其紧密对接。各部件以接合处为中心的分布也避免了侧面出现弯曲。

斜面接合在不恰当的时机通常是无法闭合的。为了在很滑的接合处获得足够的支撑，有一些夹紧策略经常使用。经过验证可靠的方法就是，用杆夹一次性夹住斜接框架的四个转角。贝西（Bessey）K 形夹钳的喉部很长，很容易到达接合处的上部和下部（B）。

每次把每个夹钳都夹紧一点，就像拧紧汽车轮胎上的车轮螺母一样。在胶水干透之前，你需要检查框架是否方正。

这里展示的木块-木杆框架结构来自李威利（leevalley）工具公司，在一次性闭合四个转角的时候能够使你非常精确地控制工件，并且不需要夹钳夹得过紧（C）。与杆夹类似，每个转角每次夹紧一点，以对齐四个斜角。

一种最简单的闭合接合处的方法是，在组装之前把成品木块固定到框架上。在带锯上切割木块，以保证组装框架时夹紧面彼此平行（D）。

一次封闭一个斜角时，手边应该准备一个老虎钳（E）。当你用钉子或螺丝接合时，老虎钳尤其有用，因为你可以一次性将框架组装好。

网格夹具可以帮助你一次性将四个角都粘起来，在平整的框架和木箱上操作效果都不错（F）。对于较大的箱体，可以使用重型网格夹具，但要注意在手边多准备几个这样的夹具来完成接合。

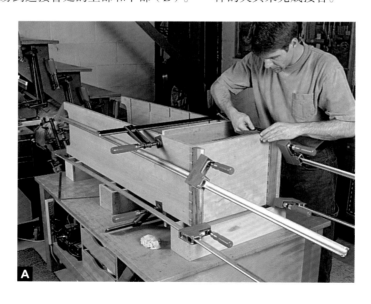

A

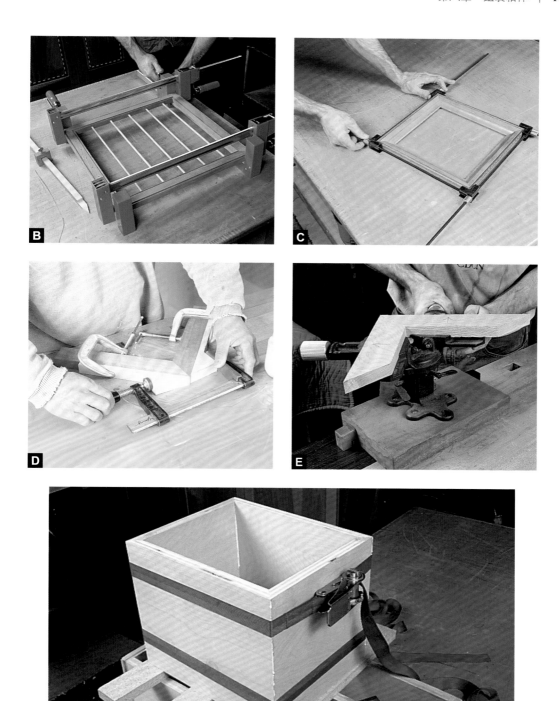

夹紧难处理的部分

如果你使用的管夹太短，你可以用金属管将其延长。确保至少其中的一根管子两端都带有螺纹，以便它既能连接螺纹连接器，又能连上夹头（A）。

另外一个有效的夹紧长工件的方法是，把两个夹头连接在一起。垫片能够使压力集中在接合处，夹头下面的橡胶垫能够防止家具被损坏（B）。

要固定难以处理的工件，比如一块面板，可以用木制夹（C）。用杆夹把木制夹固定在工作台上，把手腾出来完成更重要的操作。

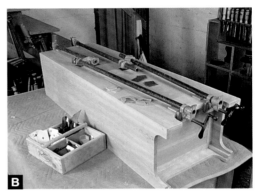

第九章
切割与安装线脚

安装技术　　**制作线脚**

　　线脚能够使家具看起来与众不同，并能把两个或更多不协调的平面连接起来。比如，当你需要把一个柜子和基座柜子接合起来做成一个组合柜的时候。在两部分之间安装线脚后，柜子看上去就成为一体了。线脚还可以用来固定露在外面的工件（底座线脚），以及完成箱体顶部的组装（顶冠线脚）。

　　几乎所有的线脚都需要某种斜面切割，使线脚能够包裹住某个转角或加工面。虽然你可以使用斜口锯规、手锯或者台锯切割斜面，但我认为最好还是买一个专业的斜切工具，比如裁断锯或电动斜切锯。这些专业锯在大块或小块的木料上都可以进行斜切，并且能够保证切割的精度。但是，对于特别细的线脚或者易破裂的精致工件，你最好手动完成切割。

　　用胶水或钉子把线脚固定到家具上是安装线脚最简单的方法。如果把钉子钉入表面以下，并用腻子把钉孔填平，你就可以隐藏接合的方式。

　　对于实木表面，你还必须把木料的形变考虑进去。接下来我会介绍几种可用的策略。你同样应该注意，有时候想用钉子或者夹具有效地把线脚固定到某个位置是不合适的，甚至是根本不可能的。在这种情况下，你需要使用几种高级的技巧解决这个问题。

安装技术

给实木板安装线脚

如果你用胶水把一段线脚粘到了实木板上，比如箱体的侧面，木板的形变最终会导致线脚变松，或者更糟糕的，使箱体开裂。安装线脚时，不要沿着线脚全部涂上胶水，最好是在线脚上对应箱体侧面的前部 3 in（76.2 mm）的范围内涂抹胶水，以保证斜面接合得牢固。对于箱体背面，有几种安装线脚的方法可供选择。最简单的方法是使用小细钉将线脚固定到箱体侧面的后部。如果可以使钉头没入孔中，并用腻子把孔填平，那么基本是看不出接合痕迹的。其他的方法包括用螺丝穿过箱体内侧的长圆孔以及在线脚背面切割一个燕尾槽，用与之匹配的、通过螺丝拧在箱体上的燕尾榫完成接合。

给实木板安装线脚

把线脚黏合到箱体正面

黏合前方 3 in（76.2 mm）的线脚，然后用平头钉钉入背面，以承受实木的形变

箱体侧面

将螺丝拧入箱体侧面的槽里以承受实木的形变

线脚背面的部分沿着导轨滑动

在线脚背面切割燕尾槽

用螺丝把燕尾榫导轨钉到箱体侧面

夹紧不易操作部位的线脚

有时候，会出现不太可能或者不太方便把线脚钉到或夹到合适位置的情况。一种解决方案是，使用遮蔽胶带发挥临时夹具的作用把线脚固定到位，直到胶水干透。先把胶带粘贴到线脚的一侧，然后沿线脚用力拉抻胶带，并把胶带按压到另一侧。

对于像面板那样的平面，完全可以不用胶带，你可以尝试把氰基丙烯酸酯（CA）胶水当作"夹具"使用。首先，在线脚背面涂上一条普通的白色或黄色 PVA 胶水，然后沿着这条胶水带加上几滴 CA 胶水。现在就可以把线脚按压到合适的位置了。动作一定要快！胶水中的水分加速了 CA 胶的固化过程，几乎能够使它立刻发挥黏合作用。CA 胶水不会干扰 PVA 胶水的黏合。PVA 胶水一旦变干，就可以发挥永久性的黏合效果。

用胶水固定箱体前面斜接的线脚。将单个钉子钉入线脚下方的表面，并用腻子刮平，以稳固线脚的背面。

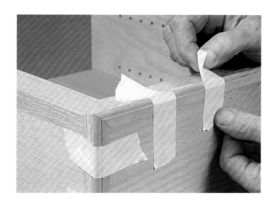

用遮蔽胶条把一些小
的线脚粘起来，直到
胶水干透。

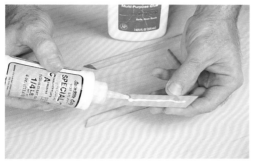

在平面工件上安装线脚时，首先在线脚上涂一条白色
PVA 胶水，然后沿着这条胶粘线挤上几滴 CA 胶水。

立刻把白色胶水和 CA 胶水的混合物粘到工件表面。
几秒钟后，线脚就固定住了。

逐渐接近完美的接合

　　在斜切锯上切割斜面时，有时你需要将切面轻刮一到两次，以保证斜面切割得精确。问题在
于判断要去掉多少。有一个技巧可以省略烦琐的测量过程：把锯片降低到锯齿处于桌面以下的位置，
把待切割的斜面抵在锯片上，确保没有锯齿接触到工件；然后无须移动工件，抬起锯片，直接切割。
你大概会从斜面上切掉 1/64 in（0.4 mm）的厚度，或者设置在锯片一侧的锯齿量。要逐渐达到完
美的接合，这是个不错的方法。

完美接合

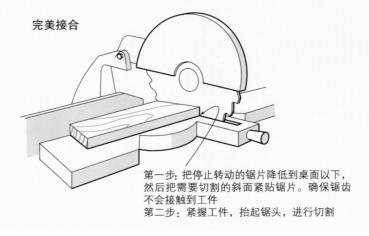

第一步：把停止转动的锯片降低到桌面以下，
然后把需要切割的斜面紧贴锯片。确保锯齿
不会接触到工件
第二步：紧握工件，抬起锯头，进行切割

制作线脚

切割较大的斜面

电动斜切锯能够快速、准确地切割线脚。但是有时候，在宽大的木块上切割斜面是很有挑战性的工作，比如传统的顶冠线脚。要完成这种部件的切割，必须把线脚正面朝下放置。你可以使用L形夹具将其牢固地夹到锯上完成切割。

要确保线脚后面的两个平面与靠山和夹具底座完全接触。然后在夹具的前部安装一个木条，以防止切割过程中线脚向前滑动。用一条废弃的线脚确定木条的位置。一对螺丝可以很好地把木条临时固定到基座上，这样如果线脚的宽度不同，你就可以重新定位木条的位置（A）。

把线脚滑进夹具里，线脚的顶部边缘朝下抵住木条。然后进行切割（B）。

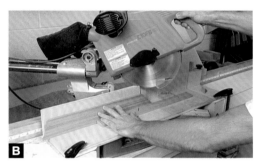

"刨平" 斜面

对切割较大的斜面来说，最重要的是为黏合提供一个异常光滑的切面。如果你有一把锋利的手工刨，你制作出的表面的质量是用任何其他工具操作无法比拟的。刨子是精细调节斜面切割的非常好的工具。使用夹具固定木块，有控制地切割以刨平斜面，如图（A）所示。先用夹具夹住线脚，使其轻轻地靠在夹具的斜接靠山上，然后将其夹紧在合适的位置。

任何类型的刨子都可以使用，但是为了更好地控制切割进程、获得最好的切割效果，你最好选用大的低角度刨修整线脚。将刨子的底面紧紧贴住靠山，向下切削斜面，或者顺着纹理进行切削（B）。为了避免切到夹具，当斜面与靠山平齐的时候，你要及时停止刨削。

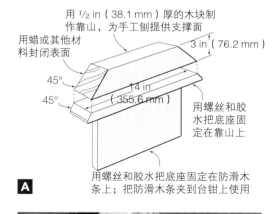

用 1/2 in（38.1 mm）厚的木块制作靠山，为手工刨提供支撑面

用蜡或其他材料封闭表面

3 in（76.2 mm）

45°

45°

14 in（355.6 mm）

用螺丝和胶水把底座固定在靠山上

用螺丝和胶水把底座固定在防滑木条上；把防滑木条夹到台钳上使用

"扩展"线脚

线脚切短了，但是发现这是最后一块木料了，怎么办呢？不要灰心，你可以使用手工刨在线脚背面进行一些修整，"扩展"线脚，也就是增加它的有效长度（A）。轻轻地刨削线脚背面（即较小的那个面），不断检查匹配的程度，直到斜面能够与它对应的接合面匹配，如图所示（B）。这样与之对接的斜面尖端应该会越过经过刨削的线脚，但是通过巧妙地切割或打磨接合处能够使两个斜面没有精确对齐的现象很难被察觉。

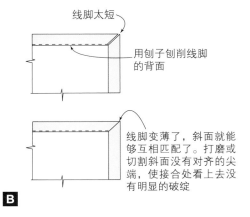

锯出精美的斜面

有些又小又精致的线脚如果用旋转的锯片切割会很容易开裂，最安全的方法就是用手锯切割斜面。成品夹具能够帮助你控制切割、引导锯片推进。要自制夹具，首先在一块木料的中心切割一个深凹槽，其宽度与线脚的宽度相等。用平翼开孔钻钻取浅孔，以便于手指抓捏。用组合角尺在木块上画出斜面的切割尺寸；然后用细齿夹背锯沿着设计好的线向下切割凹槽（A）。

把线脚滑到木块里，将切割的斜面对准线脚上的标记，使用同一把锯切割木块（B）。

处理较大的线脚

当你需要在家具内侧的转角处接合较大的线脚时（比如要把顶冠线脚固定到房间的墙角上），最好的方法就是，先安装其中一段完整的部分，再处理邻近的线脚，使其与安装好的线脚部分精确地匹配。使用这种方法，即使将要连接的线脚或者表面有什么变化，线脚之间也不会出现明显可见的缝隙。相应的剪裁过程比你想象的要简单。首先在需要安装的工件上切割一个内斜面，使用L形夹具固定木块（A）。

➤ 见第 106 页 "切割较大的斜面"。

对于习惯用右手的人来说，把左边的工件安装到右边的工件上最为容易，所以在规划切割时要据此来设计操作流程。同样的道理，如果你惯用左手，就要从另一侧开始，先处理右边的工件。

在木工桌上，使用弓锯在线脚上成直角的顶部、底部或中间部分直线切割。这些部分必须精确对接，而不是简单地接上。为了能够最精确地匹配，需要握住弓锯保持一个很小的角度向后斜切（B）。

切割曲线时，你要沿着切割线斜切。与前面一样，使弓锯保持一个很小的角度向后斜切（C）。

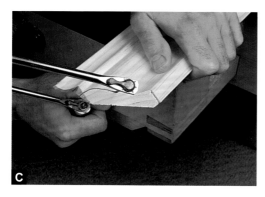

将两部分接合在一起的时候（如图所示，将其顶部朝下放在工作台上），要将直角部分精确对接起来，接合部件的轮廓区域则与对侧线脚的曲线保持一致（D）。

第十章
抽　屉

设计抽屉

抽屉结构

托盘结构

抽屉内件

　　抽屉是箱体主要的承重部分。抽屉能够存储东西，能够提供空间承载重物，使物品摆放保持条理性，使家具用起来令人愉快。正因如此，我们需要关注抽屉的类型以及整体结构。

　　制作匹配良好的抽屉使用的技术与木制楼梯的建造技术非常相似，二者都反映了制作者的技术和投入程度。一节节的楼梯必须在空中向上延伸，从而把你从一个楼层运送到另一个楼层。相比之下，抽屉与我们的关系更加亲密。

抽屉经常被用来盛装一些私人用品，很多人会把自己的秘密存放在里面，防止他人偷窥。这种私密性要求我们的抽屉制作精良、用着顺手、没有滞涩或卡顿。这意味着，你需要进行精细的测量和缜密的设计才能得到完美的契合效果。

作为一种习惯，你应该保持刨子和刮刀刀片的锋利，以便用它们对抽屉的接合处进行精细调整。

除了基本的抽屉类型之外，还有各种各样的特殊设置，从独立式抽屉、键盘托盘到带皮革衬垫的抽屉以及难以发现的"秘密"抽屉，或者称之为隐藏性抽屉等。

设计抽屉

选择材料和接合方式

抽屉是家具最美观的部分之一，位于侧面的、完美接合的手工燕尾榫和私人定制的把手都展示了木工技艺的精妙。当你推拉的时候，抽屉能够顺畅地滑动，就像在空气垫上滑动一样。但是我见过的有些木工抽屉实在是糟糕至极，其原因不在于缺乏技巧，而在于忽视了抽屉的比例。一些基本的指导原则（见下一页"合适的比例"）能够帮助你制作外表美观、用起来舒心的抽屉。

注意下页图片中抽屉侧面的厚度与抽屉正面厚度的关系：整体效果的完美呈现绝不是偶然的。将侧面的厚度保持在正面厚度的三分之一（或更少）是关键。还应注意，侧

隐藏不美观的电线

由于电子设备的使用，漂亮家具的上面和底下经常会堆满了电线。为了把电线和插头布置有序、隐藏起来，你可以在箱体的侧面、顶部、底面、背面或搁板上安装质优价廉的索环，然后把电线穿过索环。索环有多种颜色，完全能够满足与家具颜色匹配的要求。

为了安装索环，要使用台钻在工件上钻取一个 $1 7/8$ in（47.6 mm）的贯穿孔。把工件固定到台钻的台面上，使用平翼开孔钻或多齿顶点开孔钻钻孔。

把索环的塑料圈轻扣入孔中，然后再将插头和电线穿过塑料圈。盖子能够封住几乎整个孔，只留下电线穿过的空间。如果需要整体移动电线，你可以用小的管盖对孔进行密封。

使用平翼开孔钻钻出一个与索环直径相当的孔。

把有倒勾的索环轻扣在孔里。塑料盖子能够缩小开口，只允许电线穿过。

基本的抽屉结构解剖图

所有的抽屉都有共同的框架结构：四个平直角必须接合在一起，底板必须安装到位以支撑物品。你选择的接合方式对于抽屉经受住来来回回的推拉非常关键，有多种接合方式可供选择。

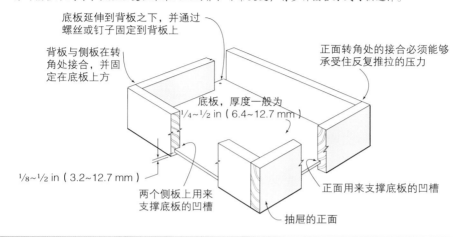

底板延伸到背板之下，并通过螺丝或钉子固定到背板上

背板与侧板在转角处接合，并固定在底板上方

正面转角处的接合必须能够承受住反复推拉的压力

底板，厚度一般为 1/4~1/2 in（6.4~12.7 mm）

1/8~1/2 in（3.2~12.7 mm）

两个侧板上用来支撑底板的凹槽

正面用来支撑底板的凹槽

抽屉的正面

合适的比例

抽屉的整体尺寸必须是精确的。如果抽屉过宽，打开的时候抽屉就容易断裂，推拉的时候也容易卡住；抽屉过窄，存储东西会很不方便。抽屉的侧面厚度要比正面厚度小。

厚度超过 5/8 in（15.9 mm）的侧面是没有必要的。对于较小的抽屉，其侧面厚度设计为 1/8 in（3.2 mm）已经足够了

抽屉侧面的厚度是正面厚度的三分之一或更薄些

Y

X

宽度（X）要比深度（Y）小以防止抽屉断裂

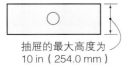

抽屉的最大高度为 10 in（254.0 mm）

抽屉侧面的厚度应为正面厚度的三分之一，以使其比例协调。

转角处的接合方式

对接

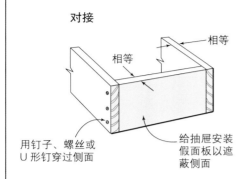

相等

相等

相等

用钉子、螺丝或
U 形钉穿过侧面

给抽屉安装
假面板以遮
蔽侧面

搭口槽

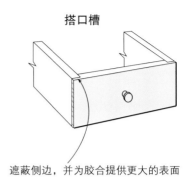

遮蔽侧边，并为胶合提供更大的表面

嵌接的榫舌和榫槽

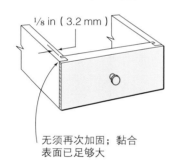

⅛ in（3.2 mm）

无须再次加固；黏合
表面已足够大

通透燕尾榫

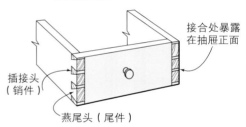

接合处暴露
在抽屉正面

插接头
（销件）

燕尾头（尾件）

半隐蔽式燕尾榫

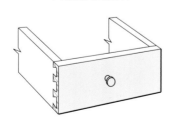

滑入式燕尾榫

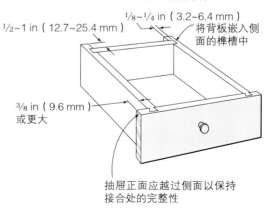

⅛~¼ in（3.2~6.4 mm）

将背板嵌入侧
面的榫槽中

½~1 in（12.7~25.4 mm）

⅜ in（9.6 mm）
或更大

抽屉正面应越过侧面以保持
接合处的完整性

面燕尾榫的销件要比尾件小得多。对于接合结构来说，这并不是必要的，但是较小的销件通常看起来会更加精致高雅。

制作抽屉时材料的选择也很重要。直纹理的木料总是最佳选择，如果预算允许，可以使用径切木料，因为它比较稳定。胶合板也是制作抽屉的理想材料，但只适合安装完成后不需要后续调整的抽屉，比如安装在成品抽屉滑轨上的抽屉。波罗的海桦木这样的多层胶合板是最好的，因为这种板材整体平整坚固，不会使抽屉的边缘留有空隙。

制作抽屉时要认真选择接合方式。抽屉需要在漫长的时间里经受得住各种粗暴对待，并且因为它经常会被从箱体中抽出来，因此转角处的接合必须牢固、制作精良。

在你掌握了基本的抽屉制作方法之后，你还有必要掌握另外四种重要的抽屉类型的制作方法，如下图所示。

抽屉内部的装饰具有多种可能性。专为存放珍贵物品设计的法式抽屉是其中很有意思的一种。装配合适的抽屉看起来非常美观，并能够极大地增加里面存放东西的条理性。在下页右上角图片所示的抽屉里，我存放了一组珍贵的扳手。如果我忘记了更换某个扳手，我能立刻从这个抽屉里发现。

制作法式抽屉本身并不复杂，如下页图所示。在安装上支撑物品的底板之后，你可以用传统的毛毡或成品喷雾植绒装饰抽屉。

抽屉的类型

嵌入式

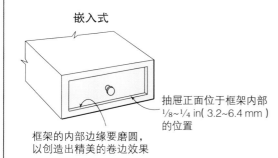

抽屉正面位于框架内部 $1/8 \sim 1/4$ in（$3.2 \sim 6.4$ mm）的位置

框架的内部边缘要磨圆，以创造出精美的卷边效果

齐平式

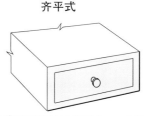

这是最难适配的抽屉类型之一。框架和抽屉正面边缘的任何一处不平齐都会明显地展现出来

半覆盖式

框架的一半（或接近一半）被正面覆盖。这种方式并不是很美观，但是制作和匹配相对容易

全覆盖式

中央槽必须对称看上去才美观

制作简单，但是把抽屉的正面与框架对齐，以及使相邻的抽屉对称排列是对装配技术的一种挑战

法式抽屉

第一步：切割一块 ¼ in（6.4 mm）厚的面板以适合抽屉的内部尺寸。把物品放好，描出它们的轮廓

锯出一个额外的切口以便于手指通过

第二步：用带锯沿轮廓线切割，预先计划好，以能够在同样的位置进入和离开面板

从这里提起物品

第三步：把切割好的面板粘到抽屉底部。用毛毡或植绒覆盖其上

法式装配能够提供方便的存储位置，而且放入其中的物品不易摇晃。

"隐身"抽屉

我们必须承认，工匠是个有点"鬼祟"的职业。我们喜欢制作那些没人能发现的东西，比如木制拼图和机械玩具。很久之前这个现象就存在了，如果你研究一下 17、18 世纪的家具，你会发现很多隐匿于房屋中的柜子。大部分这样的柜子是用来放置贵重物品的，可以防止别人偷窥或偷拿。由于当时还没有银行和保险柜，所以这些抽屉更多的是出于需要而非阴谋制作的。如果你能够制作几个这样既有趣又能提高安全性的抽屉，你会让你身边的朋友大吃一惊的。

背面的秘密抽屉。这个由来自宾夕法尼亚州的家具制作者克雷格·本特利（Craig Bentzley）制作的传统调味柜，柜子的背面隐藏了一个诱人的谜题（如下页图所示）。首先把正面底层的抽屉抽掉，然后把手伸到里面，向前拉动一个木楔嵌入底板中，接下来把柜子的背板向下移动，柜子顶部就会显露出一个小抽屉。十分隐秘，不是吗？

挡板里的隐形盒子。把约瑟夫·赛雷米特（Joseph Seremeth）制作的"兄弟的桌子"（第 116 页造型优美的樱桃木咖啡桌）上的两个抽屉都推进去，来展示固定的中心挡板是什么样的构造。拉出挡板，你会发现一个很小的抽屉。

不仅如此。把隐藏的小抽屉放回去，把左侧抽屉拉出，把手伸到内部并接触到一个扣栓。按下扣栓之后，再次把隐藏的抽屉拉出来，这次在抽屉后面跟着一个小盒子！

木楔隐藏在克雷格·本特利制作的调味柜底层抽屉的底部（左图），它能够启动机关把背板拉下露出隐藏的抽屉（右图）。

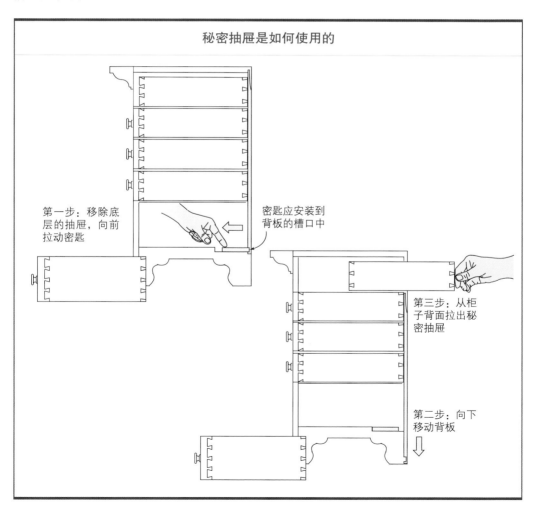

秘密抽屉是如何使用的

第一步：移除底层的抽屉，向前拉动密匙

密匙应安装到背板的槽口中

第三步：从柜子背面拉出秘密抽屉

第二步：向下移动背板

一个看上去像是固定在水平隔板中心位置的抽屉，把它拉出来，奇妙的事情就出现了。

把抽屉推回去开始展示下一个魔法。

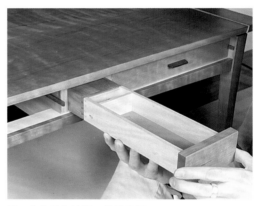

推进一个扣拴以开启连接到另一个抽屉的机制。

另一个盒子与抽屉一起出来了。

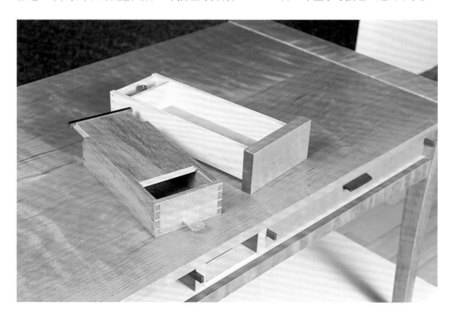

打开一个滑动的盖子就可以看到第二个秘密抽屉里面的东西。

水平隔板

各式各样不同尺寸的抽屉使物品的储存富有条理，经水平隔板细分后的抽屉空间变得更为整齐有序。水平隔板让你能够以一种有序的方式将各种物品分类存放。最好的例子是厨房和办公室的抽屉，如果把各种各样的器皿和办公用具散乱地放在宽大但缺少分隔的抽屉中，你很快就会找不到或者忘记了它们的位置。

如果使水平隔板成为了接合部件的一部分，那么安装垂直隔板就能加固抽屉的整体结构。不过，由于抽屉本身的强度已经足够，所以在安装水平隔板时我追求简单，尽量避免不必要的接合。

你可以将水平隔板分开，或者使用其他办法防止水平隔板在抽屉内部松动。有几种方法帮你做到这两点。

水平隔板的选择

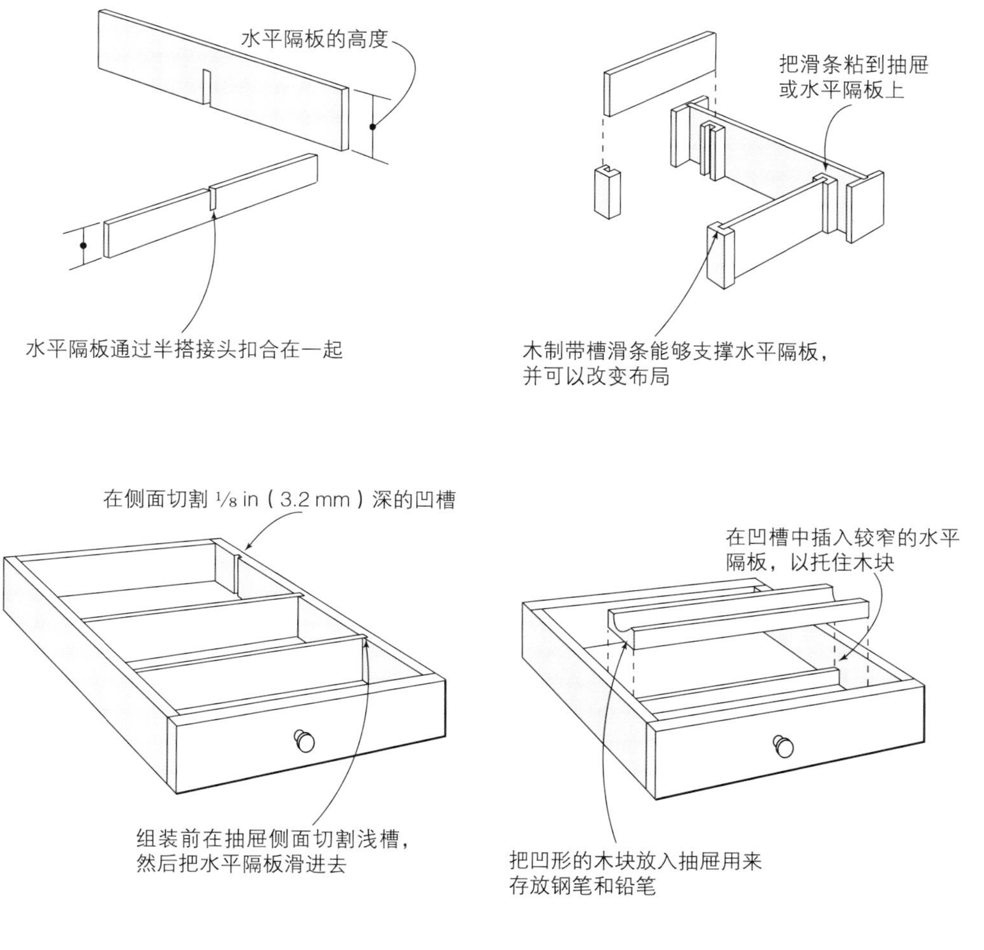

水平隔板的高度

水平隔板通过半搭接头扣合在一起

把滑条粘到抽屉或水平隔板上

木制带槽滑条能够支撑水平隔板，并可以改变布局

在侧面切割 1/8 in（3.2 mm）深的凹槽

在凹槽中插入较窄的水平隔板，以托住木块

组装前在抽屉侧面切割浅槽，然后把水平隔板滑进去

把凹形的木块放入抽屉用来存放钢笔和铅笔

抽屉结构

全覆盖式抽屉

　　全覆盖式抽屉常见于欧式风格的柜子，是最容易制作的一种抽屉，但并非最容易匹配的一种。抽屉的正面完全覆盖了柜子正面的框架，并遮住了抽屉的开口。

　　全覆盖式抽屉与其他类型的抽屉不同，最后的匹配常常取决于与它相邻的抽屉。我们的想法是，在所有的抽屉之间（以及所有的全覆盖式门之间）保留小于或等于 1/8 in（3.2 mm）的间隔，以呈现一种无缝的、现代的外观和感觉。在抽屉与抽屉之间制作这种细小的间隔是一种挑战，但是如果采用正确的步骤，实现目标也并不困难。

　　你可以把抽屉当作一个完整的单元来制作，然后将其正面向外扩展越过侧面。但我倾向于一种更简单的方法：先制作一个抽屉盒子，然后在盒子正面安装一个假面板遮住柜子的正面。因为假面板遮住了盒子，你可以使用牢固的套筒接合或全透燕尾榫制作一个耐用的抽屉，并且在抽屉正面看不到任何接合的痕迹。

　　做好抽屉盒子之后，在正面的内侧钻埋头孔安装螺丝（A）。

　　把抽屉盒子安装到柜子正面，使用双面胶（地毯胶带）把假面板固定到盒子上（B）。

　　轻轻地拉出抽屉，立刻用夹钳将面板夹到盒子上（C），然后把两个螺丝从抽屉盒子的内侧拧入面板中。

　　把抽屉推回柜子，检查匹配程度（D）。如果抽屉两侧的间隙相同，你要加入更多的螺丝把面板永久性地固定到盒子上。如果需要进一步加工，你要拿掉抽屉的面板，刨削其边缘，或者从不同的孔拧入螺丝重新定位面板的位置。待面板匹配合适后，再钉入两个螺丝即可。

半覆盖式抽屉

半覆盖式抽屉与下文中的齐平式抽屉相反，是抽屉类型里的另外一个极端，它也常常被称为半嵌入式抽屉。因为半覆盖式抽屉非常容易匹配抽屉框架的开口，所以这种类型的结构非常适合用于实用型抽屉、厨房抽屉，以及任何你需要快速完成多个抽屉的场合。抽屉正面的一部分遮住了柜子的开口，并且在开口和抽屉正面的背部之间留有 ⅜ in（9.5 mm）的空间，这样你制作的抽屉正面就可以"随意"地与之匹配。半覆盖式抽屉经常和金属滚珠滑轨一起使用，使安装变得更加简单。

▶见第 134 页"成品滑轨"。

你可以在制作抽屉正面的覆盖层之前或之后切割抽屉的接合处。制作的顺序并不是很关键。制作半覆盖式抽屉，首先要在电木铣倒装台上使用 ¼ in（6.4 mm）的圆角铣刀磨圆抽屉正面的边缘（A）。

接下来要在台锯上安装辅助靠山和开槽锯片，为抽屉正面的四边切割 ⅜ in（9.5 mm）深、⅜ in（9.5 mm）宽的搭口槽（B）。

半覆盖式抽屉的边缘一般都很圆滑（C）。你可以将抽屉放置在用较宽的横档和竖梃制成的框架中，以使相邻的抽屉之间隔开较远的距离。这样能够省去把抽屉正面精确安装到内侧壁的麻烦。

齐平式抽屉

作为抽屉中的凯迪拉克，齐平式抽屉无论外观还是整体都给人精工细作的感觉。正因如此，这种抽屉制作起来极具挑战性。这种抽屉的制作涉及到了诸多抽屉制作方面的技术，是掌握制作精美、匹配合适的抽屉的极好体验。

通过直接测量框架开口处的尺寸来决定抽屉各部分的高度和宽度永远不会出错。把抽屉的正面面板或侧面面板放到做好的框架开口处，标记出确切的高度，然后沿着标记进行切割（A）。用这种方法可以省下很多材料，一旦组装完成，你可以将抽屉刨削到合适的尺寸以精确匹配框架的开口。

➤ 见第 98 页 "用楔形块轻敲燕尾榫"。

一般情况下，组装燕尾榫抽屉不需要使用夹具。在接合完成之后，你要趁着胶水未干，检查抽屉是否方正。

如果抽屉组装得不够方正，你需要把抽屉放在一个坚硬的台面上，从抽屉的后部用力敲打较长的那条对角线对应的边角（B）。当抽屉方正之后，把它放在平整的台面上，直到胶水变干。

胶水变干之后，用细刨将抽屉的顶部和底部边缘刨削平整。在这个过程中，你要以平整的台面作为参照不时地检查抽屉的边缘是否已经刨削平整。为防止撕裂木料，你在加工过程中要使刨子绕过转角（C）。较高的抽屉需要刨削掉更多的木料，为木料的形变留出余地。

➤ 见第 41 页 "了解木料的形变"。

接下来，调整刨刀进行精细刨削，修整抽屉的侧面，直到插接头（销件）和燕尾头（尾件）平齐。把抽屉正面固定在台钳上，用宽大的木板支撑其侧面。从一端开始加工，以防止撕裂木料（D）。用直尺检查工作进度，并经常停下来检查柜子框架的开口处与抽屉的匹配程度。持续刨削，直到抽屉能够自如地拉进和拉出。最后，把220目的砂纸包裹在毛毡块外面，轻轻地打磨抽屉侧面。

把抽屉止位块安装到位，把抽屉推入到柜子里，参照框架标记出抽屉正面相对凸出部分的尺寸（E）。

▶见第132页"抽屉止位块"。

回到工作台上，轻轻地沿着标记刨削抽屉的正面（F）。在获得合适的抽屉尺寸之后，你就可以安装自己喜欢的五金件了。

最后，在胶合板的抽屉底板开出搭口槽，将其滑入抽屉的凹槽内（G）。

TIP

对于较大的抽屉，要把作为抽屉底板的胶合板粘到凹槽中。这样能够显著增加抽屉的承重能力，并加固转角处的接合。

用螺丝或钉子穿过抽屉的底板拧入背板中。如果可以的话，不要在很小的抽屉上使用 ⅜ in（9.5 mm）或者更厚的胶合板。¼ in（6.4 mm）厚的胶合板能够发出柔和的声音并且手感细腻。

另一种选择是安装实木底板（不要使用胶水！），并使它延伸越过抽屉的背板，这样的底板还可以兼做止位块。

拱形抽屉

制作曲线或拱形抽屉的流程与制作传统的抽屉是一样的，除非你要弯曲抽屉正面。这里的技巧就是，在木块还是方正的时候完成所有接合处的切割，并给各个部分开槽以安装抽屉底板，这样可以为正面面板的木料留出额外的厚度以做出所需的弧度。接合处切割完成之后，你可以根据某个样式画出设计线，或者使用薄的、弹性好的木杆或木条弯曲到需要的弧度（A）。

用带锯沿着画好的设计线锯掉多余的木料（B）。用小型刨或平底鸟刨消除带锯的痕迹。在工件表面保持刨子倾斜能够减少摩擦的噪声，刨削也会更加平滑（C）。在刨削的时候，你可以用手指检查曲面是否平滑。用砂纸打磨曲面，然后和组装其他抽屉一样，组装出拱形正面的抽屉。

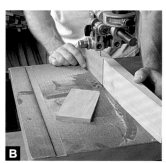

推拉式抽屉

推拉式抽屉容易推入柜子的内部，所有标准的抽屉都可以做成这种样式。这种抽屉的特点在于，它"藏身"于柜子的内部，尤其是在门后。将推拉式抽屉与全伸展式金属滑轨配合使用效果最佳。为了隐藏滑轨，抽屉的正面需要宽于侧面，就像制作全覆盖式抽屉那样。

你需要使用对齐垫板在抽屉侧面安装金属滑轨（A）。用垫片将箱体支撑到合适的高度，并保持支撑面与箱体底部平行，然后用螺丝把滑轨固定到箱体上。粘在箱体侧面的胶合板垫板能够防止抽屉在拉开时撞到门（B）。

把抽屉沿滑轨滑入箱体内，抽屉的安装就完成了（C）。

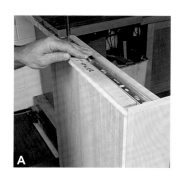
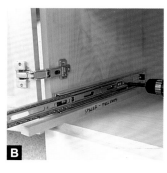
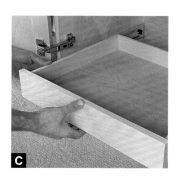

托盘结构

键盘托盘

定制的键盘托盘能够为所有的自制桌子增色。这里展示的托盘宽 10 in（254.0 mm），长 26 in（660.4 mm），对于标准的键盘和鼠标垫来说已经足够大了。

你可以选用 ¾ in（19.1 mm）厚的硬木胶合板制作托盘的主体，然后用实木边条镶边。在前边缘使用 ½ in（12.7 mm）厚度的木条镶边（边条的宽度应略大于胶合板的厚度，因此边条与胶合板的前边缘黏合后会略显突出），这样便于打磨托盘的转角（A）。修整边条使之与胶合板的平面平齐，然后在砂光机上或者使用凿子打磨出正面的转角，并在电木铣倒装台上用 ⅛ in（3.2 mm）的圆角铣刀将边条打磨圆滑（B）。

选用一套合适的铣刀、凿子和砂纸完成腕部支撑件的制作。木板正面朝下放置，在电木铣倒装台上使用较大的抛物面铣刀切割正面和两端（C），使用较小的圆角铣刀修整背面的边缘。然后像制作托盘那样打磨转角。从底面钻孔，用螺丝把腕部支撑件固定到托盘上（D）。支撑件的长度要比整个托盘的长度短一些，以留出 6 in（152.4 mm）的宽度放置鼠标垫。

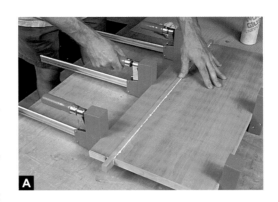

圆转盘

圆转盘基本上就是一个圆盘。它很适合用在存储很多小物件（调料瓶是最理想的）的柜子内部，并且还可以用来支撑电视机。

较大的孔允许你将螺丝穿过旋转盘钉入搁板内（A）。为了隐藏五金件，要在转盘上面增加一个搁板。你需要穿过搁板钻出一个检查孔，以便于用螺丝把搁板固定到转盘上。如果你不希望孔露在外面，那就用双面地毯胶带把搁板简单固定到平台上（B）。安装完成后，搁板就可以 360° 旋转了（C）。

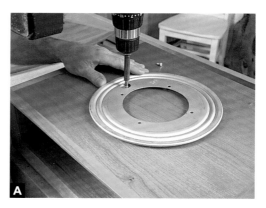

电视旋转台

从一台大电视机的后边接入电线是件很麻烦的事，尤其是如果电视机被放在柜子里的时候。但是如果把电视机放在一个旋转台上情况就会好很多。使用旋转台能够把电视机的背面拉出来，并允许你调整显像管的角度，从而让房间里每个角度的人都能够看到屏幕（A）。

首先要购买五金件，然后制作一个托盘与旋转台匹配。简单的、实木边缘的胶合板就能够支撑较大的电视机（首先检查产品的承重级别）。确定旋转台的尺寸以匹配你的装备、柜子或者要使用的搁板。在安装宽大的正面边条之前，首先要斜切托盘后侧的两个角，以保证旋转台在旋转的时候托盘不会卡到柜子上（B）。

黏合在正面的木条要足够宽，以隐藏安装在托盘下面的五金件，其与托盘之间的间隙要小于 $3/16$ in（4.8 mm）。在木条上切割一个弧形的切口以使用手推拉托盘。接下来把托盘正面朝下放置，将木条粘在其正面的边缘。宽大的垫板能够辅助外部夹具夹住托盘（C）。待胶水干透之后，把正面的木条处理平整。

用螺丝把旋转台的金属平台固定在托盘的底面（D），然后用螺钉，最好是螺栓，把整个部件安装到柜子里。一个旋转台就制作完成了（E）。

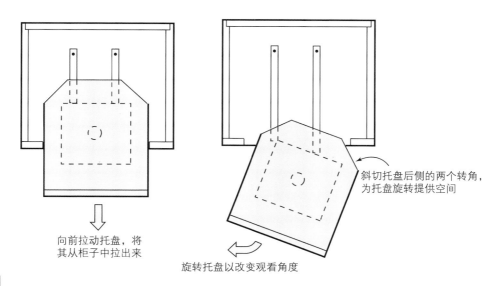

向前拉动托盘，将其从柜子中拉出来

斜切托盘后侧的两个转角，为托盘旋转提供空间

旋转托盘以改变观看角度

A

B

C

D

E

抽屉内件

毛垫毡抽屉

没有什么能像毛垫毡一样，让抽屉更加漂亮时髦了。木工大师弗兰克·克劳斯习惯于从小型的燕尾榫接合抽屉开始制作。首先要对抽屉的内部进行测量，然后用硬纸板或小尺寸的无光泽纸板切割出尺寸稍小的纸片。毛毡片的所有边缘都应比纸片宽出 1 in（25.4 mm）左右。然后以 45°角切下毛毡片的四个角，这样毛毡片的外缘只在转角处与纸板相接（A）。

把纸板平铺在毛毡片上，沿着纸板的边缘，在毛毡片露出的部分涂上一层薄薄的万能胶（B）。然后把毛毡片向内折叠覆盖在纸板上，用手下压将其压平整（C）。

在每块毛垫毡的背面（露出纸板的面）涂上两行常规的木工胶水，然后将其粘到抽屉内部的表面并用夹具夹住（D）。

分隔抽屉

分隔抽屉或其他开口箱体的最简单的方式之一就是，通过在台锯上切割的半搭接头将水平隔板彼此连接起来。如果切割出来的水平隔板相比预期的搭接位置稍短了一点，那么你可以在隔板的两端加上毛毡条，将其按压到位。具体的操作流程首先从刨削隔板材料开始（A），然后分别将其切割到比抽屉或柜子的开口尺寸小 1/32 in（0.8 mm）的长度。用直角尺在隔板上标记出切口的位置和尺寸。切口的宽度应与刨削后的木板厚度相同（B）。

用横截角度规来回切割几次确定切口的位置，然后在台锯上锯出第一个切口（C）。检查一下切口宽度与隔板厚度是否匹配。接合应该处于基本匹配的状态，因为接合过紧反而不易组装到位（D）。重复这一过程，在第二块木板上切割切口。

将 220 目的砂纸缠绕在毛毡块上，将隔板打磨到最终的尺寸（E）。在每块完成打磨的水平隔板的末端加上可以自行粘住的毛毡，这样水平隔板就可以紧紧地贴合在抽屉或开口箱体的内壁上了（F）。

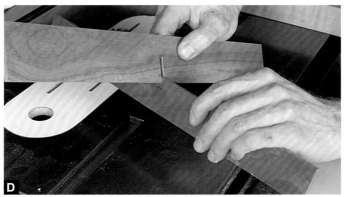

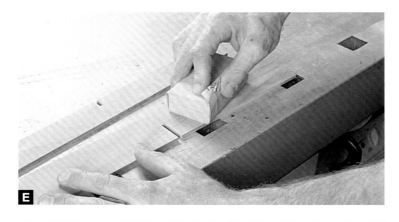

第十一章
抽屉五金件

抽屉引导系统

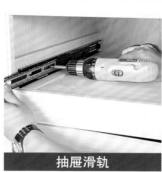

抽屉滑轨

电脑配件

抽屉拉手

制作好抽屉之后，下一步是把抽屉安装到柜子里。如果你已经在柜子里制作了肋骨框架，那就大功告成了。

►见第54页"肋骨框架"。

除了制作抽屉的步骤外，你还需要考虑选择合适的抽屉引导五金件和一些好用的夹具，以帮助你精确设计各个部件，并将其准确地安装到箱体内部。现在的成品金属滑轨制作精美，用起来很顺畅，噪声也很小。但很多木匠还是喜欢自己制作抽屉引导系统。

另外一个需要在安装抽屉时考虑的因素是，一旦抽屉进入箱体，要如何停止其滑动。你还应该确定，抽屉从箱体中拉出多远是合适的，以避免意外事故的发生。

最后，你还要考虑通过把手、拉手和其他类似配件抓握抽屉，将其推入箱体内部。你可以选择成品把手或者各种定制型把手。

抽屉引导系统

成品抽屉滑轨

成品抽屉滑轨或许不应该与需要手工切割接合部件的精细木工家具联系起来，但是它们在箱体结构中的确占有一席之地。如果使用得当，成品滑轨能够使你快速装入抽屉，并且现在的滑轨在设计上兼顾了噪声小、滑动顺畅以及容易隐藏的特点。

要记住，大多数的金属滑轨需要在箱体开口和抽屉侧边之间留出 1 in（25.4 mm）的间隙，或者两边各留出 1/2 in（12.7 mm）。质量好的滑轨的公差范围在 1/16 in（1.6 mm）左右，这意味着，如果抽屉做的稍宽了点或者有点窄了，滑轨都能正常使用。一定要首先购买滑轨，然后按照厂家提供的规格制作抽屉。你还要参考抽屉的承重能力，选择与设计的承重能力匹配的滑轨，当然，滑轨的承重能力大于抽屉的承重能力是更优化的选择。在必要的情况下，你要为抽屉配备全伸展式滑轨，例如装文件的抽屉，或者需要拉出抽屉露出其背面的情况。

定制的引导件

定制的抽屉引导件所具有的外观和性能是成品滑轨无法比拟的。木制导轨感觉很特别，非常值得你用心去做。木制导轨可以提供多种选择，并可用在多种制品中。

下一页的图片展示了多种能够在凹槽中滑动的木制导轨的样式。在抽屉侧面切割凹槽，然后把抽屉挂入安装在箱体内的木制导轨中，这是一种非常流行的做法。或者，如

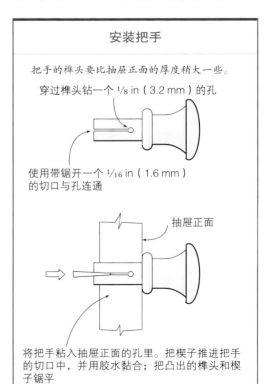

安装把手

把手的榫头要比抽屉正面的厚度稍大一些。

穿过榫头钻一个 1/8 in（3.2 mm）的孔

使用带锯开一个 1/16 in（1.6 mm）的切口与孔连通

抽屉正面

将把手粘入抽屉正面的孔里。把楔子推进把手的切口中，并用胶水黏合；把凸出的榫头和楔子锯平

全伸展式滑轨允许你拉出抽屉看到其背部。

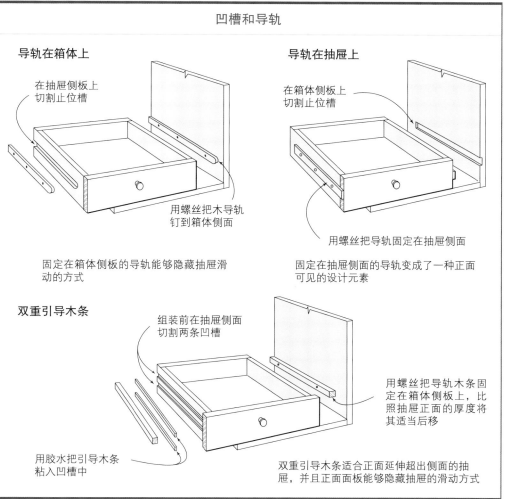

凹槽和导轨

导轨在箱体上

在抽屉侧板上切割止位槽

用螺丝把木导轨钉到箱体侧面

固定在箱体侧板的导轨能够隐藏抽屉滑动的方式

导轨在抽屉上

在箱体侧板上切割止位槽

用螺丝把导轨固定在抽屉侧面

固定在抽屉侧面的导轨变成了一种正面可见的设计元素

双重引导木条

组装前在抽屉侧面切割两条凹槽

用胶水把引导木条粘入凹槽中

用螺丝把导轨木条固定在箱体侧板上,比照抽屉正面的厚度将其适当后移

双重引导木条适合正面延伸超出侧面的抽屉,并且正面面板能够隐藏抽屉的滑动方式

果你希望有所创新，那么你可以把导轨安装到抽屉的侧板上，在箱体的侧板上切割凹槽。从箱体的正面看，导轨的末端显露出小的长方形。

第三种方式要使用一对引导木条，这种方式特别适合正面超出侧板的抽屉。安装抽屉前，在其侧面切割一对凹槽，然后用胶水把木制引导木条粘到凹槽里，这样引导木条会凸出在侧面之外，但是不会超出抽屉正面覆盖的范围。

切割出一个导轨木条，用刨子刨平其表面并使其宽度匹配两个引导木条之间的空隙。用螺丝将导轨木条临时固定在柜子的侧板上。把抽屉挂上去，如果感觉不匹配，你要把导轨木条取下，用手工刨做一些必要的修整，直至其与引导木条完全匹配、抽屉能够流畅进出，你就可以用胶水和螺丝把导轨木条永久性地固定到箱体上了。

抽屉止位块

除了抽屉整体的匹配和抽屉的性能，制作抽屉时还有另外两个关键的因素需要考虑：把抽屉推进去时如何使它停下来，以及

一对硬木引导木条特别适合正面超出侧板的抽屉。

在拉出抽屉时如何使它停下来。

在抽屉的侧板是实木的情况下，你可以匹配实木的抽屉底板使抽屉停下来。抽屉底板应比背板长 $3/8$ in（9.5 mm），这样底板就能够接触到箱体的背板。随着箱体侧板的膨胀和收缩，抽屉底板也相应地膨胀和收缩，以此保证抽屉正面和箱体正面平齐。

底板的纹理走向应该是从一侧到另一侧的，而非从前到后，否则底板只要稍有膨胀，就会导致侧面裂开、抽拉变紧和接合处变松。也不要用胶水把底板粘到抽屉的凹槽中。有一个非常简便的方法就是，用台锯在底板的后边缘切割出一个槽孔，然后用螺丝和垫圈穿过这个孔，把底板固定在合适的位置。当底板膨胀时，螺丝会向抽屉的后方移动。

如果在制作实木底板的时候预留的木料过多，通过削减背板边缘的木料可以很容易地获得完美平齐的抽屉正面。这个方法同样适用于侧板是胶合板的箱体，但抽屉底板必须使用胶合板的情况除外。

粘在箱体正面横档上的木条可以作为抽屉止位块被方便地使用，尤其当其匹配实木箱体时，产生的公差会更小。如果喜欢的话，你可以在木条的正面粘上皮革以缓冲抽屉的冲撞。这样不仅能获得良好的手感，而且能够使抽屉的开合更加柔和。当箱体随着季节变化膨胀和收缩时，可以正面止停的抽屉也更容易与实木箱体的正面保持平齐。不过，只有当抽屉的正面和侧面向下延伸超出底板的时候，这种方法才能发挥作用。超出底板的部分一般在 $1/4$ in（6.4 mm）左右。

把止位木条沿刻线夹住，刻线距离框架前沿的尺寸要与抽屉正面的厚度相等。止位木条的材料必须足够薄，以允许抽屉底板顺

利通过——一般 3/16 in（4.8 mm）的厚度足够了——并且要足够短，为抽屉的侧板留出间隙。止位木条固定之后，用手工刨刨削正面，使抽屉正面与箱体正面平齐。

► 见第 120 页 "齐平式抽屉"。

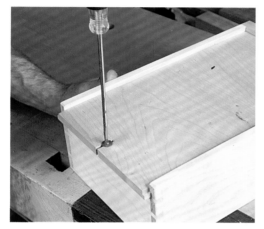

你可以延长抽屉的底板作为止位块发挥作用。为螺丝开出的槽能够为实木抽屉底板的膨胀留出空间。

弹簧夹在胶水变干的过程中能够支撑刻线上的止位块。

用划线规标出止位木条的缩进尺寸。要根据抽屉正面的厚度确定划线规的设置。

抽屉滑轨

成品滑轨

侧挂式滑轨仍然是许多柜子制作者和厨房设计师喜欢采用的类型，因为它经济实惠，又易于安装。每个抽屉配有一对左右对称的滑轨，每组滑轨包含两个部分：拧在抽屉侧面的导轨和固定到箱体内侧的、安放导轨的滑槽。

把导轨安装到抽屉上时，要使用夹具精确地对齐导轨。在长孔中只须安装两三个螺丝就足以将导轨支撑到位了（A）。导轨应该位于抽屉侧面多高的位置呢？根据经验，导轨应该与抽屉拉手或把手的高度一致。比如，如果你打算把拉手安装到抽屉正面的中心位置，那么导轨也应该安装在与侧板中心平齐的位置。这样抽屉的整体匹配效果最好。

在箱体的敞口处使用胶合板垫片以对齐内部的滑槽。垫片要方正，其表面与边缘要与箱体的对应面平行，以保证箱体两侧的滑轨彼此平齐（B）。在把抽屉挂入到箱体内合适的高度之后，你就可以安装剩下的螺丝了（C）。

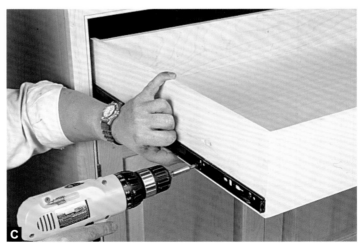

下挂式滑轨

如果在精心制作的抽屉侧面可以看到五金件会让你感觉不舒服的话，那么你可以考虑使用下挂式滑轨。

把滑轨的两部分作为一体装入到箱体内部。在抽屉的两个侧面靠近底板的边缘、接近抽屉正面的位置钻孔（A）。把抽屉滑进箱体，放低抽屉，使刚刚钻出的孔与滑轨前部的暗销匹配（B）。这样在拉出抽屉时，你不会看到任何五金件（C）。

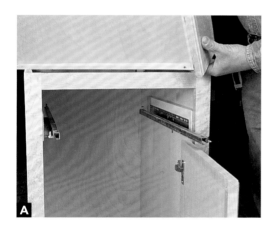
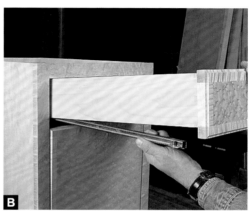
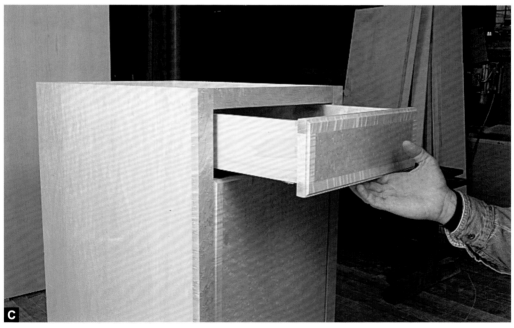

电脑配件

键盘和鼠标五金件

对家庭办公室和电脑设备来说，最有用的一种配件就是用来支撑键盘和鼠标垫的五金件。质量好的五金件可以让你在拉出托盘时像拉出抽屉那样顺滑，并且能够把托盘从左边移到右边，以迎合你的打字或点击鼠标的习惯。

键盘五金件包括一个面板和支撑托盘的装置（沿托盘滑动）。安装过程很简单，只须把面板用螺丝拧到桌面的下方（A），然后把滑轨装置安装到面板上（B），最后安装一个成品或定制托盘。为了把接合处隐藏起来，可以从底面拧入螺丝安装托盘。

➤ 见第 123 页"键盘托盘"。

安装好托盘和支撑装置之后，可以微调键盘的位置以获得最佳体验效果。把托盘拉出来，就可使其延伸至桌子的边缘以外；将其收起推到桌子下方，就可使其隐匿不见；要旋转托盘，只须抓住它，旋转到合适的位置即可。你可以通过松开一个旋钮调整托盘的高度，使其低于桌面或与桌面平齐。最后，你还可以通过推拉托盘正面下边缘处的控制杆将其调整到合适的角度，或者使键盘略微倾斜（C）。

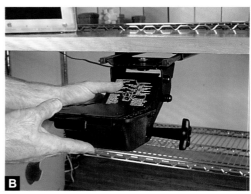

抽屉拉手

安装拉手

U 形拉手。U 形拉手通常是通过在抽屉正面面板的背侧拧入螺丝安装的。找准螺丝孔的中心是成功安装的关键。为了使安装过程更加容易，你可以制作一个模板，画出螺丝孔的中心线并小心地钻出定位孔，然后使用模板在抽屉正面准确标记出孔的位置（A）。

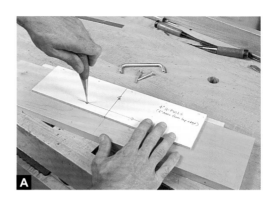

如果可能，你要在安装抽屉之前为螺丝钻孔。最好使用台钻，这样可以保证螺丝孔角度正，与抽屉的正面成直角（B）。

吊环拉手。吊环拉手是一种非常高雅的配件。不幸的是，在安装连接吊环和托片的一对松散的立柱时，经常会遇到一个问题：托片上的两个销子可能稍稍有些不方正，彼此很难保持平行。在你为立柱钻好孔、安装好拉手后，托片的位置就固定了，因为销子是不能在立柱上自由旋转的。

为了避免销子对不正的问题，你需要在给立柱钻孔前检查所有的吊环。在废木料上钻出所需的孔，制作一个夹具。然后把立柱和托片安装到夹具上，检查每个吊环的状况。如果拉手无法轻松地旋转，就用手稍微把它拉开，或者挤紧。如果吊环依然过紧，你需要在夹具上重新钻一组孔并再次检查（C）。

当所有吊环都能在夹具上自由转动时，就在夹具上画出中心标记，然后以夹具为模板在抽屉正面标记出相应的中心及其高度。将夹具放在每个抽屉的正面，所做的标记呈一条直线，透过夹具上的孔在抽屉正面标记出孔的确切位置（D）。

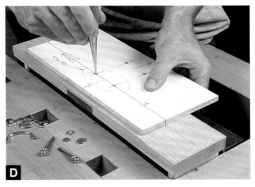

定制拉手

自己制作拉手或把手是家具制作过程中让人非常有成就感的一件事，并且乐趣无穷。你可以为家具选择的设计没有限制，并且可以尽情彰显家具的个人风格，这是成品五金件做不到的。这里展示的拉手只是一个例子，你可以尽情发挥你的想象力。这里所有的设计同样也适合作为门拉手使用。

➤ 见第 141 页 "门"。

你可以利用这个机会，使用珍藏已久的珍贵边角料。这种拉手的制作非常简单，这也是我非常喜欢它的原因。你要选用边缘松散的木料——有节的或者造型特别的木料——可以使制作的每一个拉手都独具匠心。在带锯上锯出你想要的形状，只要保证安装面是平整的就没问题。尝试着让拉手的末端倾斜可以产生强烈的视觉效果（A）。

在抽屉正面的内侧钻埋头孔用于安装螺丝，并在拉手的背面钻出引导孔。在拉手的背面涂上一些胶水，用螺丝从抽屉正面的内侧穿入并拧紧以固定拉手（B）。

自制木条拉手

要制作一个简单且好用的拉手，你可以在抽屉正面的顶部边缘安装一个木条。如果你精心选择木条的颜色和纹理，那么装好的拉手看起来就像是从正面的木板上雕刻出来，而不是用胶水粘上去的。最好的方法是，在用胶水将其粘到抽屉上之前修整木条的形状。

在电木铣倒装台上用拱形铣刀在底板铣出拱形。切割深度要逐渐增加（A）。然后把前缘的顶部和底部磨圆（B）。

把木条粘到抽屉正面并夹紧（C）。待胶水干透之后，用鹅颈刮刀和刨子去除任何细微的错位。

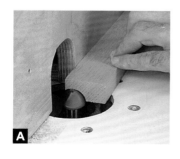
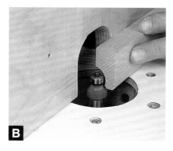
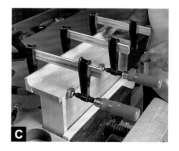

曲面拉手

曲面拉手看上去显得很高端。你可以使用任何一种高密度的、纹理细密的硬木来制作，比如枫木、红木或檀木（A）。这里展示的假螺丝平添了一种优雅的感觉，尽管它的主要功能是遮盖将拉手固定到抽屉上的真正螺丝的。

使用两块胶合板模板，在木料上画出拉手的轮廓：一个用于制作拉手的侧面（B），一个用于制作拉手的顶部（C）。然后在带锯上锯切出想要的形状。

使用辊式砂光机或砂轴机打磨曲面，同时消除带锯的痕迹。然后使用平底扩孔钻、埋头钻穿过拉手，钻出稍微有角度的模柄孔以安装螺丝（D）。

使用对比强烈的木料制作一个圆木榫插进孔里，但在用胶水粘好圆木榫之前，你需要用手锯在其一端切割一个切口。

安装圆木榫，并将楔子轻敲进切口里，楔子要用对比强烈的木料制成，以模仿一字形槽口的螺丝头。

◆ 第三部分 ◆

门

门是家具的维护者，并以其丰富的样式、纹理、颜色和风格装饰着家具的入口。一个制作精美的门会让我们乐于探索内部的世界。从实用的角度讲，门能够防止灰尘进入，防止人们偷窥柜子内部的世界。此外，门能够方便地隐藏生活中各种杂七杂八的东西。使用木料设计并制作美观、方便的门可以保护我们的隐私，并可以方便地存取各种物品。

制作门的时候，有多种设计可以选择，因为有多种天然木材和人造木板——比如贴面硬木胶合板——供选择。微小的细节也会影响到你对门的风格的选择，比如增添曲线进行装饰，或者添加线脚用于增加高度和对比度。当然，你也可以简单一点，制作简单的平板门。如何决定取决于你。

门的制作，第 143 页

门及铰链的安装，第 159 页

门拉手和其他五金件，第 177 页

第十二章
门的制作

门的制作要素

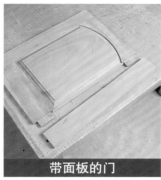

带面板的门

实木门

▶ 门的设计（第 145 页）

▶ 接合方式的选择（第 145 页）

▶ 黏合得平整方正（第 146 页）

▶ 平板（第 148 页）

▶ 凸起的框架和面板
（第 149 页）

▶ 拱顶框架和面板（第 152 页）

▶ 木板和板条（第 154 页）

玻璃门

▶ 分隔门（第 156 页）

　　制作门的时候，你遇到的第一个问题是选择门的风格。选择多种多样，包括实木门、贴面板门和带线脚装饰的门，等等。下一步是确保门不会随着时间的推移而散架。在家具制作中，几乎没有哪个部件的使用比普通的橱柜门还要频繁的，所以你选择的接合方式必须能经受住时间的考验。接合处还应该足够结实，以防止门的框架被自身的重量压裂。恰当的黏合方法能够免去应对粗糙的平面和接合处翘起的麻烦，这样的平面和接合会导致门或铰链的安装不顺利。

关于门的类型，有多种结构可以选择。简朴的平板门是最容易制作的类型，并被广泛应用在欧式厨柜的制作中。当它们整齐有序地并排在一起时，会给人一种格外优雅的感觉。这种门的框架和面板可能是最经常使用的构造。这种设计可以追溯到几千年前，在当时被认为是一种解决宽大的实木板过度形变的方法。其他结构较为复杂的门包括带有拱顶框架的门和用木条分隔的玻璃门。

门的风格

框架–面板式结构的门可以使用实木板，并且没有与之相关的木料形变问题。胶合板或者中密度纤维板制作的面板能够提供更多的设计选择。木板–板条式构造则带给你乡村风格的感觉。

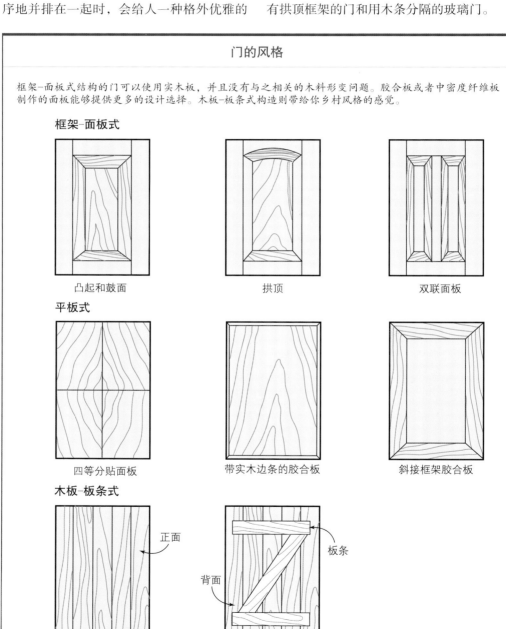

框架–面板式

凸起和鼓面　　　　　拱顶　　　　　双联面板

平板式

四等分贴面板　　　带实木边条的胶合板　　　斜接框架胶合板

木板–板条式

正面

板条

背面

门的制作要素

门的设计

门的设计有无穷无尽的可能性。但是一些基本的要素对于扩展门的设计思路仍然是有帮助的。如果你追求实木的外观和质感，那就要考虑到木料的形变及相应的结构性问题。必须充分考虑到框架和面板构造的这种变化，也要把木板和板条的结构考虑在内。使用胶合板和中密度纤维板等人造板材能够扩展你的设计要素，将贴面、皮革和其他材料运用到门表面的装饰中。线脚能够给门的表面带来无穷的光影效果，使家具看起来更有立体感。

接合方式的选择

门，尤其是柜门，会经常被使用。谁没有摔过门或者是偶尔把门拉开时因为速度太快牵扯到了铰链呢？为了减少这些破坏，你需要固定门的接合处以保持门的稳定。

在框架-面板式结构中，转角的接合将框架固定在一起。榫卯接合的稳定性经受住了时间的考验，特别是在榫头的长度等于或大于 1 in（25.4 mm）的时候。其他选择包括用成对的饼干榫或圆木榫完成的接合。斜接框架可用方栓接合以加固脆弱的端面。在框架内部使用胶合板或者任何性能稳定的人造板允许你把面板粘到框架上，这样可以大大增强门的整体强度。

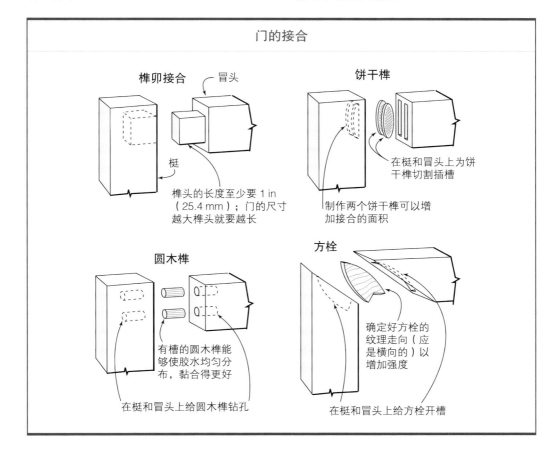

门的接合

榫卯接合 — 冒头

梃

榫头的长度至少要 1 in（25.4 mm）；门的尺寸越大榫头就要越长

饼干榫

在梃和冒头上为饼干榫切割插槽

制作两个饼干榫可以增加接合的面积

圆木榫

有槽的圆木榫能够使胶水均匀分布，黏合得更好

在梃和冒头上给圆木榫钻孔

方栓

确定好方栓的纹理走向（应是横向的）以增加强度

在梃和冒头上给方栓开槽

黏合得平整方正

制作一扇精美的门，并用昂贵的铰链把门安装到柜子上之后却发现，门是倾斜的，这是件非常令人抓狂的事。好消息是，门，而非柜子或者那些昂贵的铰链，才是最可能的罪魁祸首。一般在夹紧阶段，当你不经意间使框架出现扭曲时，问题就会在最后显现出来。要想完成平整方正的黏合，需要考虑两个平面：门的正面或者面板的表面与门的边缘。要确保将工件放在了一个绝对平整的表面上，否则台面上的任何弯曲都会反映到门的制作上。然后要确保夹具夹在了门的边缘和正面的关键点上。

在你观察门的边缘时，一定要检查夹具螺丝的中心是否以框架的厚度为中心。把厚度合适的废料杆正确地放在夹子上，这一点会非常容易实现。用这种方式对齐工件的中心位置能够防止梃弯曲，并保持门的平整。从上面俯视门的表面，以确保夹具对齐了冒头宽度的中心，保证接合处是方正地接合在一起的。

不要太过猛烈地旋转夹具；过度的压力会挤压木料，使框架出现扭曲。一旦拿掉夹具，木料就会弹回，接合处也会随之裂开。要对你使用的压力保持一定的敏感度。如果某个接合处需要加固，你要想方设法通过曲柄旋紧夹具。但是，在接合线被夹得足够紧时，你要把夹具稍稍回调一点。然后用直尺检查组装件是否平整。

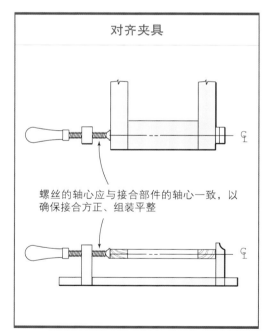

对齐夹具

螺丝的轴心应与接合部件的轴心一致，以确保接合方正、组装平整

夹具的压力应该以冒头的宽度为中心分布，以保持框架方正。

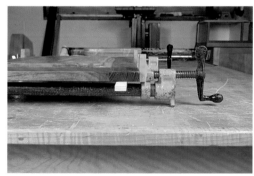

把门抬高放在废料上，并使门的边缘与夹具的螺丝对正能够防止框架扭曲。

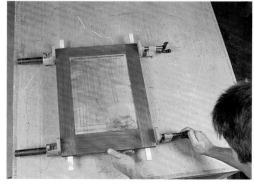

面板剖面图

凸起、鼓面和线脚能够制造不同的光影效果。

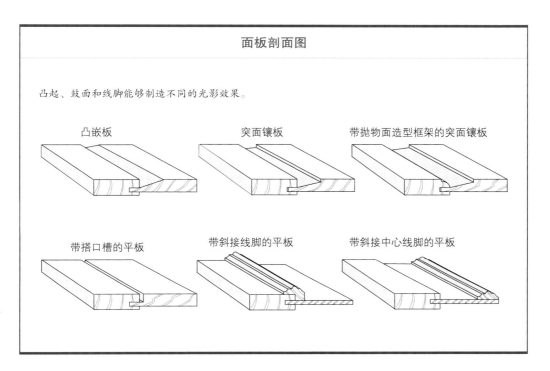

凸嵌板   突面镶板   带抛物面造型框架的突面镶板

带搭口槽的平板   带斜接线脚的平板   带斜接中心线脚的平板

加固铣面接合

木工接合最具争议性的一类问题是：铣面接合是否需要加固。一个明显的事实就是：增强的黏合表面和铣面框架中的短榫并不具备与长榫同等的接合强度。对于每天都要使用的门，即使用平头钉从后面钉牢，这种接合可能也不够牢固。有一种方法可以加固这种接合，那就是把圆木榫粘到梃和冒头中。但是最牢固的解决办法是这样的：首先在梃的边缘和冒头的一端分别钻出榫眼，然后制作出自由式或悬浮式榫头同时粘到两个榫眼中。要确保榫头在两部分的嵌入深度都至少达到了 1 in（25.4 mm）。

由硬木制成的自由式榫头如果安装恰当，铣面会比传统的榫卯接合更加牢固，并且大多数情况下，这种接合部件对于小工作间的木匠来说更容易制作。

具有自由式榫头的铣面

榫头

冒头被加工成适合黏合短榫的结构

梃和冒头上的榫眼

梃和冒头的黏合面

带面板的门

平板

在所有类型的门中，简单的平板门是最基础的。尽管你可以用实木制作面板，但是当面板的宽度或长度比较大时，门出现翘曲的可能性很高。中密度纤维板等人造板材因为其固有的稳定性成为了更好的选择。但是中密度纤维板的表面需要饰面装饰或油漆覆盖以隐藏其平凡的外表。贴面硬木胶合板是另外一种选择，但是与中密度纤维板类似，你还是需要想办法隐藏其粗糙的边缘。对于门的边缘处理，我更倾向于使用薄的实木条，而非饰面封边条。如果封边条和胶合板饰面薄板来自于同一块木料，具有类似的颜色和纹理，那么处理后的边缘就能与面板浑然一体。封边条大概厚 1/8 in（3.2 mm），这样能够提供足够的材料覆盖尖锐的边缘，并封闭胶合板的核心。

量出面板的尺寸，并充分考虑边缘的组合厚度，然后用胶水黏合并夹紧门上垂直于地面的两个侧面。确保切割出的封边条的宽度和长度稍大于面板这两个侧面的尺寸（A）。待胶水干透，使用层压板铣刀或者手工刨修平边缘。

➤**见第 81 页"修齐边条"。**

加上两个水平方向的封边条，并在转角处使用对接接头（B）。

你可以用手工刨将封边条的边缘处理平滑，或者切割一个 1/8 in（3.2 mm）的小圆角（C）。将门安装好之后，从上面就看不到转角的接合处了。

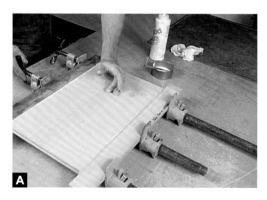

凸起的框架和面板

无论哪种尺寸的实木门，框架-面板结构都能有效地解决面板翘曲和木料自然形变的问题。

由梃和冒头（作为短边）制成的框架相对稳定，不易弯曲。框架内侧是嵌入到框架凹槽内的宽面板。面板"悬浮"在框架内，这样当木料膨胀或收缩时它能够自由移动，而不会对周围的框架施加压力（A）。

切割框架的接合处，然后在梃和冒头上给面板开槽。精确测量面板的尺寸，不仅要考虑框架的内部周长，而且要把凹槽的深度计入在内。

▶见第 57 页"防尘板"。

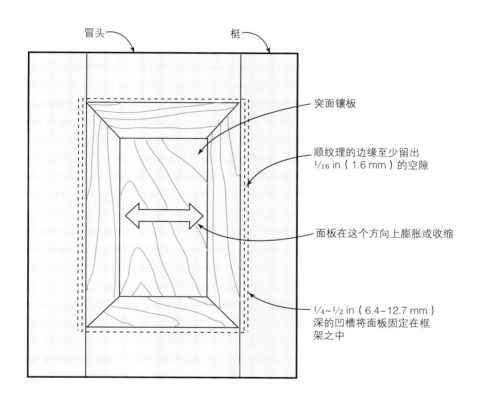

冒头

梃

突面镶板

顺纹理的边缘至少留出 $1/16$ in（1.6 mm）的空隙

面板在这个方向上膨胀或收缩

$1/4$~$1/2$ in（6.4~12.7 mm）深的凹槽将面板固定在框架之中

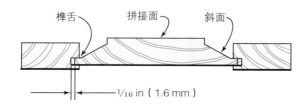

榫舌

拼接面

斜面

$1/16$ in（1.6 mm）

A

要制作凸面嵌板，可以在电木铣上使用凸面板铣刀或者在成形机上使用面板凸起装置。一次性全深式切割会使刀头和机器负载过重，同时也非常危险。切割应该分 2~3 次完成。临时夹到成形机靠山上的小靠山可以使你在第一次切割时完成较浅的切割（B）。然后在进行最后的全深式切割时，你要拿掉小靠山（C）。

> **⚠ 警告**
>
> 为电木铣或者成形机更换刀片时一定要拔掉电源。

在组装门之前，有三个重要的步骤要完成。首先，在面板顺纹理的边缘多留出 $1/16$~$1/8$ in（1.6~3.2 mm）的富余量，为面板在框架的凹槽内膨胀预留出空间（D）。

接下来，如果最终制作的门是彩色的，你要在面板的顺纹理边缘涂上与门的最终颜色相同的颜色（E）。这样即使在干燥的季节面板出现了收缩，嵌入槽中的浅色边缘也不会暴露出来。

最后，为防止面板在框架内发出咯吱的声音，要在面板背面的中心处将其固定，或者在面板和凹槽之间使用垫片。一种方法是使用适合 $1/4$ in（6.4 mm）凹槽的小橡皮球（就是很多木匠邮购订单里的太空球）。如果面板膨胀，这种小球则会被压缩（F）。

小心地把接合处的夹具对齐，用胶水黏合框架和面板。确保没有胶水从接合处滴落在面板的边缘，否则当木料发生形变时，面板会因为与框架结合过紧而导致其断裂。家具制作人爱德华·舍恩的用于完成黏合操作的工作桌上留有切口，这种结构不仅能够自动引导管夹精确定位到木板中心，而且方便组装（G）。

框架-面板风格的门引入的一个变化是在框架中安装平板。如果用饰面胶合板或中密度纤维板，或者任何一种稳定的板材制作面板，然后用胶水将其粘到框架的凹槽中，那么门的整体强度会显著增强。要想装饰一下面板的四周，你可以在框架内部斜接装饰性的线脚，并用胶水或钉子将其固定到面板上（H）。

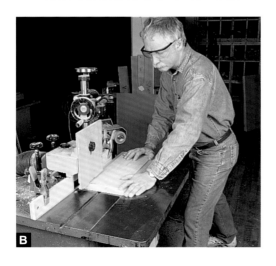

B

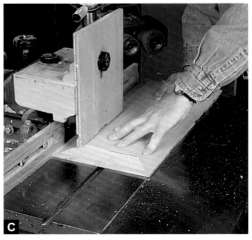

C

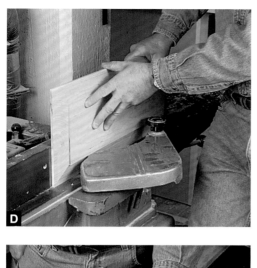

拱顶框架和面板

只要遵从下面的制作步骤，在门的顶部制作一个简单的拱顶比你想象的要简单。第一步是绘制一张全尺寸的门的图纸，包括顶部冒头的弧形轮廓。注意：冒头的弧线半径不能太小，因为其肩部的纹理比较脆弱，如果角度变化过于突兀，肩部有可能会断裂。在理想情况下，弧线对应的母圆半径应为10 in（254.0 mm）或者更大些。

制作门的木料要仔细挑选。只要有可能，梃就要使用直纹的木料。为了让弧形冒头更加美观，可以选择带有弯曲纹理的木料，并沿着纹理切割冒头。当然，你需要在木料还是方正的时候，首先切割出框架的接合部件，然后把巨大的圆规调整到合适的半径，将图纸上顶部冒头的弧线转移到木料上（A）。

顺着切割线，用带锯切割出冒头顶部的弧线，注意保持带锯稍稍偏向废料一侧（B）。然后用鸟刨或砂轴机打磨切割面（C）。为了使弧面光滑平整，你要顺着纹理进行打磨。

在电木铣倒装台上，用 1/4 in（6.4 mm）带滚珠轴承的槽铣刀给框架开槽。处理平直的部件要使用靠山，然后将其拿掉，使冒头的曲面部分紧贴轴承。你要使用定位栓和防护装置（未出现在图中）以保证切割的安全（D）。

使用同样的设计方法，标记出面板顶部的弧线，考虑到在冒头上切割的凹槽深度，你需要相应增加面板顶部弧线的半径。然后同前面一样，使用带锯切割出弧面，并将其打磨光滑。接下来，抬起面板放在电木铣倒装台上，用带轴承的凸面板铣刀和定位栓处理弧面（E）。逐渐抬高刀头的高度，来回切割几次，直至面板与框架上的凹槽完全匹配。处理好的面板应该能够轻松地滑进梃和冒头的凹槽中。

TIP

顺着正确的方向打磨得到的平面会更加光滑。与刨平木料一样，关键在于打磨时使木纤维的指向远离你。只要可能，就要遵守"下斜式"打磨技巧，必要的时候可以把工件翻过来。

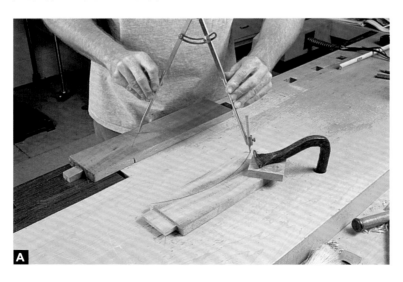

A

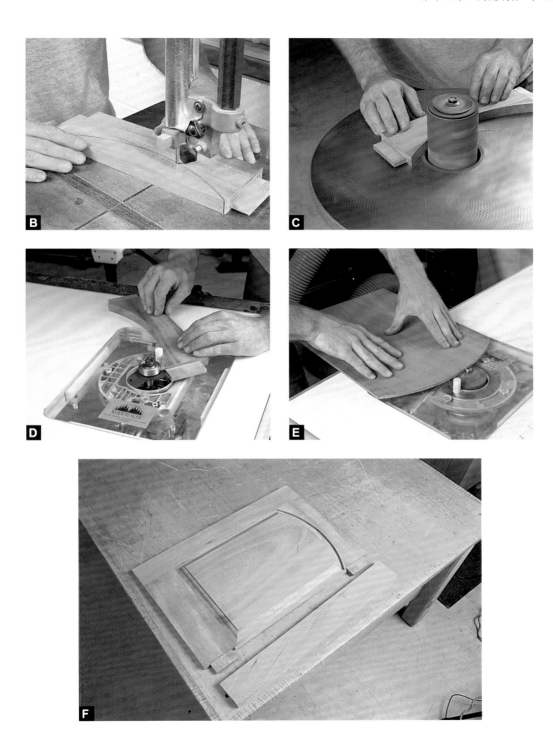

实木门

木板和板条

木板和板条门表面高低不平，颇具乡村风格。如果你能够注重细节，这种门同样可以展现出优雅的一面。它是一块块的木板以边对边的方式，通过方栓接合起来，并在背面用结实的板条加以固定的。

首先，要把单个的木板切割到合适的长度。木板的宽度大小随意，如果你追求对称的效果，也可以把所有的木板都做成同样的宽度。你可以斜切木板接合处的边缘，切割珠边，或者只是简单地使边缘保持方正的形状即可。

在电木铣倒装台上使用槽铣刀在木板的边缘切割出宽 $1/4$ in（6.4 mm）、深 $3/8$ in（9.5 mm）的凹槽（A）。注意，位于门的最外侧的两块木板的外缘不要开槽。

锯切一些方栓以匹配两侧凹槽的深度。为了防止方栓从门中脱落，除了最外侧的两块木板，每块木板的凹槽中都要点上几滴胶水（B）。

将所有的方栓和木板干接在一起，然后用夹具将其夹住，检查面板是否方正。不要用胶水把所有木板都粘起来，否则一旦木板与板条的形变方向不同时，它们有可能断裂或弯曲。

接下来，用螺丝穿过埋头螺孔将板条固定在面板的背面（C）。我喜欢不显眼的平

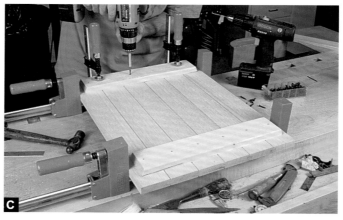

头螺丝。如果需要，你还可以用木塞遮住螺丝，但是我个人觉得，这些小孔也是一种漂亮的装饰。

在两个板条之间增加一个斜撑，这个支撑能够加固这一结构、防止门板破裂。要使斜撑牢固地固定在板条之间是需要技巧的。最好的方法是，将要制作斜撑的木板跨在板条上，将其夹住，并在木板两端与板条内侧边缘相接的地方刻出两条线（D）。然后对正木板正面的标记，在其两端切出斜面。

像安装板条那样，用螺丝把斜撑安装到门的背面（E）。最终，在制作完成的门的正面（F），你不会看到斜撑和螺丝。

> ⚠ **警告**
>
> 开槽时要逆着铣刀的旋转方向。否则电木铣可能会卡住工件并把你的双手拖进去。

玻璃门

分隔门

使用电木铣工装可以轻松地制作分隔门或玻璃门（A）。像制作普通框架一样制作并组装一个门。如有必要，可以用刨子将接合处和门修整平齐，以匹配要安装的柜子。

门修整好之后，你需要在框架背面的内侧边缘切割宽 3⁄8 in（9.5 mm）的搭口槽。搭口槽的实际深度并不重要。我通常会按照框架厚度的一半切割搭口槽，这样能给玻璃、木条或者其他在框架中用来支撑玻璃的填充物留出足够的空间。一定要在门的底下放上一块隔离用的薄板或用木块把门垫起来，防止切到工作台。在电木铣的台面上放一大块底板作为稳固的平台以移动框架，这样更容易得到深度一致的搭口槽（B）。

用凿子把搭口槽的转角修成直角。为精确起见，可以用一把尺子把搭口槽的直边延伸到框架上，然后沿着标记修整。沿着标记慢慢地推进，切出薄薄的碎片。使用木槌辅助修凿端面的肩部，并用手将长纹理方向的肩部磨平（C）。

完成搭口槽后，测量搭口槽下方剩余壁架的厚度，做出与之厚度相同、宽度为 5⁄8 in（15.9 mm）的窗棂木条。把木条放在搭口槽的上方对正，标记出两端与框架接触的位置，从而准确地完成木条长度的铣削。然后使用开槽锯片在窗棂木条的两端开槽，其厚度为窗棂厚度的一半，并在两根窗棂木条的重叠处切割榫槽。在切割相交部分的榫槽时，你需要把其中一根窗棂木条翻过来，以便两根窗棂木条的两端搭口朝向相同的方向（D）。

使用这个玻璃工装，你就可以在带有搭口槽的框架上切割长 3⁄8 in（9.5 mm）、宽 5⁄8 in（15.9 mm）的槽，以安装宽 5⁄8 in（15.9 mm）的玻璃门窗棂。工装下面的砂纸可以使你不用夹子就把工装固定到恰当的位置。

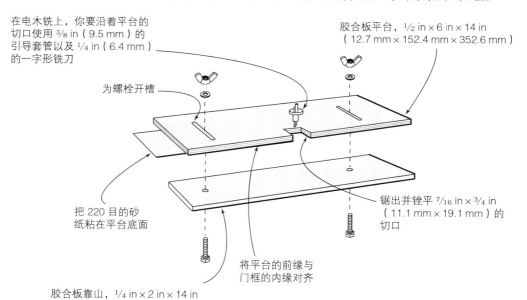

在电木铣上，你要沿着平台的切口使用 3⁄8 in（9.5 mm）的引导套管以及 1⁄4 in（6.4 mm）的一字形铣刀

胶合板平台，1⁄2 in × 6 in × 14 in（12.7 mm × 152.4 mm × 352.6 mm）

为螺栓开槽

把 220 目的砂纸粘在平台底面

锯出并锉平 7⁄16 in × 3⁄4 in（11.1 mm × 19.1 mm）的切口

胶合板靠山，1⁄4 in × 2 in × 14 in（6.4 mm × 50.8 mm × 355.6 mm）

将平台的前缘与门框的内缘对齐

A

你可以在废料上试着进行切割，直到两根窗棂木条能够表面平整地搭接起来。

将两根窗棂木条接合起来，放入带有搭口槽的框架中，标记出它们在搭口槽中的位置。然后使用电木铣夹具对齐标记，在搭口槽中为窗棂木条切割 5/8 in（15.9 mm）宽的凹槽。如果必要，可以用凿子把圆滑的四角修整方正，或者简单一些，把窗棂木条两端的舌头磨圆。记住，只要玻璃保护条安装到位，接合处就看不到了（E）。

在窗棂木条的舌头和框架的凹槽中涂上胶水，把组装件压入凹槽中（F）。使用一些夹具能够保持接合件紧密接触，直到胶水干透（G）。

在玻璃加工间把玻璃切割成比搭口槽开口小 1/8 in（3.2 mm）的尺寸，然后将其放入搭口槽中。你可以使用填缝固定框架中的玻璃，或者将斜切木条嵌入搭口槽中。把木条临时嵌入框架中检查是否匹配（H）。最后，记得首先完成门框的表面处理，然后再安装玻璃。如果前面的工作到位，你不会在接合处看到任何重叠的痕迹（I）。

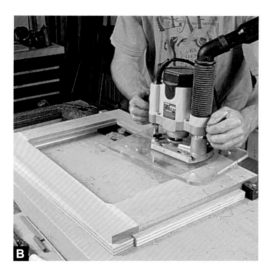

第十三章
门及铰链的安装

铰链的匹配

安装基本铰链

安装特制铰链

安装定制铰链

将门隐藏起来

铰链的匹配

制作好门之后，下一步就是装配问题：安装铰链，将其悬挂起来。能否把门和箱体完美地组装起来是评判木工技艺高低的标准。我们的目标是，无论门是嵌到箱体内还是搭在箱体框架上，门四周的接合、缝隙都要十分平整。把门安装到箱体上之后，安装匹配的铰链是能否成功完成家具制作的关键。如果铰链安装得恰当，你就可以轻而易举地打开门，并使其沿铰链自由摆动。

一般来讲，最好先把门的尺寸做得大一点，在将其安装到箱体上之后再进行修整。这样你能够更好地控制最后的外观，因为你可以锯切、刨削或打磨边缘以得到需要的尺寸。你可以在台锯上使用横截滑板修整边缘，使门保持方正。

➤见第 11 页 "滑板式无底横切工装夹具"。

长台刨是另外一种用来修整门边缘的有用工具。对于最后的匹配和细节的完成，手工刨是最精确的工具，远比其他工具好用。如果你掌握了把门边缘刨削平整和方正的技术，你就会发现，手工刨刮下来的刨花能够薄到 0.001 in（25.4 μm），这种精确程度是其他任何机器和手工工具无法比拟的。在某些特定的位置，你必须打磨其表面，这时要格外小心。你要使用细砂纸和毛毡块操作，否则很可能会将表面磨圆，或者很快使边缘失去方正。

在门和箱体匹配成功之后，你就可以着手安装铰链了。有多种铰链类型可供选择，具体类型取决于你制作的门的类型，或者，你还可以用木料或其他材料自制铰链。

选择铰链类型

门最后安装的匹配程度和舒适感觉取决于使用的铰链。从铰链的外观和匹配感觉，到门围绕铰链旋转的流畅程度都要考虑。只是制作或者购买质量好的铰链是远远不够的，你需要了解各种铰链的特点，以便为你的家具选择合适的铰链，然后正确地安装。有些铰链能够适用于平整、半嵌入式以及全覆盖式等多种类型的门，但有些则不能。在安装之前一定要确保选择的铰链是合适的。

我有个朋友曾明智地指出，选择合适的铰链是一场值得进行的战斗。你可以选择在箱体和门上同时需要精确榫卯的铰链，也可以选择效果相同、只须在两部分的表面用螺丝简单固定的铰链。了解结果能够帮助你决定最佳行动方针。一旦用铰链将门安装好，柜子的整体外观也能够影响你的决定。铰链中有一种极端的类型，是在表面安装铰链，即铰链的页片和转向节都露在表面。或者如果你想要弱化铰链的存在，那你可以安装一个不显眼的刀形铰链，这种铰链只能看到一个较隐蔽的转向节，或者使用圆柱形铰链，这样在外面看不到任何硬件。

无论你选择哪种铰链，安装铰链的过程和切割接合的过程都可以使用同样的方法：修整工具，将它们打磨得如刀般锋利。还要花些时间精确设计各个部件。这种对于细节的重视会使你得到一个安装到位的好门，而且还可以使用许多年。

三种门的匹配

安装铰链之前，门必须与箱体进行精确地匹配。在齐平式、全覆盖式和半覆盖式这三种类型的门中，齐平式门的安装要求最高。

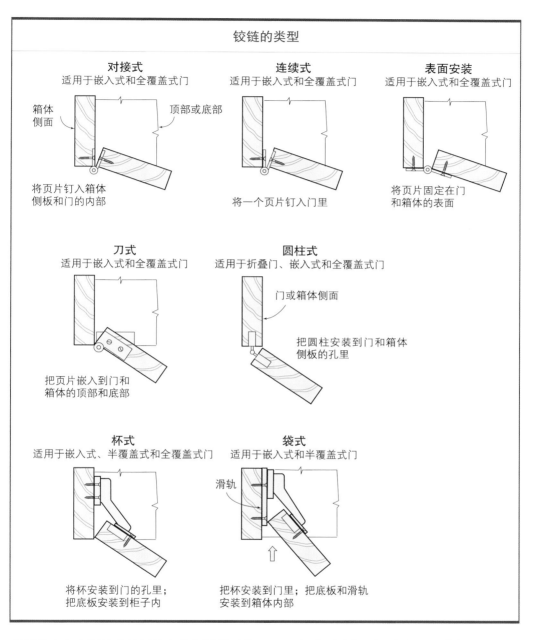

铰链的类型

对接式
适用于嵌入式和全覆盖式门

箱体
侧面

顶部或底部

将页片钉入箱体
侧板和门的内部

连续式
适用于嵌入式和全覆盖式门

将一个页片钉入门里

表面安装
适用于嵌入式和全覆盖式门

将页片固定在门
和箱体的表面

刀式
适用于嵌入式和全覆盖式门

把页片嵌入到门和
箱体的顶部和底部

圆柱式
适用于折叠门、嵌入式和全覆盖式门

门或箱体侧面

把圆柱安装到门和箱体
侧板的孔里

杯式
适用于嵌入式、半覆盖式和全覆盖式门

将杯安装到门的孔里；
把底板安装到柜子内

袋式
适用于嵌入式和半覆盖式门

滑轨

把杯安装到门里；把底板和滑轨
安装到箱体内部

全覆盖式和半覆盖式的门的安装与同类型的抽屉的安装类似。

► 见第 118 页 "全覆盖式抽屉" 以及第 119 页 "半覆盖式抽屉"。

但齐平式门则要求门的边缘与框架或箱体侧面的接合平整、缝隙均匀，并且门的表面也要与箱体的表面齐平。我使用了一个简单的自制夹具简化这个过程，并确保安装过程更加准确。

用一块支撑板紧贴着门，能够防止平刨撕裂门梃末端的纹理。

小心地沿着画出的标记刨削门，使用支撑板以防止撕裂梃末端的纹理。

为了保证开口尺寸一致，首先将门放在合适的位置，然后使用圆规在门上画出需要的缝隙。

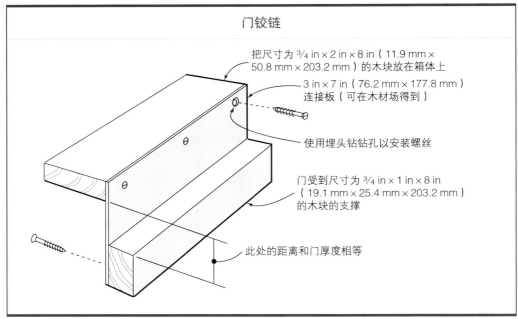

门铰链

把尺寸为 ¾ in × 2 in × 8 in（11.9 mm × 50.8 mm × 203.2 mm）的木块放在箱体上

3 in × 7 in（76.2 mm × 177.8 mm）连接板（可在木材场得到）

使用埋头钻钻孔以安装螺丝

门受到尺寸为 ¾ in × 1 in × 8 in（19.1 mm × 25.4 mm × 203.2 mm）的木块的支撑

此处的距离和门厚度相等

首先，门的尺寸要与箱体开口的尺寸完全一致。如果门的尺寸准确，那么它不应该安装到箱体的开口之内。初步组装时，你要完成门的四个边缘的接合，并为每个边去掉 $1/32$ in（0.8 mm）的厚度。使用支撑板引导狭窄的边缘推进可以防止门梃被撕裂。

把箱体正面朝上放在工作台上，把门装入箱体的自制壁挂上。检查门四周的空隙，如果空隙的尺寸不一致，你可以使用圆规，参照箱体的开口在门的周围画线。如果在画线过程中壁挂有些碍事，那你可以在工作台上用直尺连接划线的标记。

用台刨按照画出的标记刨削门的边缘，使其达到匹配状态以完成安装。将一块木板夹到梃上能够防止其撕裂。

成品铰链

准备工作做好之后，你就可以仔细地选择你要使用的铰链了。相比自制铰链来说，从商店购买的铰链优点很多。

你可以节省时间（但是要准备好花钱），你可以在琳琅满目的商品中选择合适的配件以匹配家具的特殊样式，包括匹配你之前制作的家具。幸运的是，有一种成品铰链基本上适用于所有类型的门。

确定好铰链的类型之后，你要根据自己的购买能力选购质量最好的那款。质量好的铰链有一些显著的特点：页片厚度在 $1/8$ in（3.2 mm）左右、平整无弯曲、安装精确、钻孔和拧入螺栓干净利落。转向节的接合处应当加工精确、接合牢固，并能够自由旋转。一个优质的铰链应该能够顺滑地开合，没有任何滞涩。纯铜材质要比电镀材质好，"亮铜"应当抛光到像镜子一样光亮。如果你购买的配件质量很好，安装过程也会很愉快，并为你制作精美的门锦上添花。

确定铰链的开槽尺寸

精确安装对接铰链的经验法则是，首先测量从铰链轴的中心点到一个页片外侧边缘的尺寸，然后再减去 $1/16$ in（1.6 mm），并按这个尺寸确定榫眼的宽度。用这种方法确定的铰链位置能够确保门在打开时与箱体的连接不会过紧，在关上时也不会突出于箱体之外。

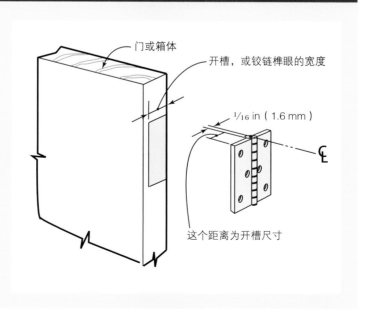

门或箱体

开槽，或铰链榫眼的宽度

$1/16$ in（1.6 mm）

这个距离为开槽尺寸

A

安装基本铰链

对接铰链

安装对接铰链，需要将页片榫接到门和箱体上。如果可能，你需要在安装柜子之前在箱体侧面画出榫眼的尺寸并进行切割。然后检查门的匹配程度，如果没有问题，使用划线刀将榫眼的位置标记到门上（A）。

▶见第 160 页"三种门的匹配"。

以下是为安装页片精确地规划榫眼的尺寸并进行切割的过程。首先，确定铰链嵌入门和箱体木板内的合适深度；然后，使用铅笔和直角尺在部件上画出线条，确定每个铰链的长度，接下来使用划线规沿长纹理方向标记出肩部的位置（B）。

B

在电木铣上安装 1/4 in（6.4 mm）的直槽铣刀，并根据铰链页片的厚度调整钻头的高度。最简单的方法就是直接把页片放在电木铣的底板上查看（C）。在正式切割之前，你最好在废木料上试切一次，检查深度是否合适。

距离标记约 1/16 in（1.6 mm），沿划线的内侧徒手进行切割（D），然后使用一把

C

D

锋利的凿子手动处理肩部。在梃的后边夹住一块木板以加固对肩部的支撑（E）。

把每个铰链安装在各自的榫眼里，并使用自定心钻头为螺丝钻出精确的引导孔。这一步，只须为每个页片钻出一个孔（F）。

穿过每个页片只用一个螺丝将门悬挂其上，这样方便检查铰链与门是否匹配。如果需要调整，你要拆掉第一组螺丝，调整好门的位置，然后钻孔，安装第二组螺丝。如此达到完全匹配后，你才可以安装上所有的螺丝。

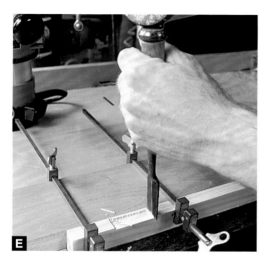

表面安装铰链

表面安装铰链是安装起来最简单的铰链类型之一。这种铰链有多种样式，包括用于嵌入式或半覆盖式门的，还有可通过隐藏在圆柱里的弹簧自动关闭的。通常情况下，在需要装饰效果时才使用表面安装铰链，例如图中展示的蝴蝶铰链（A）。

将门装入箱体，然后把铰链放到合适的位置，要确保铰链轴的中心线位于门和箱体的正中间。使用自定心钻头为螺丝钻出引导孔。为了顺利地安装螺丝，可以在螺纹上涂些石蜡或蜜蜡（B）。螺丝安装好之后，铰链的安装就完成了。

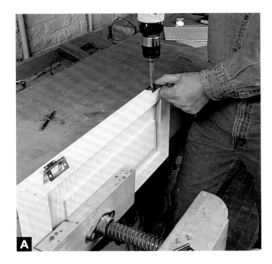

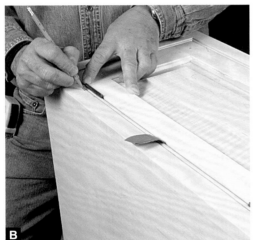

无榫眼铰链

无榫眼铰链属于对接铰链的一种，实用，而且非常适合快速完成门的安装，并能够同时满足有框架和无框架的柜子。这种铰链结构最大的优点在于，无须在门和箱体上切割榫眼，这使得安装过程更加容易。

把铰链翻过来，使铰链轴紧靠在门梃的正面，这样方便确定螺丝孔的位置。然后穿过页片，在梃上钻出引导孔（A）。把铰链转过来，使其右侧朝上安装到门上。

临时把门放进箱体的开口处，然后在箱体正面标记出铰链的位置。要使铰链轴的轴线与标记对准（B）。

把门拿开，借助备用铰链在箱体上钻出引导孔。你只须将铰链轴紧贴框架，使铰链轴的轴线对准箱体上的标记，这样无须测量就能准确定位铰链的位置（C）。然后把门放回，打开页片对准标记，拧入螺丝把门固定到柜子上（D）。

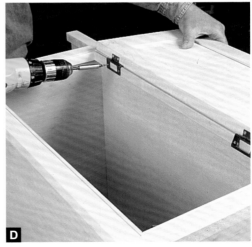

安装特制铰链

刀式铰链

刀式铰链是最优雅、最具隐蔽性的铰链类型之一。如果安装正确，这种铰链能够运转流畅，令人身心愉悦（A）。最好的铰链具有分开的刀片。一般要把带销刀片榫接到箱体上，无销刀片榫接到门上。刀式铰链分为两种：用于全覆盖式门的直铰链和用于嵌入式门的偏置铰链（B）。购买时，你要确保给箱体右侧的门购买右侧偏置铰链，给左侧的门安装左侧偏置铰链。

组装之前，首先要切割好箱体上的榫眼，然后把门安装到箱体上检查匹配情况，如果没有问题，才能切割门上的榫眼。确定榫眼的准确位置是实现完美匹配的关键。用尖头的铅笔或小刀标记出每个铰链的轮廓，然后沿着标记线的内侧，徒手切割出刀片的确切厚度。使用 1/4 in（6.4 mm）直槽铣刀，将一块废料木板与门夹在一起，使其保持与门平齐，以防止电木铣倾斜（C）。

修整箱体上的榫眼，直到其适合铰链的尺寸，门上的榫眼现在还要稍短一些（D）。

把带销刀片安装到箱体上，把要安装到门上的刀片压在带销刀片上，并在两个刀片之间滑动门。在每个刀片上各安装一个螺丝，检查门的匹配情况，并用凿子加长门上的一个或两个榫眼以进行调整。当门可以平衡地悬挂起来时，就可以安装剩下的螺丝了（E）。

直铰链
用于全覆盖式门

偏置铰链
用于嵌入式门（这里展示的铰链安装在了箱体右侧）

铰链的设计
把带销铰链安装在柜子的顶部和底部，使其与箱体的侧面平齐。把无销刀片装在门上，留出空隙，这样刀片能够相比门边伸出 1/32 in（0.8 mm）

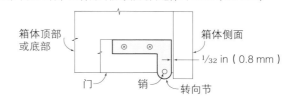

箱体顶部或底部

箱体侧面

1/32 in（0.8 mm）

门　　销　　转向节

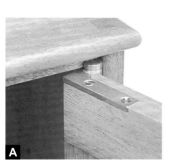

A

C

D

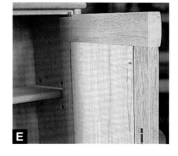

E

全覆盖式　　半覆盖式　　嵌入式

底板　门　柜子　"杯子"

A

欧式铰链

　　欧式铰链又称杯式铰链，是欧洲 32 mm 橱柜系统不可或缺的部件。这种铰链适合日常使用的门，比如橱柜的门。这种铰链都包含一个"杯子"构造和一块底板，前者需要将其榫接和用螺丝拧入到门的背面，后者则需要用螺丝固定到箱体的侧板上。将门挂好之后，你可以沿上下、内外、左右对其进行调整。

　　杯式铰链有三种类型，分别适用于覆盖式、半覆盖式和嵌入式的门。这种铰链包含不同程度开口的款式供选用（A）。

　　安装过程非常容易。标记出梃的中心线以确定铰链的高度。可以参考制造商的说明，确定正确的缩进尺寸，即从门的边缘到安装铰链的榫眼中心的距离，并在台钻上安装靠山以设置正确的距离。使用 35 mm 的铰链钻头给"杯子"钻孔。紧急情况下，也可以使用 1³⁄₈ in（34.9 mm）的平翼开孔钻头。在台钻上设置好限深规，以钻出准确的深度（B）。

　　给螺丝钻出引导孔，将铰链安装到门上。为精确起见，你需要使用直角尺将铰链与门的边缘对齐，然后钻孔（C）。

　　装好铰链后，测量其高度和铰链中心之间的距离，并把相应尺寸标记到箱体上以确定底板的安装位置。用螺丝把底板安装到箱体上（D）。然后滑开铰链将其连到底板上，把门固定在箱体上（E）。

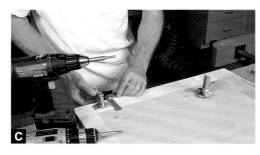

B

C

D

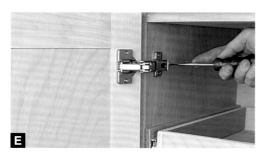

E

TIP

　　如果要安装的门不只一个，你可以将正确的尺寸标记在 ¹⁄₄ in（6.4 mm）的胶合板上，用来标记每个铰链的位置。以这样的方式，所有铰链的位置都是统一的，并且安装起来也很快。

圆柱铰链

如果需要隐形的铰链接合，那么圆柱铰链就是非常理想的选择。圆柱铰链被榫接到门和箱体的内部边缘，所以当门关上的时候，从外边是看不到铰链的。这种铰链对于折叠门尤其有用，因为它自身具备 180° 的开口能力，允许两扇门完全展开，方便你更好地从柜子内部存取物品。

若要给折叠门安装圆柱铰链，你需要把两扇门板面对面地夹起来，并保持门的末端对齐，用直角尺在门上做出标记来确定铰链的位置。然后为铰链的每个圆柱钻出直径为 $9/16$ in（14.3 mm）的孔。可以把胶带粘在钻头上作为参照以得到准确的深度（A）。由于圆柱的膨胀特性，每个孔稍大一点比较理想。你可以在安装好铰链之后，再处理孔的松散问题。

将圆柱嵌入到门上的孔里，在一扇门上安装一对铰链。然后旋转每个圆柱上的小螺丝以扩展铰链，并使其抵住孔壁（B）。对于比较重的门，你可以在圆柱一侧的加工凹槽处安装一个螺丝，以进一步楔入铰链。然后在门接合处安装圆柱并拧紧，将两扇门连接起来（C）。

铰链安装好之后，以常规方式将其中一扇门铰接到位，这样整个门就悬挂起来了。

连续铰链

连续铰链，又叫作钢琴铰链，是将门连接到框架上的、强度最高的配件类型之一，因此它非常适合厚重的门。对于较小的连续铰链，你可以直接将其页片安装到门的边缘和箱体框架的表面。但是如果铰链较大——比如那些页片宽度达到 5/8 in（15.9 mm），或者更宽的铰链——需要安装到门里面，以避免组装完成时箱体和门之间存在不美观的缝隙。

你可以在门上切割一个搭口槽，而不是榫眼。为了确定搭口槽的深度，你可以将铰链放在闭合的位置，使铰链的页片彼此平行，并测量一片页片加上铰链轴的厚度。然后根据这个尺寸切割搭口槽的深度（A）。你可以用台锯，或者装有直槽铣刀的电木铣切割搭口槽。

给螺丝钻出引导孔，通过把一片页片固定到搭口槽中，将铰链安装到门的框架上。通过表面安装把另一片页片安装到箱体上，就可以把门悬挂起来了（B）。

A

B

安装定制铰链

转向节铰链

用于表面安装的转向节铰链很适合用在较小的门或盒盖上，并能够让门或面板打开的角度略超过90°。为了保持铰链的强度，你需要选择硬度大、纹理致密的木料，如红木、硬枫木或这里展示的黑斑木。这种铰链用黄铜棒做销子。

要制作一对铰链，你需要在一块木料上画出转向节两个部分的轮廓，这样纹理的方向与舌头是平行的。然后在台锯上用开槽锯片（Dado blade）从木料上切割出榫舌和榫槽。为了使铰链能够正确运转，锯片的设置高度要与木块的厚度一致，这点非常重要。为了安全起见，可以为角度规安装一个高的辅助靠山来引导工件。首先切割榫槽，然后切割榫舌，这样的顺序便于榫舌紧密地匹配榫槽（A）。切割好转向节后，把木块锯到合适的宽度。

现在把两部分部件组装起来，并通过转向节的轴心钻孔，用于安装直径为⅛ in（3.2 mm）的黄铜棒。夹紧木块，以确保钻孔时木块不会移动（B）。

为了留出页片转动的空隙，你可以使用短刨和粗锉将榫舌的两侧磨圆（C），然后小心地用砂纸将曲面打磨光滑。

把黄铜棒敲进接合处完成铰链的组装（D）。然后把页片横切到最终的长度，并为螺丝钻孔。最后，你可以像安装常规的表面安装铰链那样安装木制铰链。

➤见第 165 页 "表面安装铰链"。

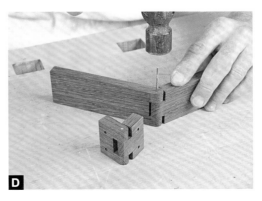

铜刀铰链

家具木匠陈杨喜欢自己制作铜刀铰链，比如图中的明式柜子使用的偏置铰链（A）。制作过程是很有成就感的，而且很简单，不需要任何特殊的金属工具。

要制作偏置铰链，首先要制作一个模板以确保其精确度。使用硬纸板或卡片纸画出铰链的轮廓，标记出中心线用于为螺丝打孔。可以用绘图员使用的圆模板来制作刀片圆滑的两端，非常方便（B）。

使用纸质模板把铰链的轮廓转移到 ⅛ in（3.2 mm）厚的黄铜片上。使用钢锯，尽可能地贴近轮廓线进行切割。这个步骤不需要切割末端的圆角（C）。

穿过两片刀片为直径 ⅛ in（3.2 mm）的

黄铜柱钻孔，并进行安装。此时的铜柱会比最终尺寸稍长。接合要紧密，同时要允许刀片能够围绕铜柱旋转。随着铜柱和刀片组合在一起，你要在台钻上钻出用于安装螺丝的埋头孔（D）。

保持两个刀片叠在一起，使用扁锉塑造圆角，并精修部件的边缘（E）。

在两个叠合的刀片之间塞入一个黄铜垫圈。锯切铜柱并粗锉，使铜柱与铰链表面平齐。然后将铰链分开，使用 320 目的砂纸打磨部件表面，使黄铜光亮顺滑，然后就可以准备安装铰链了（F）。

> ⚠ **警告**
>
> 刚刚切割出的黄铜边缘非常锐利，你要非常小心地操作，并尽快用锉刀将其锉平。

A

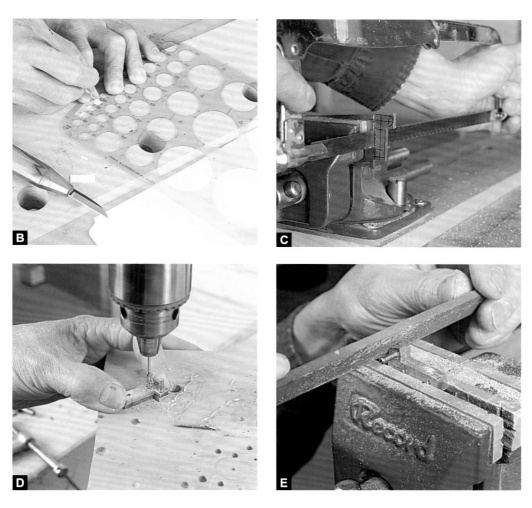

木刀铰链

这个直刀式铰链（A）是木工制作者和设计师埃利斯·瓦伦丁用胡桃木做的，如果重叠门的顶部和底部都有框架，那么使用这种铰链就非常合适，从图中的 CD 柜可以得到直观的感受（B）。

每个铰链分为 4 个简单的组成部分：一个木制铰链刀片，一个插入并粘到刀片开孔中的、直径 1/8 in（3.2 mm）的黄铜杆和一个相同孔径的垫圈，以及一个用来将刀片固定到箱体上的螺丝（C）。

要安装一对铰链，首先需要在箱体的顶部和底部切割出安装刀片的榫眼。刀片装入榫眼后应与周边的表面平齐（即刀片的厚度与榫眼的深度一致）。然后在门的顶部和底部钻取直径 1/8 in（3.2 mm）的孔用来安装黄铜杆。连带刀片把黄铜杆滑入孔中，然后把刀片滑入到箱体的榫眼中（D）。把门安放在合适的位置，并左右移动刀片对其进行微调。当门悬挂平稳的时候，小心将其打开，然后用螺丝穿过刀片拧入到箱体上完成门的固定。

门

1/4 in
（6.4 mm）

垫圈

柜子底部

直径 1/8 in（3.2 mm）、
长 1 in（25.4 mm）
的黄铜杆

铰链刀片，1/4 in × 1/2 in
× 2 in（6.4 mm × 12.7 mm
× 50.8 mm）

A

B

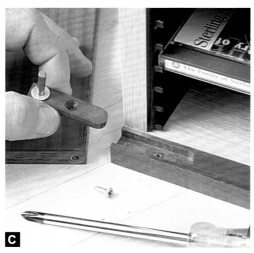

C

D

将门隐藏起来

门内置五金件

如果你想要保持门敞开而不占用空间，那么内置门和推拉门是很好的选择，比如娱乐中心的电视柜。内置门使用的五金件同样适用于升降门或推拉门，它们的门是向上敞开的，比如音响柜的门。这两种门都是靠杯式铰链组装起来的，并能像普通门一样开关。但是对于内置门，比如图中由赫柯特·罗德里格斯为柜子制作的门，你可以直接把门滑到柜子里以让开通道（A）。

在制作柜子之前买好五金件，然后测量箱体和门的尺寸，以便在箱体内留出足够的深度使门能够抽回。最好的策略就是使门可以相对于箱体突出 2~3 in（50.8~76.2 mm），这样门把手仍然可以使用。将门制作好以后，

你就可以像安装杯式铰链那样安装这种铰链了（B）。

根据制造商的说明，将内置门的五金件安装到箱体上。内置门的五金件体系包括上下金属滑轨，滑轨之间还有金属或木质的从动件或张力钢丝。从动件能够防止门在箱体中被来回拉动时破裂。在把箱体五金件安装到位之后，把门和铰链滑到铰链底板上，将铰链底板固定在滑轨上（C）。

为了给每个门都制作一个"容器"，要在柜子上安装金属线支撑，并在金属线上安装一个垂直隔板。金属线支撑使你能够移动隔板，并在需要调整的时候取下五金件。

门应该能够被顺畅地滑进隔板和箱体侧板之间的"容器"里（D）。要想关上门，可以直接把门拉出来，通过铰链将其旋转到正面（E）。

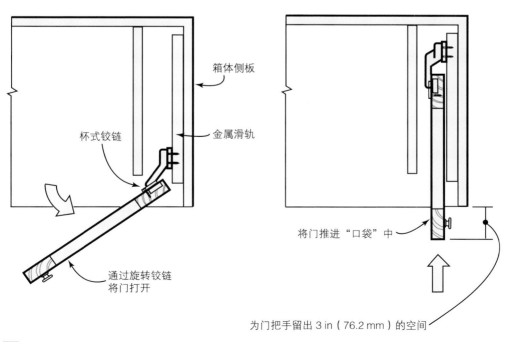

箱体侧板

金属滑轨

杯式铰链

通过旋转铰链
将门打开

将门推进"口袋"中

为门把手留出 3 in（76.2 mm）的空间

A

第十四章
门拉手和其他五金件

门的附件

拉手和把手

锁具

扣件和缓冲器

门的附件

当门能够在运转良好的铰链上摆动时，你就可以安装拉手和门闩来完成后续的工作了。和铰链一样，拉手的种类也很丰富，能够满足各种需求。幸运的是，成品拉手安装方便，你所需要考虑的就是选择一个与门和柜子的风格相匹配的拉手。或者，你可以自己设计，用木料或者其他材料进行制作。

虽然铰链和拉手能够把门关上，但是门经常不能静止在那里。你需要在柜子里安装横档，可以使门停下来。并且，为了使门保持在关闭状态，你需要安装一些扣件五金件。如果安全性是你关注的，那么扣件可以是一把锁和配套的钥匙，或者只是可以把门关紧的门闩。

成品拉手

和抽屉使用的拉手和把手类似，成品门把手有多种样式，适用于各种用途和风格的柜子。

▶ **见第 129 页"抽屉五金件"。**

对页的图展示了市场上一些典型的拉手样式和各种各样的安装方法。如果在商店逛一逛，你还可以发现一些特别的样式，比如用石头等天然材料制作的拉手，或者用珍珠和金属材料制作的拉手。如果想要更精美、更高档的拉手和把手，那你就要准备好付出更多的钱了。

聪明的做法是，在制作家具前，同时购买家具需要的所有把手，以保持风格一致。如果某个把手不匹配，或者螺纹孔或固定螺栓出了问题，你需要及时更换。检查好所有的五金件，在用到它们之前，你要把它们保存在一个低温干燥的地方，比如抽屉里。

手工制作的拉手

如果你更乐意自制木制拉手或把手，那么你会经历一个颇有成就感的过程，并且可以展现你的制作技术，这些是成品五金件不能比拟的。没有什么能与手工拉手的独特外观及其带给你的视觉感受相媲美的，而且其设计的样式是无穷无尽的。与铰链等其他自制五金件类似，你要把最好的木料用在拉手上。黑檀、红木和许多热带硬木等硬度大、密度高的木料非常适合制作拉手，因为这些木料的强度经得起长期的使用，并在制作的部件较小时能够经得住打磨。

扣件、门栓、止停块
和缓冲器

如果没有安装锁具或者自动关闭铰链，那么把门保持在关闭状态是一个巨大的挑战。理想的情况是，一扇门在关闭后能够保持不动。但是开关门、空气对流，或者更有可能的是，家具自身的异常变化会导致门慢慢打开，尤其是在你不注意的时候。幸运的是，从成品扣件到自制的工具，有多种方法可以解决这个问题。你的选择取决于你的品味和家具的风格。

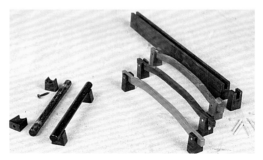

这里的拉手都是由家具制作者爱德华·舍恩制作的，是通过从门后面拧紧的立柱连接到门上的。手柄或者是用螺栓固定到立柱上（右），或者是用螺丝穿过立柱拧入其背面（左）。

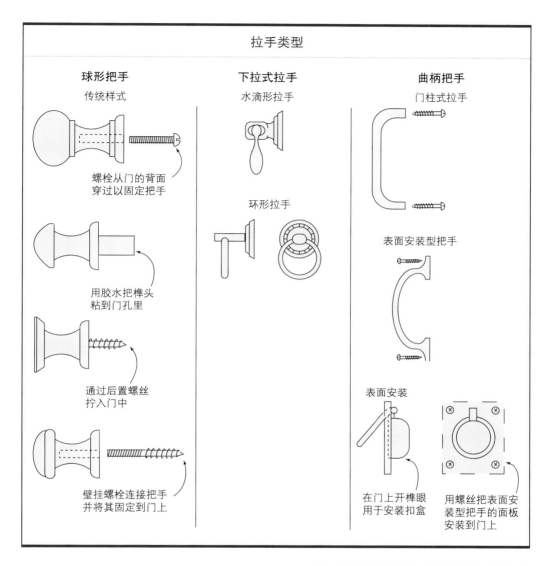

锁具

我们制作的大部分的门都不需要安装锁具。一个简单的扣件足以保持门的关闭状态了。当然，特定历史时期的家具会装配插锁，我们可以忠实地重复前人的制作，把这些类型的锁具用在家具中。但是当安全性成为首要考虑的因素，或者需要保证孩子够不到门以确保安全的时候，选择正确的锁具就变得非常重要了。

门和抽屉用的锁具包括两部分：锁本身和一个榫眼或舌片板，前者经常安装在门上的金属扣盒或者圆筒里，后者最终会成为箱体或门框的一部分。锁通过销子或者螺栓与舌片板连接在一起，然后被固定到门的合适位置。一般情况下，最好在门完成组装之后、安装到箱体上之前安装锁具。在将门安装到铰链上之后，你可以方便地确定舌片板的位置并进行安装，或者参考门锁的尺寸在箱体上切出一个小榫眼。

旋转拉手

这种美观独特的拉手是由木工制作者埃利斯·瓦伦丁设计并制作的，尤其适用于较大的柜门或者通道门。大部分部件的制作都是在车床上完成的，组装过程包括钻孔和用两个圆头方颈螺栓安装把手。

静止的时候，把手是垂直于地面的，舌片从门的边缘伸出来，锁入到舌片面板或者箱体的榫眼里。当你向一侧旋转把手的时候，舌片会从榫眼里退出缩进门梃里，门就打开了。

旋转拉手的部件

在门的边缘为弹簧和舌片钻孔。

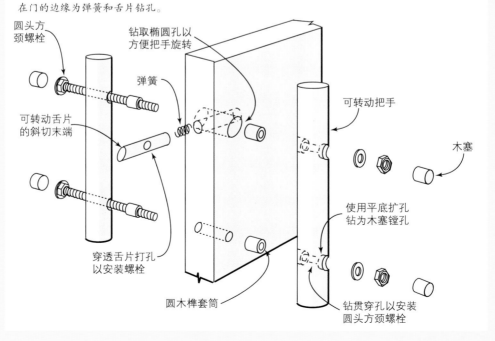

圆头方颈螺栓

钻取椭圆孔以方便把手旋转

弹簧

可转动把手

可转动舌片的斜切末端

木塞

穿透舌片打孔以安装螺栓

使用平底扩孔钻为木塞镗孔

圆木榫套筒

钻贯穿孔以安装圆头方颈螺栓

拉手和把手

口袋拉手

这里展示的拉手既简单又精致，尤其适合看不到五金件的平滑表面（A）。这种设计适合 $7/8$ in（22.2 mm）或者更厚的门板。你可以把门组装好之后再制作拉手，但是我觉得组装之前进行切割更容易些。

首先，把废料靠山夹到台钻的台面上，用 $1\frac{1}{2}$ in（38.1 mm）的平翼开孔钻头钻出半个孔。钻头的中心应正对在距离靠山边缘 $1/16$ in（1.6 mm）的地方。在门梃木板上确定拉手的位置，然后将其与靠山上的孔对齐，把门梃牢牢地夹到台面上。钻孔的深度应为门梃的背面留出 $3/16$ in（4.8 mm）厚度（B）。

为压入式电木铣配上 $1/2$ in（12.7 mm）的榫眼铣刀，在口袋里面切割一个深度为 $1\frac{1}{4}$ in（31.8 mm）的榫眼，以创造一个底切方便手指抓握。为了使切割安全、准确，你要在工作台上夹上一块木板支撑电木铣，并使用边缘导轨引导电木铣（C）。

制作完成的拉手可以单独使用，也可以在梃和梃的相接处成对使用（D）。

这种拉手适合 $7/8$ in（22.2 mm）或者更厚的门板。

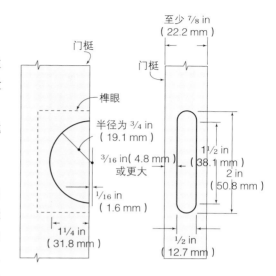

A

B

C

D

自制把手

这里展示的把手需要在木块的两个平面上划线，然后切割出曲面，从而做出有趣的造型。首先在两块薄的胶合板上画出拉手的形状做成模板。第一块模板用来在木块上勾勒出拉手侧面的形状，并确定半孔的中心（A）。第二块模板则用来确定把手的顶部轮廓（B）。

在台钻上，用平翼开孔钻头贯穿木块切割半孔，注意将钻头的尖刺与标记对齐。L形靠山能够防止工件在钻孔过程中左右摇摆（C）。

接下来进行两次带锯切割：第一次切割沿木块的顶部标记进行，要切掉两侧的废料（D）。把带有侧面标记的废料用胶带粘回到木块上，然后将木块旋转90°，顺着木块的侧面标记完成第二次切割（E）。用手或者在轴式砂光机上轻轻打磨精修把手的轮廓（F），去除锯切的痕迹。

在拉手的底面涂些胶水，用小螺丝将其固定在门的正面（G）。

锁具

圆筒锁

圆筒锁，或凸轮锁非常适用于实用性的抽屉或门，或者任何需要牢固、简便安装锁具的地方。这种锁只需在工件上钻一个孔就可以进行安装了（A）。凸轮杆可以安装在箱体框架的背面或者一块安装在箱体内部的木块上。

如果你在安装门之前完成了钻孔和锁具的安装，操作流程会更加容易。选择一个与部件厚度相匹配的锁，使用模具确定孔的位置（B）。准备就绪后，从门的正面钻一个直径 ¾ in（19.1 mm）的贯穿孔（C）。

从门的正面安装圆筒和一个装饰性的圆环，然后从背面装入凸轮杆和其他部件以固定锁的安装（D）。

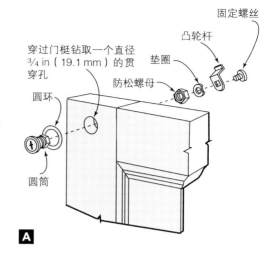

A

B

C

D

拨动门栓，插锁就可以将齐平式的抽屉或门锁定。

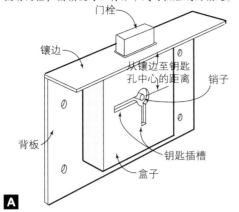

门栓
镶边
从镶边至钥匙孔中心的距离
销子
背板
钥匙插槽
盒子

A

B

C

D

插锁

　　也常被称为半插锁，因为这种锁只需要一个口袋或半个榫眼就能够进行安装，在门上和抽屉上都很好用（A）。安装完成后的锁很不显眼，因为你能看到的不过是一个钥匙孔或者锁眼盖。插锁样式繁多。但是无论哪种样式，安装锁身的过程都是一样的。

　　这个例子中展示的锁适用于齐平式的抽屉或门。钥匙能够将门栓拨动到箱体上切割的榫眼中。如果在门上使用这种锁，一定要明确，是惯用右手的人，还是左撇子使用这种锁。

　　首先，在门或抽屉的正面确定钥匙孔的位置。然后，测量从镶边到钥匙孔中心的距离，并将这个尺寸标记在部件上。接下来，在部件上钻一个与锁上的孔直径一样的贯穿孔。注意：如果你想要安装一个嵌入式的锁眼盖，那么你要在装锁之前将其安装到位。

　　插锁需要三个榫眼。把锁放在工件的背面，围绕盒子画线，切割第一个榫眼。然后使用电木铣和小的直槽铣刀清除画线内的废料，最后用凿子沿着画线凿出肩部（B）。

　　把锁转过来，使其背板紧贴部件、镶边与部件顶部的边缘平齐。然后为背板画线，切割出第二个榫眼。下一步，在部件的边缘画出镶边的尺寸，用凿子凿出第三个榫眼。锁应该被牢固地装配在这三个榫眼中（C）。

　　最后，在部件的正面画出楔形钥匙孔的下半部分，用弓锯锯出开口（D），用螺丝从门或抽屉的背面把锁装好。

锁眼盖

　　嵌入式锁眼盖能够保护钥匙孔的形状，能够装饰外观平平的门的正面或抽屉。在安装锁体之前安装锁眼盖，这个顺序很重要。第一步是钻一个孔安放锁眼盖的圆形头部。这项操作使用平头钻头或者平翼开孔钻头完成，钻孔的深度与锁眼盖的尺寸保持一致（A）。然后穿过第一个孔给钥匙钻第二个、稍微小一点的孔。

　　接下来，将锁眼盖安装到部件上。如果你的锁眼盖是锥形的，你要使较小的一面朝下。嵌入一个与钥匙孔的直径相同的圆木榫，使其穿过孔和锁眼盖，这样可以帮助确定锁眼盖的位置。然后围绕锁眼盖的下半部分画线（B）。

　　此时，你需要用弓锯切割出钥匙孔的剩余部分。

　　接下来，沿着刚刚画的线，使用凿子和大小合适的小圆凿在部件上开出一个凹槽。凿出的深度要与大孔的深度一致（C）。

　　若要安装锁眼盖，你需要把一些打磨的碎屑与环氧树脂混合起来，用这样的混合物标示凹槽，并将锁眼盖敲入凹槽中（D）。如果你安装的锁眼盖表面涂有颜色或者上了油漆，那么在将其敲入的时候你要十分小心。待锁眼盖与部件的表面平齐后，清除残余的胶水。

　　如果使用全新的、闪亮的黄铜锁眼盖，待胶水凝固后，你要立即用锉刀锉平部件的表面，然后用一系列的细砂纸（目数逐渐增加）包裹在毛毡块上，将金属和木块表面打磨光滑（E）。

门栓

对相接的两扇门，你可以用插锁将它们锁在一起，但是你需要在其中的一扇门上安装一个扣件以将两扇门固定住。

▶ 见第 184 页"插锁"。

门栓能够满足这个要求，并且适用于嵌入式门。将门栓安装在一扇门的背面，它不仅能够支撑住那扇门，而且在打开锁之前，能够阻止临近的门滑开。我喜欢把门栓安装到左边的门扇上，这样右边的那扇门就变成了主导的，或者"要上锁的"那扇门。如果将其安装到门的顶部，扣件能够最好地发挥作用。你需要在顶部的框架上凿一个孔，以将门栓滑入。这样设置的好处在于，顶部开孔不会积累碎屑。

安装成功的关键是，准确确定用来安装扣件的三个榫眼的位置。首先在门的背面和边缘画出扣件的轮廓，然后为门栓画出内侧的榫眼（A）。不用任何工具，徒手切割出内侧的、较深的榫眼，注意要略偏向画线的内侧切割。榫眼的周边粗糙一些也没有关系，我们只是要为滑动门栓提供自由空间（B）。

接下来切割两个较浅的榫眼，一个在门梃的背面，一个在门的顶部边缘。要偏向画线的内侧切割木料，并用凿子修整榫眼的四周（C）。榫眼的深度应该与扣件板的厚度一致（D）。

把扣件安装到榫眼内，并用两个螺丝加以固定：一个安装在扣件顶部，一个安装在扣件底部（E）。将门装好，然后通过将门栓轻敲进框架里，把门栓的尺寸和位置标记到箱体的框架上。最后，你要根据框架上的指示标记为门栓钻一个孔。

扣件和缓冲器

子弹扣件

小小的子弹扣件隐藏在门的底部或顶部，非常适合在门的上面和下面有框架的嵌入式门。子弹扣件包括两部分：一个子弹状的圆柱和一个是舌片板，前者包含一个小的弹簧球，后者则是用来捕获弹簧球的。弹簧球产生的张力能够在门关上的时候使门保持闭合状态。

将子弹状的圆柱安装在门底部阶梯式的孔里。首先，为法兰（凸缘）钻出一个直径为 $5/16$ in（7.9 mm）的浅孔。然后为圆柱钻取一个稍深的、直径 $1/4$ in（6.4 mm）的孔。把圆柱敲进孔中，并滴上一滴氰基丙烯酸酯黏合剂（比如"超级胶"牌）加以固定（A）。法兰（凸缘）被嵌入浅孔后应该与门的表面保持平齐。

把门装好，并在箱体上标记出子弹状圆柱的中心点对应的位置，以安装舌片板。用小的销子将舌片板固定到框架的表面（B）。

双球扣件

双球扣件不仅容易安装，而且在将门装好以后也能够进行调整。把扣件的球体部分固定到箱体上，无论是侧边、顶部或底部都可以。如果需要，你可以首先用螺丝把一个木块钉到箱体上，然后将扣件安装到木块上，并保证扣件相对门的位置是正确的。无论何时，如果现有的五金件与你制作的箱体不甚匹配，这个技巧就能派上用场了（A）。

将箱体上扣件中心点的测量值标记到门的背面，然后把舌片板安装到门上（B）。检查匹配情况。如果扣件与门的咬合过紧或过松，你可以转动扣件上面或下面的螺丝来调整球体的张力（C）。

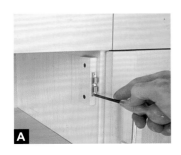

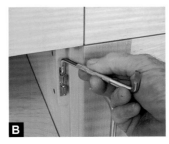

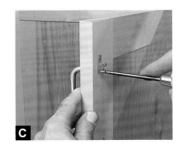

A

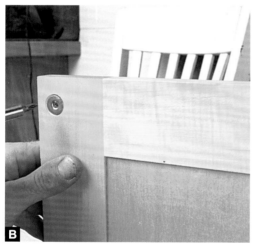

B

触摸式门栓

如果想要门的外部轮廓圆润简洁，看不到五金件——包括把手或拉手——触摸式门栓是理想的选择。这种门栓包含两部分，一个磁吸式推臂装置和一个钢制的接触垫圈。首先，用螺丝把推臂装置安装到箱体内部，在箱体顶部或侧面都可以。在确定这个装置的位置时，要预留出 1/8 in（3.2 mm）左右的空隙，确保推臂向内移动的同时，门不会碰到箱体的正面。首先，把螺丝装到延伸孔中，这样在安装剩余螺丝之前可以调整五金件最后的匹配程度（A）。

将推臂安装到位后，准确测量其中心的位置，并将这个尺寸标记到门的背面。然后把金属垫圈安装到门上。我喜欢使用平翼开孔钻头在背面钻出浅孔，这样五金件的表面会更加整洁（B）。安装在箱体上的磁铁会吸引垫圈和拉手，保持门处于闭合状态。

需要开门的时候，只须将其向内推 1/8 in（3.2 mm）（C）。此时推臂会向前弹出，将门推出箱体约 1/2 in（12.7 mm），这样你的手指就能够抓住柜子的边缘了（D）。

C

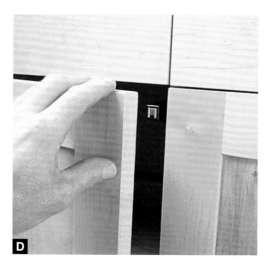

D

可调节磁铁扣件

我最喜欢的一种扣件是能够安装可调节磁铁的塑料扣件，这种扣件非常便宜。尽管这种风格的扣件不适合制作精细的柜子，但是它最大的优点在于，只须用一把宽的一字螺丝刀转动磁铁，你就能够调节磁铁进入或远离箱体的正面。这种设计能够让你在门安装好之后，精细调节门和箱体的匹配程度，这是一个巨大的优点。

要在框架式柜子的一对门上安装扣件，你需要在箱体顶部的下方用胶水粘上一个垫块，并在垫块上钻取直径为 ⅜ in（9.5 mm）的孔，为每个扣件安装短榫（A）。用夹具将棱纹榫头压进孔中以安装扣件（B）。

在门的背面钻一个小孔，用来安装金属销和金属盘以吸引磁铁。与安装扣件一样，你需要使用夹具安装金属盘（C）。

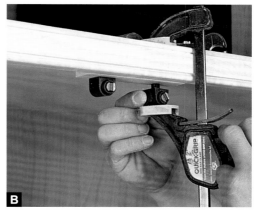

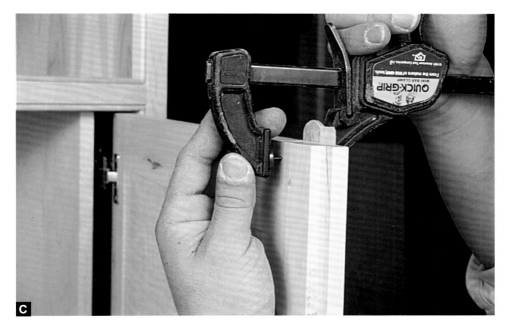

隐形磁条

依靠磁铁之间的吸力保持门的闭合是一种梦幻的方式。安装在门的顶部和底部的磁铁吸引安装在柜子上的、与之配对的磁铁（A）。将磁铁粘在孔里，并用木塞将其覆盖，这是个很聪明的做法。

大部分拉手会使用强力的稀土磁铁。磁铁的尺寸取决于门的尺寸和重量。如果需要更强的磁力，你可以在磁铁下面增加特制的厚垫圈，以此增加磁铁的磁力。

最好在箱体组装之前为磁铁钻孔。为直径 ½ in（12.7 mm）的磁铁钻孔，你需要在台钻上使用 ½ in（12.7 mm）的平翼开孔钻头，钻出约 ⁵⁄₁₆ in（7.9 mm）深的孔。然后要确保选择的磁铁是成对的，并在指定的、彼此吸引的面上做好标记，这一点非常重要。在孔里滴上一滴环氧树脂或氰基丙烯酸酯胶水，并保持磁铁做好标记的一面朝上压入孔中（B）。

在台钻上使用开孔钻头切割出木塞以遮盖磁铁。为了使纹理匹配，你需要在箱体上为长纹理的孔切割长纹理的木塞，为门的顶部和底部切割端面纹理的木塞（C）。

用胶水填塞每个孔，然后把木塞安装到磁铁上方，小心对齐木塞与箱体或门的纹理（D）。待胶水干透后，把木塞锯平或削平，这样基本上就看不到孔了。关门的时候，门就会缓缓地自动靠近箱体。

B

C

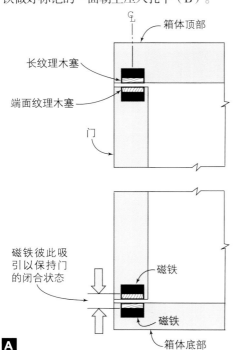

长纹理木塞
端面纹理木塞
门
箱体顶部

磁铁彼此吸引以保持门的闭合状态
磁铁
磁铁
箱体底部

A

D

止位块和缓冲块

保持门闭合是门扣件的职责，使门能够安静地闭合而不发出嘈杂的声音则是缓冲器的职责。在没有横档的情况下，你需要安装止位块以保持门与箱体齐平。

将缓冲块安装在门的背面或箱体框架内侧。你可以使用任何一种柔软富有弹性的材料，以缓冲关门时木料与木料之间的直接碰撞。成品橡胶缓冲块形状各异、大小不一，最方便的是一种背面带有自粘胶的缓冲块。只须将缓冲块粘在门的背面，并与箱体的框架对齐即可（A）。

如果门上需要止位块，你可以选择表面包有皮革的木条缓冲关门时的冲击，具体安装方法与处理抽屉的方法类似。

对于箱体正面的框架，一种简单的解决办法是，在框架的背面粘上一个木条（B）。

◆ 第四部分 ◆
底座、柜脚和支架

基本的柜子，无论是落地柜、桌面柜或者小型的珠宝盒，都需要被支撑起来。底座、柜脚和支架能够出色地完成这项任务。即便是最小的纪念品盒也能够借助柜脚或木块的支撑离开桌面。或者你可以用线脚把柜子底部包起来，使它表面看起来是固定的。从实际考虑，靠四个接触点抬起箱体的底座一般来讲要比宽大平整的盒子底部更为稳定。对于大型的柜子来说，在柜子底部预留出人脚的空间非常重要，这样当他们靠近柜子的时候就不会踢到柜子的表面。

除了视觉效果的改善，底座和柜脚能够帮助一个柜子或一件家具平稳地放置在地板上。桌子倾斜或摇晃一般来说是因为地板的表面不平。尽管我们不能奢望地板完全平整，但是我们可以采取措施，确保家具能够稳固放置在地板上。

底座，第 195 页

柜脚和脚轮，第 215 页

支架，第 225 页

第十五章
底　座

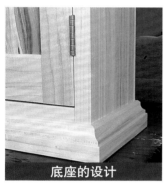

底座的设计

底座踢脚线

安装柜子

底座的设计

　　柜子的底座有两种基本类型。一种是箱体下面的凹槽，这种构造通常被称作踢脚线。这是一种非常实用的方法，能够为双脚提供空间，便于你站在柜子前方的时候更好地从里面取放物品。另一种是凸出于箱体之外的、有造型的底座，制作这种底座一般是出于美观的需要。在这里，箱体底部是由线脚或侧棱以及小的缝隙或线条界定的，看起来就像是箱体被抬起、下面的部分被固定在了地板上那样。有造型的底座的设计方案也是多种多样的，但是踢脚空间的参数由于功能性的缘故，需要更精细地加以界定。

防止柜子下垂

　　底座能够支撑跨度过长或过宽的柜子。如果你制作的盒子或箱体有四个面，但是没有背板，那么做成的柜子就会有严重的下垂问题。箱体的底板、还可能包括顶板，时间长了都会下垂，尤其是在柜子装上重物之后。除非顶板和底板都很厚（看上去非常不美观），否则你需要把背板固定到箱体的侧面、顶板和底板上以加固箱体，防止其下垂。

有时，背板本身并不足以保持箱体的刚性，尤其是在箱体的正面。过深或过宽的家具尤其如此，比如箱体的宽度达到或超过了24 in（609.6 mm），或者箱体需要支撑一个非常重的顶板，比如一块大理石的时候。通常最快的解决办法是在箱体底部、靠近柜子正面的地方增加一块 2 in（50.8 mm）或者更宽些的横档，如下图所示。对于顶部非常重的箱体，抗扭盒式结构能够解决下垂问题。

➤ 见第 78 页 "抗扭箱形搁板"。

如果结构允许，你可以使背板延伸到正对柜子中央的地板上，以获得更多支撑，或者可以在底板下面安装一个 L 形柜脚。L 形柜脚要包含两部分，要用高强度胶合板来制作。垂直的柜脚部件要与地板上方箱体底部的高度完全一致；然后在柜脚上安装一个 3 in（25.4 mm）宽的防滑木条。用胶水、U 形钉或者螺丝将这两部分接合起来。要确保将柜脚安装到防滑木条中，而不是将防滑木条安装到柜脚上，这样的结构才会牢固。

在底板上做标记，将柜脚和相应的防滑木条与之对齐，然后用胶水或 U 形钉把防滑木条安装到箱体的底部。你可以环绕箱体安装踢脚板或在柜脚上方安装一块门脚护板将柜脚隐藏起来，这样底座就完成了。

➤ 见第 205 页 "带踢脚线的实用底座"。

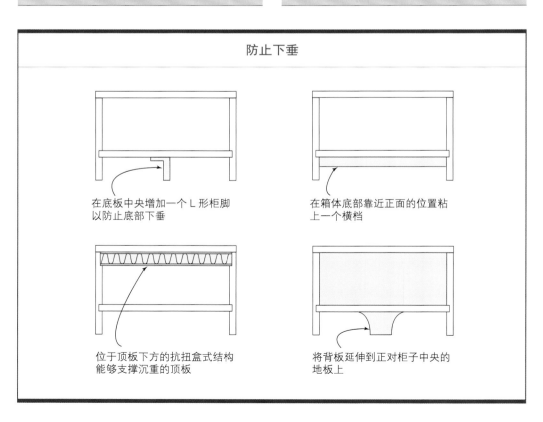

防止下垂

在底板中央增加一个 L 形柜脚以防止底部下垂

在箱体底部靠近正面的位置粘上一个横档

位于顶板下方的抗扭盒式结构能够支撑沉重的顶板

将背板延伸到正对柜子中央的地板上

安装在箱体底座下方的、简单的 L 形柜脚能够提供额外的支撑。

用 U 形钉和胶水把柜脚固定在箱体的底面。

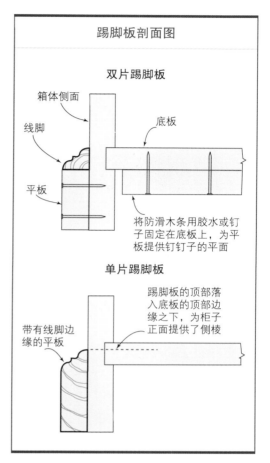

踢脚板剖面图

双片踢脚板

箱体侧面

线脚

平板

底板

将防滑木条用胶水或钉子固定在底板上，为平板提供钉钉子的平面

单片踢脚板

带有线脚边缘的平板

踢脚板的顶部落入底板的顶部边缘之下，为柜子正面提供了侧棱

完成大型箱体底部最简单的方式是使用斜接踢脚板。

传统踢脚板

斜接踢脚板适用于大型箱体。注意保持踢脚板和箱体的比例协调。总的来说，箱体越高，踢脚板就应该越宽。这种方式能够让箱体看起来是美观的。斜接踢脚板给人一种把箱体连接到底面的感觉，同时也将箱体底部的结构巧妙地隐藏起来。

现代踢脚板

下图展示的枫木柜子上的踢脚板是由木匠保罗·安东尼设计的。它很时尚，现代感十足，并且与环境十分协调，毫不突兀。箱体和底座之间的一圈间隙使该踢脚板显得与众不同。为了进一步突出这个特点，安东尼在间隙处嵌入了一条对比鲜明的紫心苏木材

平齐的门和平齐的踢脚板定义了枫木和紫心苏木柜子的时尚（保罗·安东尼摄）。

精细的侧棱和紫心苏木的颜色使这个踢脚板显得与众不同（保罗·安东尼摄）。

质的木条。

这种结构建立在实用底座上，但它并没有凸出于箱体之外，而是被实木踢脚板包裹住了。有了这种结构，踢脚板就能够与箱体两个露出的侧面保持平齐。

► 见205页"带踢脚线的实用底座"。

线脚-阶梯式底座

无论是大的还是小的箱体，阶梯式底座都能够增加箱体底部的厚重感。柜子底部平整的直角区域可薄可厚，这取决于你想要的视觉效果。位于平坦阶梯上的斜接线脚实现了由阶梯到箱体的过渡。

这种构造只须在柜子下面斜接一个直角木条，制作出底部的阶梯部分，而无须再制作坚实的底座。用螺丝把木条钉到箱体底面，如果你愿意，还可以用木塞把螺丝孔遮盖起来。在后面安装一个同样厚度的木条能够保持箱体平稳，而且能够提供一个坚实的平台使其立在上面。

安装线脚和阶梯时要注意：如果把它们完全黏合到箱体的侧面，胶水会限制木料的形变，导致箱体侧面容易破裂。205页底板右侧的图展示了安全黏合的区域。

一个组合式底座为小柜子提供了非常经典的视觉感受。

斜接踢脚板

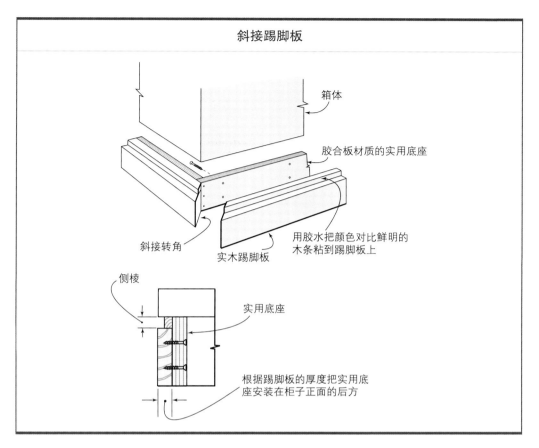

箱体

胶合板材质的实用底座

斜接转角

实木踢脚板

用胶水把颜色对比鲜明的
木条粘到踢脚板上

侧棱

实用底座

根据踢脚板的厚度把实用底
座安装在柜子正面的后方

阶梯式底座

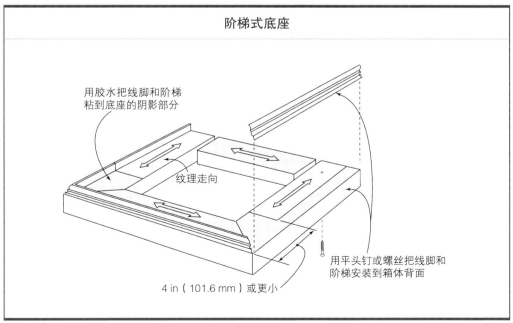

用胶水把线脚和阶梯
粘到底座的阴影部分

纹理走向

用平头钉或螺丝把线脚和
阶梯安装到箱体背面

4 in（101.6 mm）或更小

卷边底座

和托架腿的外观类似，下图展示的卷边底座有四个脚支撑大型箱体的四角（可见于被橱）。底座内缘的曲线样式可以很简单，也可以相当精致，这取决于你的品味。

为了增加底座的强度，要用燕尾榫固定框架的转角，如本页下方"卷边底座"图中所示。完成底座的组装之后，围绕其顶部的内侧边缘开搭口槽，用胶水把底座粘到箱体下方。然后斜切线脚，并围绕箱体的底部用胶水将其黏合，使底座到箱体存在一个视觉上的过渡。

➤ 见第 215 页"设计柜脚"。

卷边底座可以制作得非常简单，比如每个转角处的一个小圆角。

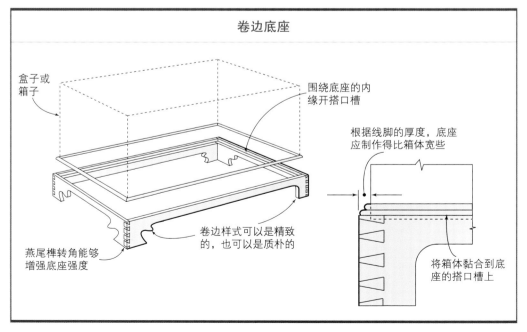

卷边底座

盒子或箱子

围绕底座的内缘开搭口槽

根据线脚的厚度，底座应制作得比箱体宽些

燕尾榫转角能够增强底座强度

卷边样式可以是精致的，也可以是质朴的

将箱体黏合到底座的搭口槽上

脚踏开关台锯

　　在台锯上工作时，要紧紧盯住双手的动作，这样更加安全，也能使切割更加准确。在桌子底下摸索开关关闭台锯也非常危险，尤其是在需要经常进行停顿切割的时候。这种用脚或膝盖关闭台锯的办法不会使你分散注意力。这种装置几分钟之内就能装好，并适合所有用按钮开关控制的台锯。

制作脚踏开关台锯

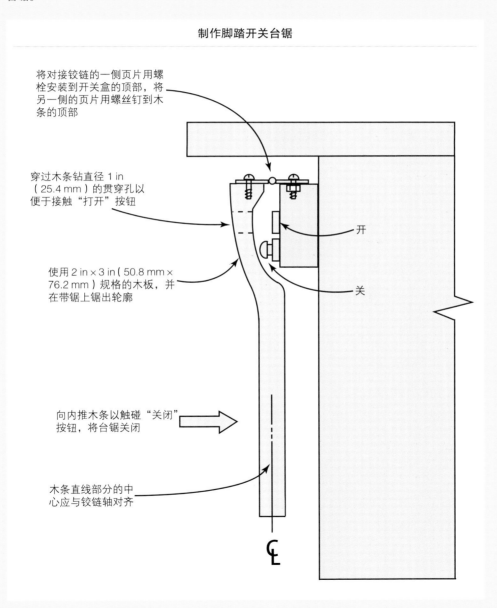

将对接铰链的一侧页片用螺栓安装到开关盒的顶部，将另一侧的页片用螺丝钉到木条的顶部

穿过木条钻直径 1 in（25.4 mm）的贯穿孔以便于接触"打开"按钮

使用 2 in × 3 in（50.8 mm × 76.2 mm）规格的木板，并在带锯上锯出轮廓

开

关

向内推木条以触碰"关闭"按钮，将台锯关闭

木条直线部分的中心应与铰链轴对齐

底座踢脚线

带踢脚线的整体底座

为了在柜子下方预留出踢脚空间，你可以有两种选择：一是把底座做成一个独立的组件，然后安装到箱体底部；另一种选择是把底座作为箱体完整的一部分来制作。

➤见第 205 页"带踢脚线的实用底座"。

箱体完成后的侧面——就是将箱体组装好之后你能看到的侧面——需要认真设计，这样在完成组装之后，它们才能遮住踢脚板

的末端。

切割好箱体的接合处之后，在组装柜子之前，你要借助模板在箱体侧面上勾勒出踢脚的半径尺寸（A）。模板尺寸应考虑到辅助踢脚和完成的踢脚板的厚度，以及所有能

A

确定踢脚线的尺寸

踢脚空间的最佳尺寸是宽 2½ in（63.5 mm）、长 4½ in（114.3 mm），你可以根据家具的尺寸上调或下调踢脚空间的尺寸，但调整幅度不要超过 1 in（25.4 mm），也要考虑留出足够的空间防止脚踢到柜子。

必须在组装柜子前切割出踢脚板，并在计算踢脚空间的最终深度时考虑门或正面框架的厚度

门或正面框架

x
y

未装饰的踢脚线

直角切口

用钉子把辅助踢脚钉到箱体侧面的边缘

用细钉把踢脚板钉到辅助踢脚上

如有必要，切掉踢脚板多余的部分，并雕合踢脚板使之与地板的轮廓线吻合

完成的踢脚线

箱体侧面

门或箱体的正面框架

箱体底板

半径等于箱体侧面切割的深度

用钉子把 ¾ in（19.1 mm）厚的辅助踢脚钉到防滑木条上

用细钉把 ¼ in（6.4 mm）厚的踢脚板钉在辅助踢脚上

把防滑木条安装到箱体侧面的内表面

B

够看到的框架材料或者门的尺寸（B）。出于经济的考虑，这里展示的踢脚线使用的是双层嵌入式结构，即用 1/4 in（6.4 mm）的胶合板覆盖在刨花板或多用途胶合板上。

使用曲线锯切割出箱体侧面转角的轮廓（C）。沿轮廓线的废料一侧进行切割，然后使用轴式砂光机或者半圆形扁锉和砂纸将木料表面处理光滑。

如果箱体侧面是胶合板材质，你可以用一条成品封边条覆盖粗糙的边缘。较薄的封边条能够在烙铁的热度和压力下顺着踢脚的曲线轮廓贴合在侧板上（D）。

▶ 见第 85 页"成品封边条"。

在箱体侧面的内表面做出标记，并综合考虑辅助踢脚和踢脚板的厚度，然后用胶水和 U 形钉将胶合板材质的防滑木条固定到箱体上（E）。

制作辅助踢脚可以使用任何一种厚度为 3/4 in（19.1 mm）的材料，比如胶合板或刨花板。将辅助踢脚钉到防滑木条上（F）。然后把切割好的踢脚板用小的平头钉或细钉钉到辅助踢脚上，此时踢脚板与箱体侧面的边缘保持平齐。1/4 in（6.4 mm）厚的硬木胶合板对制作踢脚板来说业已足够，因为踢脚板有较厚的辅助踢脚支撑（G）。

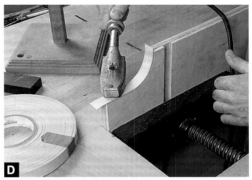

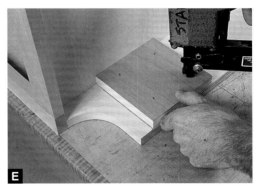

内部踢脚线

如果箱体的侧面尚未完成（比如被邻近的箱体掩盖或者要嵌入到房间的某个墙角里），踢脚空间的制作就容易多了。首先在箱体两侧确定踢脚线的深度和高度（A）。记得要综合考虑辅助踢脚、踢脚板以及所有框架或门的厚度。

在台锯上，你需要根据踢脚的高度设置纵切靠山，并要考虑锯片的厚度。然后将锯片升至全高度。确保你的双手远离锯片，并使用锯片防护装置。确定箱体内表面的位置，使其面对台锯进行横切，沿轮廓线切割出踢脚的高度。切割到达另一边轮廓线时停下来，然后关闭台锯，待锯片的旋转完全停止后，把工件从锯片处取下（B）。

趁着锯片还处于高位，调整靠山的位置以切割踢脚的深度。在靠山上夹一个止停块，将切割线限制在轮廓线以内 1/4 in（6.4 mm）的范围。把箱体侧面翻转过来，使其外侧表面朝上，推进工件通过锯片，到达止停块的位置（C）。像之前一样关闭台锯，取下工件，清除废料（D）。一把锋利的凿子能够清除掉任何边角料。

对于未完成的箱体侧面，不要将辅助踢脚放在箱体内侧，要直接把它固定在箱体侧面的边缘（E）。然后用已经切割好的胶合板踢脚板遮盖辅助踢脚（F）。

> ⚠ **警告**
> 台锯的安全操作流程要求将锯片抬起到稍高于工件表面的位置，除非有特殊的操作需要将锯片抬起更高。

A

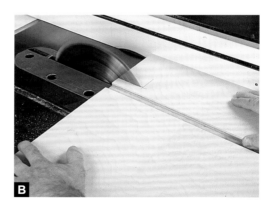

B

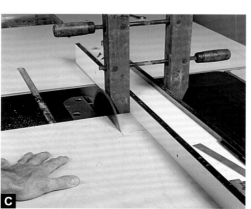

C

D

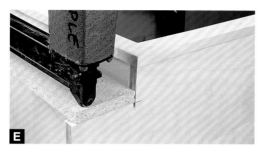

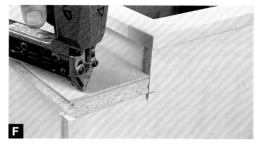

带踢脚线的实用底座

►见第 208 页 "找平技巧"。

带踢脚空间的实用底座比整体底座更容易制作。如果你安装的是一个嵌入式柜子，那就更加方便了，因为这样可以使柜子的找平更容易。

为了给能够自由移动的柜子制作实用的踢脚线，你要把踢脚底座和柜子做成独立的组件，然后用螺丝将二者组合在一起（A）。

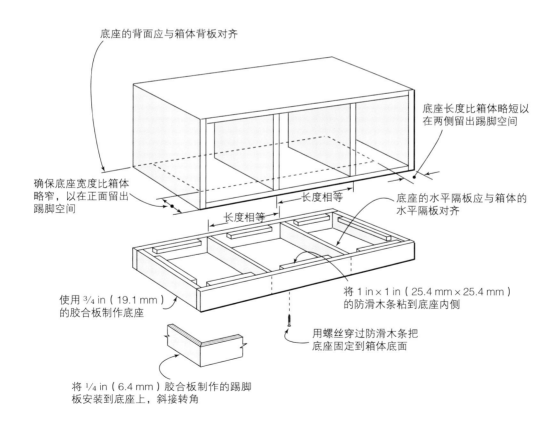

底座的背面应与箱体背板对齐

底座长度比箱体略短以在两侧留出踢脚空间

确保底座宽度比箱体略窄，以在正面留出踢脚空间

长度相等

长度相等

底座的水平隔板应与箱体的水平隔板对齐

使用 ¾ in（19.1 mm）的胶合板制作底座

将 1 in × 1 in（25.4 mm × 25.4 mm）的防滑木条粘到底座内侧

用螺丝穿过防滑木条把底座固定到箱体底面

将 ¼ in（6.4 mm）胶合板制作的踢脚板安装到底座上，斜接转角

A

对于已经完成侧面的箱体来说，你可以围绕转角延伸踢脚线。在确定底座的宽度和长度时，要考虑柜子正面和两侧突出部分的尺寸，见图 A。不要忘记考虑最终完成的踢脚板的厚度。然后将 ¾ in（19.1 mm）厚的胶合板切割到合适的宽度以制作底座，从而将箱体抬高到需要的高度。用胶水和钉子将各部件黏合起来，确保内部的木板保持方正，以便于组装（B）。将底座内部的木板对齐，这样它们可以直接落在箱体的下方以提供支撑。每隔 2 ft（0.6 m）设置一块木板已经足以支撑大型箱体的重量了。

底座的基本框架组装完成之后，要用钉子把防滑木条安装到框架内侧，并保证其边缘与底座的顶部边缘平齐（C）。然后把箱体背板朝下放在台面上，在防滑木条上钻出埋头孔，用螺丝穿过埋头孔拧入箱体底板，将底座组装起来（D）。

将完成切割的、用 ¼ in（6.4 mm）厚的硬木胶合板制成的踢脚板安装到底座的正面和侧面，这样底座就完成了。

为了让转角的衔接看起来是无缝的，你可以斜接邻近的踢脚板，使用胶水和平头钉或细钉将它们固定到底座上（E）。

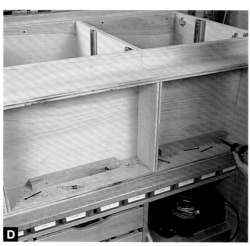

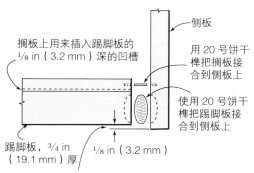

侧板

用 20 号饼干榫把搁板接合到侧板上

搁板上用来插入踢脚板的 ⅛ in（3.2 mm）深的凹槽

使用 20 号饼干榫把踢脚板接合到侧板上

踢脚板，¾ in（19.1 mm）厚

⅛ in（3.2 mm）

在踢脚板与地板之间留出一条缝隙以防止箱体晃动

A

B

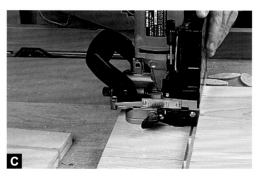

C

D

饼干踢脚线

与整体踢脚线类似，饼干踢脚线适用于书柜等较窄的柜子，这种柜子的侧面垂直于地板。

➤ 见第 202 页 "带踢脚线的整体底座"。

你可以使用多种接合方式将各个部件接合起来，但是最简单的一种方法是，使用饼干榫将搁板和踢脚板固定到箱体侧面。为了加固接合，可以在箱体底板下面切割一个浅槽，把踢脚板装入其中，如图所示（A）。你可以利用箱体侧面和底板来布局并进行切割。在底板上为踢脚板开好槽后，你要按照正确的踢脚线高度，将底板与箱体侧面的长边对齐并夹紧，然后在底板两端为饼干榫开槽。要将开槽机的底座抵住箱体的侧面（B）。

无须改变开槽机的设置或夹紧的部分，垂直握住开槽机为侧板开槽，此时要将饼干榫开槽机抵住箱体底板的末端（C）。

在踢脚板和底板的槽中滴上胶水，将饼干榫嵌入（D），然后用夹具把接合处夹紧。为了防止箱体在不平整的地板上晃动，踢脚板的下边缘应高于地板 ⅛ in（3.2 mm）左右。这个距离不仅足以保证箱体侧面稳固地立于地面，同时也可以防止较小的物体滚到下面。这种结构外观简单而不失精致（E）。

E

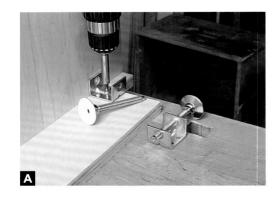

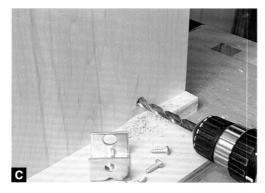

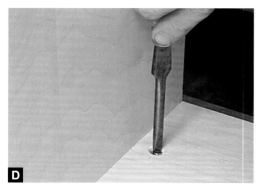

安装柜子

找平技巧

桌子和柜子的找平——无论是独立式还是嵌入式的——是家具投入使用之前的最后一个重要工序。如果你没有花时间做这件事情，那么桌子有可能会因为不平的地板而晃动或倾斜。沉重的箱体也可能会因为同样的原因破裂。

如果你打算把家具或柜子安装到墙上或者房间的地板上，比如一排橱柜或者壁挂式的箱体，找平就变得更为重要。甚至在制作某个部件之前，你就需要采取一些措施，以保证柜子的安装过程能够顺利进行。

这里展示的托架–螺栓组合件即便在箱体完成组装后也能够使柜子保持水平。在柜子的每个转角处、底板的正下方，分别用螺丝将一个托架钉在箱体侧面（A）。然后透过托架，在底板上标出调整孔的位置（B）。

将托架拿开，穿过底板钻一个直径 ³⁄₈ in（9.5 mm）的排屑孔（C）。然后重新安装托架，将螺栓或柜脚钉到托架上。放置好柜子之后，你就可以转动螺丝刀从柜子的内部调整柜脚了（D）。

可调节柜脚适用于箱子、盒子和桌腿，其承重面容易在粗糙的表面滑动。这类硬件包括尼龙软垫螺栓和 T 形螺母。通过在每个桌腿或箱体转角的底部钻一个深度与螺栓长度等同的孔来安装柜脚（E）。

将 T 形螺母安装到孔中。螺母上的尖刺能够紧紧抓住工件，并防止螺母旋转或变松（F）。将螺栓拧进螺母中，柜脚的安装就完成了。螺栓的末端是平整的，你可以用一个小扳手调整部件的高度（G）。

另外一种技术依靠螺纹嵌入件和圆头方颈螺栓，非常适合将其安装在桌腿或箱体侧板的下方。为了方便准确安装，你要在组装各部件之前为五金件钻孔并将其安装好。首先，在每条腿的底部为嵌入件钻一个尺寸合适的孔，其深度等于圆头方颈螺栓的长度。然后在孔的周围用埋头钻轻轻地钻孔（H）。

把嵌入件安装到桌腿中，使其与桌腿底面平齐。然后把圆头方颈螺栓旋入桌腿底部（I）。螺栓的圆头在桌腿底部形成了一个很好的平面。必要的时候，你可以用扳手旋转圆头以调整螺栓旋入的深度。

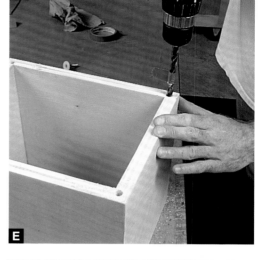

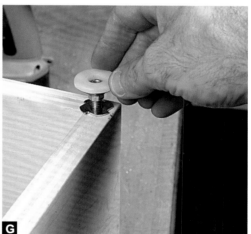

螺纹嵌入件

众所周知，安装螺纹嵌入件非常困难。为了使安装万无一失，你需要使用台钻。首先要为嵌入件钻一个尺寸合适的孔，然后在孔周围用埋头钻钻孔。埋头钻能够防止孔的猛然扩大，避免撕裂周围的木料。然后，使用钢锯切掉与嵌入件具有相同螺纹的螺栓头，将螺栓卡到台钻上。在螺栓上安装螺母和垫圈，把嵌入件旋进垫圈底下的螺栓中，并手动进行加固（A）。

确定嵌入件下方埋头孔的中心，将木板夹到台钻工作台上。保证台钻的电源关闭，用手把嵌入件装进孔中，并用扳手旋转螺母（B）。旋转嵌入件和螺母，直到垫圈触到工件的最低点。然后用扳手回退螺母，同时反方向旋转夹头（固定嵌入件的木板），直到螺母从嵌入件中出来（C）。

用实用底座为柜子找平

对于宽大的嵌入式柜子和较长的组柜，比如一排橱柜，最简单的调平策略是制作独立底座，并在组装柜子前完成底座的调平。将做好的底座放在地板上，然后在底座下垫入楔子，调平正面和背面以及左右两侧。

单个水平尺能够检查底座是否平整，但是一对水平尺操作起来更加容易，因为可以一次检查两个平面（A）。

➤ 见第 205 页 "带踢脚线的实用底座"。

调平底座之后，就可以把它固定到墙上或地板上了，然后切掉垫片凸出的部分，使其与底座外部保持平齐。之后把柜子放在底座顶部进行安装，从柜子的内部穿入螺丝钉进底座（B）。接下来穿过箱体顶部的背板把螺丝钉进墙里，这样就可以永久地将柜子固定住。最后用加工好的踢脚材料将底座的其余三面包裹起来。

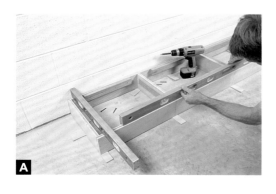

嵌入式柜子

在安装柜子时，甚至在制作工件之前进行细致的规划是有好处的。同样，你需要绘制一个柜子和其安放空间的比例图，门、窗以及房间中其他不能改变位置的部分（如开关和电源插座的位置）都要注明（A）。

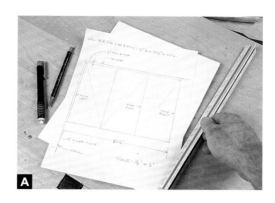

如果要将工件嵌入墙里，那么需要把柜子嵌入牢固的墙体部分，而不是墙的外壳，尤其是在外壳只是一块木板或纸面石膏板的情况下。你需要使用木螺丝，并设计好透过柜子将螺丝钉入外壳后面的壁骨中。如果墙或者地板是砖石结构的，那就需要使用砌体膨胀栓锚和冲击钻头（B）。

TIP

在墙上悬挂柜子时确定砖石螺丝的位置非常困难，你需要遵循一套特别的程序。首先要透过工件钻出一个排屑孔，然后确定柜子的位置，并使用硬质合金钻头穿过箱体上的孔钻取引导孔。无须重新定位柜子的位置，拧入螺丝，安装就完成了。

选好正确的五金件之后，你需要一个可靠的水平尺在墙上做标记，并在安装时确保柜子平正。首先在墙上画一条水平线，标出柜子最终的安装高度（C）。

然后继续使用水平尺，在地板上找到一个较高的点，从这个高点出发沿墙面画出另外一条水平线，这条线可为柜子靠近地板部分的安装提供参考，即地板上较低的位置要用垫片垫高到与这条线平齐的程度。

如果是立柱墙，你要首先确定立柱中心线的位置（D），然后在柜子的对应位置做出标记。透过柜子上的悬挂木条为螺丝钻出排屑孔。使用楔子将柜子调平并使其侧面与地面保持垂直。

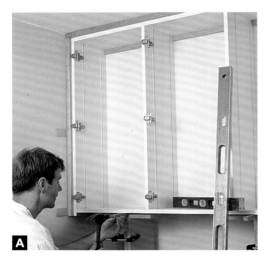

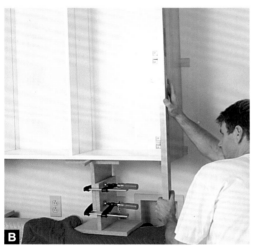

墙柜

悬挂尺寸较大的墙柜时，首先要去掉所有的门、抽屉和搁板，以尽可能地减轻柜子的重量。如果很难找到人帮忙，那就需要制作一些可调整的支撑架。在箱体下面放入楔子可以逐渐地、一点点地抬高柜子（A）。

在最终固定柜子之前，你需要使用水平尺检查箱体是否与地板平行。对于墙挂件，要检查其与墙面的垂直（或平行）关系。这种时候可不能投机取巧，因为安装得不垂直或不平行的柜子最终一定会变得很难用：开口扭曲、门歪斜、抽屉卡住，等等。你要用水平尺测量两个平面：柜子的顶部（或底部）以及正面（或前面）（B）。

待两个平面上的平行或垂直关系没有问题之后，将螺丝穿过箱体上的孔钉入到壁骨中。确保固定好箱体的顶部（C）和底部（D）。在安装多个柜子时要注意，你需要在把一排柜子固定到墙上之前，首先用螺丝把各个柜子连接在一起。否则，要把正面的框架安装平整是非常困难的。

雕合柜子到墙上

有时，柜子固定到墙上之后会留下一个或更多的裸露面，这样柜子的侧面和墙面看起来都有失美观。很少有墙面是绝对平整的，由于墙上小的凸起或凹陷，箱体侧面和墙之间总会留下细小的缝隙。雕合能够使柜子与不平整的墙面轮廓融合在一起。

你在制作用于雕合的柜子时，为裸露在外的或完成的侧面额外留出 1 in（25.4 mm）的材料是很重要的。然后为背板开一个搭口槽，槽的跨度要比箱体上其他的搭口槽都多出 1 in（25.4 mm）（A）。当你把背板安装到箱体上时，雕合材料应该会超出背板 1 in（25.4 mm）（B）。

把柜子放到墙上的正确位置，并在关键点楔入垫片调整箱体，直到它处在应有的垂直和平行关系中（C）。使用圆规确定雕合的宽度（通常是 25.4 mm 左右，但是你需要进行调整，为最终的柜子深度预留出空间），并沿着墙面的轮廓在柜子侧面匀速地向下移动（D）。

把柜子从墙上拿开，侧面朝下放置，用曲线锯沿雕合线锯切。锯片应偏向废料一侧进行有角度的锯切，这样后斜面的倾斜度会小一些，可以更好地匹配墙面的走势。我的经验是，倾斜锯片要比倾斜底板更容易控制。1 in（25.4 mm）雕合的宽度在锯片倾斜的时候能够为其提供支撑，向废料一侧倾斜曲线锯则能够避免在完成的表面上留下不良痕迹（E）。使用短刨清理所有粗糙的地方。切割好雕合的部分之后，你就可以用螺丝将柜子永久性地固定了。

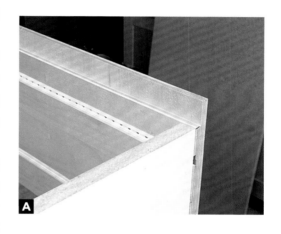

A

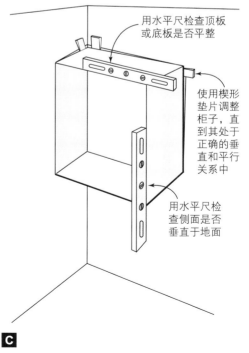

用水平尺检查顶板或底板是否平整

使用楔形垫片调整柜子，直到其处于正确的垂直和平行关系中

用水平尺检查侧面是否垂直于地面

C

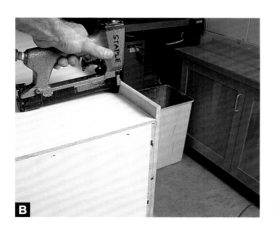

B

D

E

A

B

无框柜子填充件

嵌入式柜子没有正面的框架，所以你需要在箱体与墙面或者天花板之间留出一段空隙，以保证门或者抽屉可以毫无阻碍地自由活动。

▶见第 211 页 "嵌入式柜子"。

相比留出空隙，更好的方法是，用一个匹配箱体正面的木条填充这个空间。制作木条时，要制作一个包含两个部件的 L 形组件，我们称之为填充件。这个组件的正面应该使用与柜子一样的木料。对正面部件的宽度没有特别要求，但是只要墙体本身没有障碍物，柜子和墙之间 1 in（25.4 mm）宽的空隙已经足够了。用胶水把正面部件以正确的角度粘到背面部件上做出填充件（A）。正面部件应至少超出背面部件 1/4 in（6.4 mm），如果需要，可以将多余的木料嵌入墙里。

用螺丝把填充件固定到柜子的侧面（或顶部，具体取决于安装方式），这样填充件的正面会与门或抽屉的正面保持平齐（B）。如果柜子找平之后，你发现填充件的尺寸需要调整，那么你要标出调整的尺寸，把填充件从柜子上卸下来，按照墙体的轮廓拿到带锯上进行切割。然后把填充件重新安装到柜子上。

第十六章
柜脚和脚轮

抬高箱体的策略

柜脚

脚轮

抬高箱体的策略

　　给家具装上柜脚是一种让箱体离开地板的好方法，并可以为原本普通的桌腿加入一些个性化要素。柜脚的外观可以是现代风格的，也可以是传统的。或者，为了简洁起见，你可以在箱体下面加入一些小按钮制作缝隙或间隙。如果你的目标是家具的移动性，那么带轮子的柜脚是最佳选择。脚轮和其他能够滚动的装置能够帮助家具移动。

设计柜脚

　　如果你制作的家具是基于框架结构的，有延伸出来的部分能够接触到地板，那么你可以保持原来的样子，或者在其周围包裹上线脚使家具看起来更美观。没有底座的箱体需要某种类型的柜脚，你的选择非常多。传统的箱柜和办公桌都有某种形式的托架柜脚将其抬高，这些家具也因此平添了一种独特的韵味。更加简洁的车削柜脚或卷边柜脚也有同样的效果。

　　最基本的方法是，将家具腿直接放在地板上。这种方法在结构上唯一的问题是，柜脚尖锐的边缘可能会划破地毯或其他覆盖在地板上的东西。并且如果需要移动家具，你极有可能会碰裂柜脚。通过在家具腿的底部刨削一个小的倒角，你就可以方便地解决这个问题。这个倒角不仅能够减少家具腿断裂或破裂的可能，并且比边缘尖锐的家具腿看起来更美观。

有一种简单的方法可以抬高家具腿或抬起盒子，即在家具腿下面放上塑料或橡胶块。塑料或橡胶块既能够抓牢地面，又不易滑动，并且能够快速安装，只须用螺丝将其钉到家具的底面即可。对于箱体结构来说，可以将塑料或橡胶块安装在外部的转角处以保持其稳定。安装好之后，从上面是看不到塑料或橡胶块的。结果就是，既稍稍抬起了盒子，还能在其下方勾勒出一条优雅的黑色线条或缝隙。

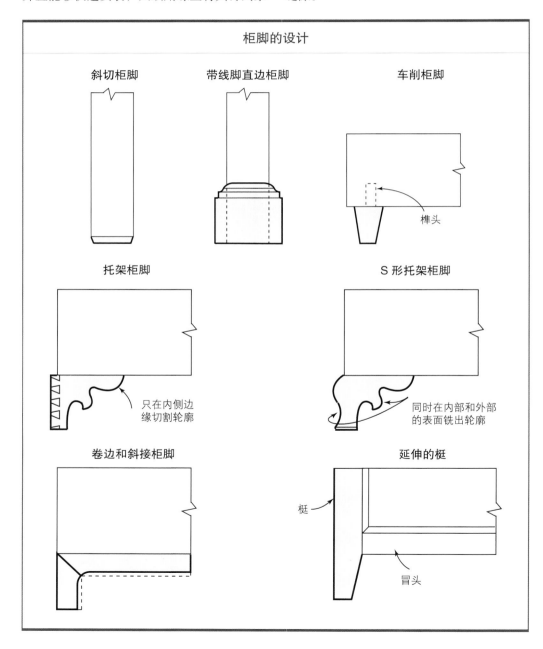

柜脚的设计

斜切柜脚　　带线脚直边柜脚　　车削柜脚

榫头

托架柜脚　　　　　　　　　　S 形托架柜脚

只在内侧边缘切割轮廓

同时在内部和外部的表面铣出轮廓

卷边和斜接柜脚　　　　　　　延伸的梃

梃

冒头

盖子、脚轮和轮子

如果需要经常移动家具，那么你就要考虑给家具装上轮子（见下图）。轮子是重型箱体的福音。轮子能使满载重物的柜子轻松移动，并且不会扭伤你的背部或者磨损你的地板。轮子也不一定是可见的。你可以把它们隐藏在大柜子的下面，一旦你需要它们，它们能够随时为你服务。

对于较小的用品，比如茶盘和送餐桌，

你可以在支撑腿的底下装上铜质轮子，这样既能增添品味，又方便移动。木轮子具有传统家具的外观和质感，并且你可以在车床上自己加工。

移动家具的时候，你要考虑是否需要轮子旋转，是否想让它们锁定。旋转脚轮使得在狭窄的空间操作大型家具更加方便。如果家具过重或者过大，你需要寻找可以锁定的脚轮，这样在你不想移动家具的时候，它们能够固定不动。

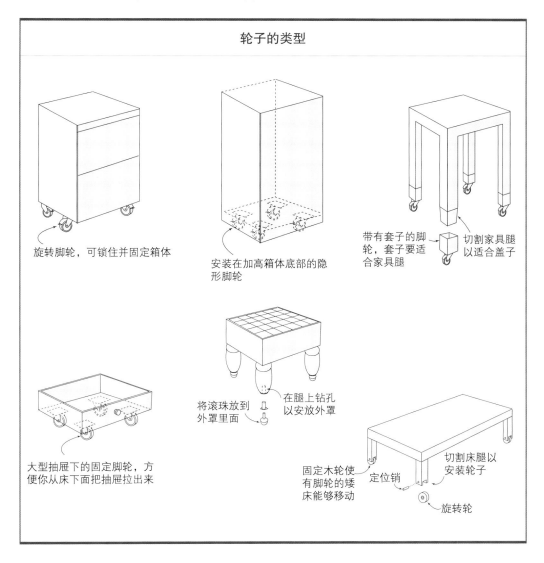

轮子的类型

旋转脚轮，可锁住并固定箱体

安装在加高箱体底部的隐形脚轮

带有套子的脚轮，套子要适合家具腿

切割家具腿以适合盖子

大型抽屉下的固定脚轮，方便你从床下面把抽屉拉出来

将滚珠放到外罩里面

在腿上钻孔以安放外罩

固定木轮使有脚轮的矮床能够移动

定位销

切割床腿以安装轮子

旋转轮

家具脚垫

使家具在地板上滑动或滑行能够防止产生划痕和尖锐的噪声。但是木制家具无法自然滑动。一种解决方案是，在家具的支撑部位下安装一种摩擦力较小的材料，比如高密度塑料。另一种解决方案是，把家具腿安装在保护垫或者脚轮上。

如果某件家具需要经常移动，最好是在家具底部安装脚垫。脚垫有多种类型，并且制作的材质也很多样，有一些能够用螺丝拧到家具底部或者固定到合适的位置。塑料脚垫能够在粗糙的平面上平稳地滑动，安装也很方便，可以把它们敲进箱体侧面或柜子腿的底部进行安装。

对于不需要经常移动的大型家具，在支撑腿底下安装塑料或者橡胶脚轮既不费力，又能够保护地板。

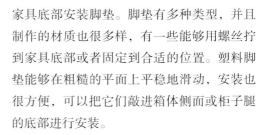

在家具腿的底部刨削一个小的斜切角能够防止木料断裂或撕裂。

在外侧转角处安装木块是一种抬高小箱体的简单方法。

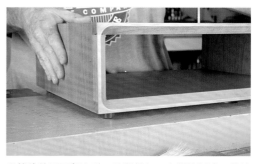

当箱体的正面朝上时，略微抬起一点能够制造一种迷人的阴影线。

小型塑料家具脚垫可以直接用钉子钉到合适的位置。

塑料和橡胶脚轮尺寸和外形多样，能保护地板和家具。

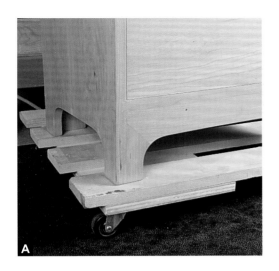

柜脚

卷边和斜接柜脚

这里展示的斜接柜脚样式非常简单，能够让我们回想起过去沙克式（Shaker）家具制作者使用的极简风格的方法（A）。这种柜脚的构造并不复杂（B）。

在组装柜子之前，你可以使用曲线锯或带锯在箱体侧面切割出曲面轮廓。对于正面的曲面轮廓，最简单的方式是在接合部件切割完成之后、木块还是方正的时候，把斜接柜脚和冒头横档用胶水粘到箱体上（C）。待胶水干了之后，在家具上画出轮廓，使用带锯沿着轮廓线进行切割（D）。使用圆底鸟刨或卡接在便携式钻头上的打磨鼓清理锯切的表面，使其光滑平整。

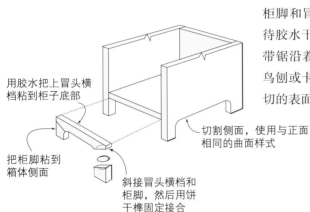

用胶水把上冒头横档粘到柜子底部

把柜脚粘到箱体侧面

斜接冒头横档和柜脚，然后用饼干榫固定接合

切割侧面，使用与正面相同的曲面样式

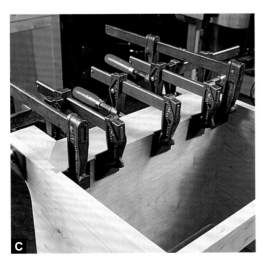

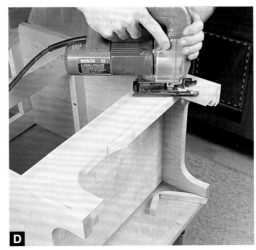

S 形托架柜脚

托架柜脚非常适合传统的柜子，比如 18 世纪风格的书桌等（A）。这种柜脚看起来有些轻飘，向下俯冲的 S 形给人一种不足以支撑柜子的感觉。但是不要被表象所迷惑，这种托架柜脚承重能力很强。

正面柜脚的结构简单明了（B）。首先，在台锯上斜切出两个柜脚的坯料。横切滑板有助于控制切割、引导推进工件（C）。锯片的角度仍处于 45°，在每个斜接处开槽以安装胶合板方栓来加固接合处。在每个木块上勾勒出卷边托架的轮廓。尤其在制作多个柜脚时，使用胶合板模板能够让你的工作变得简单准确（D）。用带锯锯出托架的轮廓，并尽可能地靠近画线锯切，这样可以使处理表面的工作量降到最低（E）。使用甯动砂轴机或者手动处理锯切的痕迹，但是不需要太挑剔，因为卷边工件的底面是看不到的。把两部分组件粘在一起，并用胶水将方栓粘入接合处以保持接合处的牢固，同时检查两块木料彼此是否对正。

将两块木料黏合之后，在其中一个的正面画出 S 形轮廓，并在带锯上锯出该轮廓。锯切的时候，你需要用盒状夹具支撑柜脚，如图所示（F）。跟之前一样，锯片应尽可

正面柜脚

胶合板方栓可加固斜接处的接合

用胶水把胶合板角撑板粘到搭口槽的边缘；用螺丝穿过角撑板钉入箱体中

用带锯切割外侧表面的轮廓

从这里钉入钉子或螺丝，把柜脚固定到箱体上

纹理走向

把堆叠的木块粘到转角内侧以增加支撑力

背面柜脚

纹理走向

用燕尾榫把背面部分和侧面部分接合起来

能地靠近画好的轮廓线切割（G）。第一个正面锯好之后，继续切割第二个正面。这次不再需要画线，因为已经有了第一次切割的轮廓（H）。你只须顺着第一次的轮廓切割第二个正面即可（I）。

为了进一步加固柜脚，可以把一些木块堆叠在一起粘到柜脚内侧，木块的纹理走向应与柜脚的纹理一致。堆叠的木块能够增强斜接的强度，帮助支撑柜子的重量。然后加入一个胶合板角撑板，以便于把柜脚钉到柜子上（J）。

制作后面的柜脚与制作正面柜脚的过程类似，只是柜脚的背面要保持平整，这样柜脚和箱体才能靠墙摆放。在侧面组件的内缘锯出托架轮廓后，要用大的燕尾榫把两部分组件接合起来。然后使用与锯切正面柜脚轮廓同样的技巧，用带锯在侧面组件上只锯出S形轮廓即可。

TIP

根据机器的角度或斜角规确定精确的45°角常常会让你失望，尤其是在切割较大的斜面时。一种更好的办法是，在两块木板上切割斜面，然后将需要的两个斜面对在一起，检查接合起来的角度是否为90°。如果接合角度不是90°（可能大于，也可能小于90°），则按照角度差值一半的量调整锯片的角度（注意调整的方向），然后测量并用直角尺再检查一次。就这样检查并调整锯片，直至接合角度正好达到90°。

在锯切S形轮廓时，将柜脚紧紧夹到这个盒式夹具上。

用胶水或钉子完成接合

夹具的高度比柜脚的长度略大

F 使用45°支撑件加固盒子

车削柜脚

简单、锥形的柜脚非常适合小盒子和衣柜（A）。在车床的顶心之间车削柜脚，并在每个柜脚的一端切出一个榫头。柜脚的肩部也要用切断车刀切割得非常平整，以保证将柜脚紧紧地固定在底座上（B）。然后在箱体底部钻孔，以接入榫头，并粘上胶水，用夹具把柜脚与箱体夹紧（C）。

葫芦柜脚非常适合较大的箱体，如果形状完成得很好，它会产生一种美妙的、圆鼓的感觉（D）。其中的秘密就在于，在每个柜脚的底部做出一个小平面接触地板，并将顶部的平面或肩部处理平整以接触箱体。这样的平面给人一种柜脚在箱体重量的"压迫"下膨胀的感觉。你可以用螺丝把柜脚钉到箱体的下方，或者在其一端车削出榫头，用胶水将其粘到箱体底部对应的孔里。

A

B

C

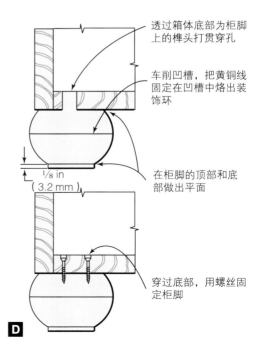

D

透过箱体底部为柜脚上的榫头打贯穿孔

车削凹槽，把黄铜线固定在凹槽中烙出装饰环

1/8 in（3.2 mm）

在柜脚的顶部和底部做出平面

穿过底部，用螺丝固定柜脚

脚轮

黄铜脚轮

　　这里展示的外观精美的脚轮是铜制的，运行起来很流畅，可以为小型的桌子或底座增添一种优雅的感觉（A）。

　　安装非常简单：在每条柜子腿的底部中心为方头螺丝开孔。将遮蔽胶条贴在钻头的正确位置能够钻出深度准确的孔（B）。安装方头螺丝，用钉子或锥子使脚轮底板紧贴到柜子腿的底部（C）。用平头螺丝穿过底板，钉进柜子腿中以固定脚轮（D）。

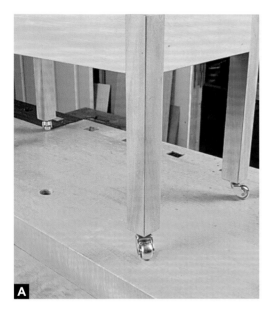

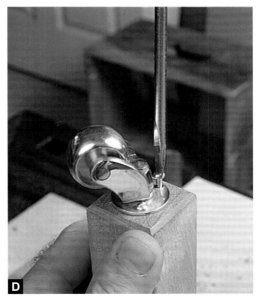

滚球

安装在金属套筒里的滚球有很强的承重能力，非常适合滚动式手推车。记得要在将各个部件组装在一起前为滚球钻孔，因为这样最容易。为了使外表看起来整洁，可以在每个支撑腿的底部为五金件开埋头直孔，将其隐藏其中。钻孔时，首先把台钻的台面旋转90°，并将一个 1¹⁄₈ in（28.6 mm）的平翼开孔钻头卡在台钻上。用夹具把工件夹紧，使其正对钻头，这样在工作台上画出平行线会简单些。然后钻出 ¹⁄₂ in（12.7 mm）深的孔（A）。

无须改变工件或台钻的摆放，在埋头直孔的中间为滚球的销子和外壳钻出一个直径 ¹⁄₂ in（12.7 mm）的孔。一条标记胶带会引导你钻出合适的深度（B）。

滚球的外壳具有锯齿状的齿，能够咬合柜子腿的端面木料（C）。使用结实的棍子把外壳敲进埋头直孔的内孔里（D）。

把销子和滚球滑进外壳中，然后就可以转动了（E）。

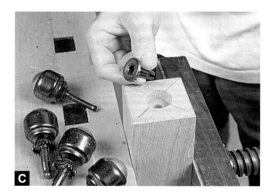

第十七章
支　架

设计支架

制作支架

支架可以将一件家具抬高到与视线水平的位置，从而产生一种神奇的视觉效果。支架可以用来展示艺术作品或者在顶部的表面支撑植物和其他物品。即便是小的储物柜或者特殊的容器放在支架上也会产生不一样的效果。一种更加复杂的方法是，制作一个支架，用来支撑和展示柜子，并使其作为设计的一部分，与搁板或抽屉的框架融为一体。右图中展示的明式柜子就是这样的。

你可以使用实木板、胶合板，或者将二者搭配使用制作支架。制作支架有两种基本方法。一种方法是使用宽大的实木板在转角处接合，这样可以创造出一种质感和视觉上的厚重感。框架式支架需要外观更加精致的框架组件，并且通常会使用榫卯结构完成接合。这些支架能够抬高家具，并带给你一种整体轻盈、和谐统一的感觉。

陈杨制作的明式柜子，由印茄木和渍纹枫木制成，并在支架的设计中增加了抽屉框架。

设计支架

支架能够支撑所有类型的家具，从小盒子、储物柜、艺术作品到柜子等大型家具。你需要决定是使用骨架还是框架结构，后者的开放式框架可以使你感觉更轻便。对于框架相对单薄的高支架，一定要在结构的较低位置增加冒头，以此加强整体的组装强度，防止框架散架。

用宽面板制作的支架更加牢固，并可以用实木或硬木胶合板来制作。前者可以对接并用胶水在转角处黏合，并可能在接合处呈现对比鲜明的纹理。斜接四个转角可以使实木板和胶合板支架看起来更加美观。胶合板的贴皮薄而精致，必须精确地完成斜接，并用胶水把转角黏合起来以遮盖内部的板层。

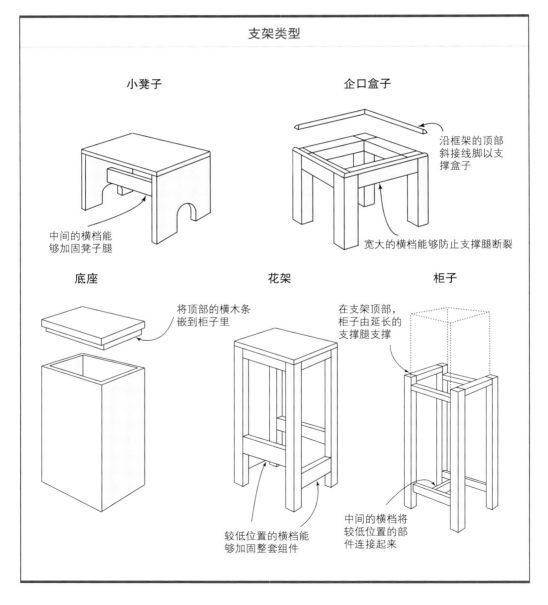

支架类型

小凳子

中间的横档能够加固凳子腿

企口盒子

沿框架的顶部斜接线脚以支撑盒子

宽大的横档能够防止支撑腿断裂

底座

将顶部的横木条嵌到柜子里

花架

较低位置的横档能够加固整套组件

柜子

在支架顶部，柜子由延长的支撑腿支撑

中间的横档将较低位置的部件连接起来

制作支架

储物柜支架

　　这个示例中的小型框架结构的支架通常可用来支撑盒子或小的储物柜（A）。支架要由 1¹/₂ in（38.1 mm）或者更厚的木料制作，以为框架顶部的柜子提供支撑（B）。宽 3 in 或 4 in（76.2 mm 或 101.6 mm）的横档能够保证接合处的牢固，防止支架松垮。

　　围绕框架顶部添加一圈线脚就可以防止箱体移动，而无须用螺丝或其他五金件来固定箱体。把箱体放在框架中心，围绕箱体包

裹线脚以连续地标记斜接的位置（C），然后，用胶水和平头钉把线脚固定到框架的顶部（D）。

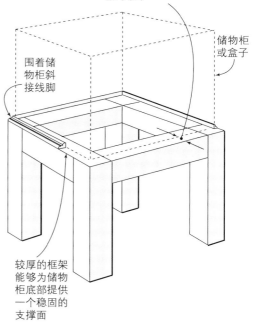

支架的尺寸应略大于储物柜的尺寸，通常线脚的宽度外放 ¹/₁₆~¹/₄ in（1.6~6.4 mm）就可以了

储物柜或盒子

围着储物柜斜接线脚

较厚的框架能够为储物柜底部提供一个稳固的支撑面

A

B

C

D

A

座式支架

　　这个例子中的座式支架比典型的框架式设计感觉更加厚重、更加牢固。这个支架的高度非常适合陈列物品（A）。可拆卸的顶盖能够通过固定在其下方的横木条嵌入箱体中，这样可以使两部分的匹配更加容易（B）。如果喜欢，你还可以在支架的底部增加一个底板，这样你就可以拿开顶盖、用重物填入基座内增加其稳定性。

　　制作底座的关键在于侧面长边的斜接和开键槽。键槽能够帮助确定接合的位置，并在黏合箱体的时候防止其侧向滑动。

　　首先，你要在面板边缘锯切45°的斜面：把一块木板夹到靠山上，以封闭工作台上的

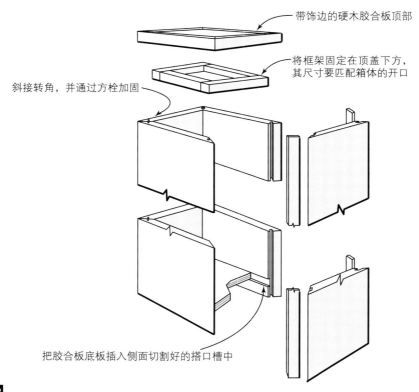

带饰边的硬木胶合板顶部

将框架固定在顶盖下方，其尺寸要匹配箱体的开口

斜接转角，并通过方栓加固

把胶合板底板插入侧面切割好的搭口槽中

B

缝隙，防止斜面的尖端滑入到靠山下面。靠近锯片向木板施加向下的压力，以保证切割准确（C）。

完成斜面的锯切之后，锯片的角度仍要保持在45°。把面板翻转过来，使其一侧斜接边缘抵住纵切靠山，在对侧的斜面上为方栓开槽（D）。然后切割一些与键槽匹配的长纹理木条，要确保切割的精确性，这样不需要修整边缘就能将其轻松地滑入槽中。

用胶水黏合基座是件令人抓狂的事，因为你必须同时黏合四块面板。找个朋友帮忙是明智的。最低限度，你也有必要预演一遍安装过程，检查夹具数量是否足够。然后在所有接合处涂上胶水，把木条滑入槽中，使面板保持直立。使用垫板和深喉夹将接合处拉紧（E）。

花架

这里展示的精美花架是由木匠陈杨制作的。这个花架选用的是相对较薄且窄的木料，并通过斜接和榫卯接合完成组装（A）。由于使用了很多相互连接的接合件，所以这个花架非常牢固（B）。

虽然你可以使用电动工具切割斜面和大部分的榫眼和榫头，但是最终的精细切割最好手动完成，诸如立柱顶部的斜面和透榫（也叫通榫）接合件更应如此。为了完成接合件，陈杨使用了自制的 $1/16$ in（1.6 mm）宽的凿子清理支撑腿顶部狭窄缝隙中的废料（C）。

在所有接合件切割完成后，按照正确的

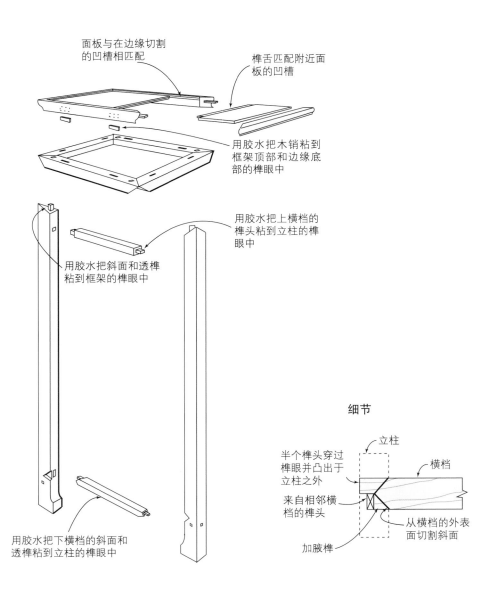

面板与在边缘切割的凹槽相匹配

榫舌匹配附近面板的凹槽

用胶水把木销粘到框架顶部和边缘底部的榫眼中

用胶水把上横档的榫头粘到立柱的榫眼中

用胶水把斜面和透榫粘到框架的榫眼中

用胶水把下横档的斜面和透榫粘到立柱的榫眼中

细节

半个榫头穿过榫眼并凸出于立柱之外

立柱

横档

来自相邻横档的榫头

从横档的外表面切割斜面

加腋榫

A

顺序组装就成为工作的重心。首先，你要把所有的横档连接到立柱上，完成框架底部的组装（D）。然后，组装顶部的斜接框架，并小心地把它接入到立柱顶部的斜面和榫头处（E）。

接下来，把企口接合的顶板组装起来，形成顶部，并把它们安装到边缘部件中（F）。最后，把木销或滑榫插入到框架顶层的榫眼中，然后将顶部组件的榫眼对齐木销的位置放入以完成组装（G）。

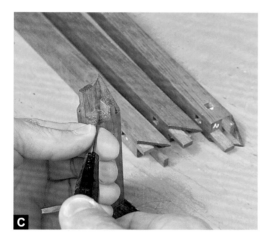

◆ 第五部分 ◆
框架结构

当你开始思考盒子以外的木工制作时，你很快就会发现框架结构的世界。与使用宽大的面板组装盒子或架子不同，框架结构涉及的组件一般都比较窄，诸如梃、支撑腿、横档或撑架等。将这些组件连接起来就形成了基本的框架结构。工作台就是最明显的例子。其框架是由通过横档或挡板连接在一起的、支撑顶部的桌腿组成的。

框架-面板结构也能够解决一个基本的木工制作问题。框架-面板结构与镶板门的风格类似，能够解决木料形变的问题，允许你使用宽大的实木面板，而没有接合处破裂的风险。面框是用来装饰柜子正面的，是另外一种利用狭长的木料组装的形式。

无论制作哪种框架，关键的因素之一是使用合适的接合方式加固连接处，防止狭窄部分的组件破裂或弯曲。

桌腿和挡板，第 235 页

椅子和凳子，第 255 页

正面框架，第 277 页

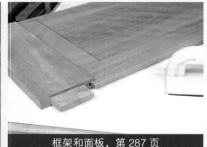

框架和面板，第 287 页

第十八章
桌腿和挡板

整体设计

牢固的接合

挡板和横档

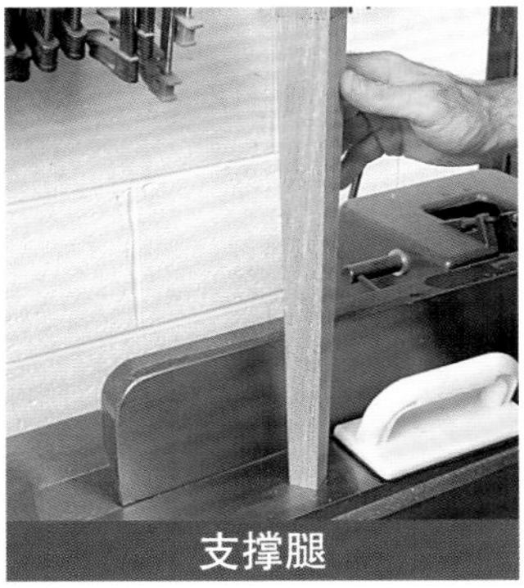

支撑腿

餐桌、书桌、木床、椅子——这些框架式结构大都需要将支撑腿连接到挡板或横档上。虽然椅子的结构中存在相应的角度和曲线，有自己特有的组成部分，但是学习如何将基本的支撑腿和挡板组装起来很有用，这个过程能够让你在今后制作任何需要支撑框架的家具时游刃有余。

▶见第 255 页 "椅子和凳子"。

使用合适的接合方式非常重要，因为许多支撑腿都要承受侧向的压力，狭窄的挡板往往不能提供足够的支撑以防止框架破裂。支撑腿和挡板的风格影响着家具的结构，当然也会影响家具的外观和整体感觉。支撑腿和挡板的风格多种多样，从简单的直边样式到锥形和曲线样式以及车削样式。

整体设计

设计支撑腿和挡板

组装支撑腿和挡板遇到的第一个问题就是，你需要哪种类型的接合方式。尽管有多种接合方式都适合这种类型的连接，但传统的榫卯接合是最佳选择，因为这种接合方式兼顾了牢固性和方便性。

为了接合牢固，挡板上的榫头必须长一些。要多长呢？答案是：越长越好。榫头的长度至少要达到 1 in（25.4 mm）。除非制作支撑腿的木料非常窄，一般制作这种深度的榫眼是绝对没有问题的。但当榫头深入接合组件的另一半深度时，你往往要面对相邻挡板的两个榫头在同一条支撑腿交汇的情况。两个榫头相互干扰，在哪个组件上使用长榫都变得不可能。有两个办法解决这个问题。一种是使榫头向木料外侧偏移，这样能够为支撑腿的接合留出更多空间。榫头能够偏移多远呢？这要由榫眼决定。一般来说，最好在榫眼壁与支撑腿的外侧之间留出一些空间，比如 1/4 in（6.4 mm），如下图所示。

另外一种解决办法是，榫头仍定位于木块厚度的中心（一般这样会使榫头的铣削更加容易），然后斜切两个榫头将会接触的末端。这样可以获得明显较长的榫头。要确保

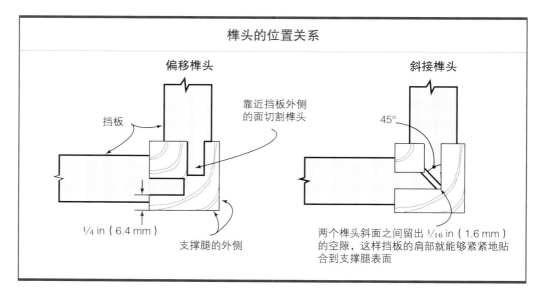

榫头的位置关系

偏移榫头

挡板

靠近挡板外侧的面切割榫头

1/4 in（6.4 mm）

支撑腿的外侧

斜接榫头

45°

两个榫头斜面之间留出 1/16 in（1.6 mm）的空隙，这样挡板的肩部就能够紧紧地贴合到支撑腿表面

在斜接处留出一个小缝隙，以保证组装时挡板的肩部和支撑腿能够充分贴近。

挡板和横档的风格

尽管横档和挡板是框架的必要结构，但也没有必要把它们做成单调的直边样式。除了直边样式外，横档的设计选择有很多。要记住，接合区域或者横档的肩部要尽量宽一些，这样可以保证强度，尤其是对餐桌或书桌这样包含大型框架结构的家具来说。一般

来说，这些部件的宽度达到 4 in（101.6 mm）对于制作牢固、耐用的接合已经足够了。

使用合适的接合方式，制作挡板或横档就会成为一件非常简单的工作。

► 见第 242 页 "加固挡板"。

横档可以是直的，也可以是弯曲的，这取决于你的设计。或者你可以制作一些细节为家具增添一些独特的风格，比如珠边、镶嵌物或凹槽。

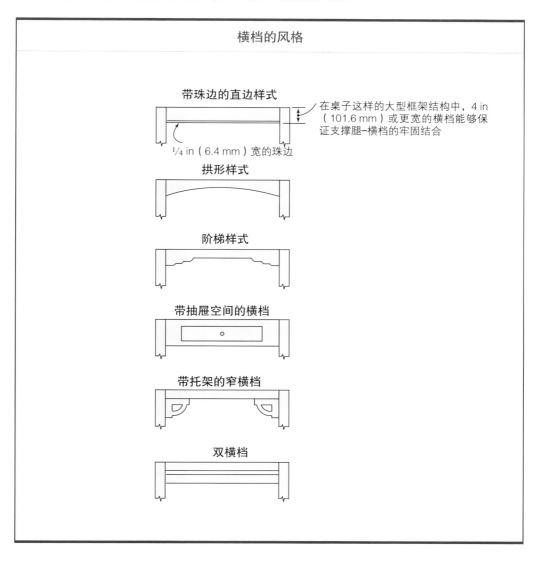

横档的风格

带珠边的直边样式
在桌子这样的大型框架结构中，4 in（101.6 mm）或更宽的横档能够保证支撑腿–横档的牢固结合

¹⁄₄ in（6.4 mm）宽的珠边

拱形样式

阶梯样式

带抽屉空间的横档

带托架的窄横档

双横档

支撑腿的选择

漂亮的支撑腿除了看起来美观，也是精美家具的一个象征。对以实用性为主的家具来说，直边样式的支撑腿已经足够了。这种支撑腿粗壮而结实，为家具增添了一种牢固的感觉。

但是与横档类似，如果你能够跳出基本的直边支撑腿的模式，你会发现，桌子以及其他框架结构的家具可以看起来更具活力和令人兴奋。珠边或圆角等细节可以提升品味，而且也不会增加多少工作量，或者你可以使用锥形或曲线样式的支撑腿为家具注入个性化的要素。

一般情况下，你要在确定支撑腿的形状之前完成接合组件的加工。这使你仍然可以按照方正的木料设置靠山和锯片，这样比使用不再方正的木料完成接合件的切削要简单得多。对于车削的支撑腿，其挡板和横档的相接处大都是方正的样式。但是最好在开始车削之前设计好接合方式，把开榫眼的工作留到后边。

组装框架

如果你没有时间在胶水发挥作用之前把所有部分夹起来，那么黏合一个复杂的框架是一件让人非常头疼的事。即使你已经精确完成了接合组件的切割，即使你切割好了木料，并且各个组件表面平整、肩部方正，在将它们夹紧的过程中产生的压力还是可能使接合处弯曲走样。

第一步是把主体部分分段组装。首先黏合框架的一侧，这样需要的夹具较少，并仔细检查，使夹具与接合部件的中心对齐。然后使用一把精确的直角尺检查交叉部分的角度。如果接合得不够方正，你必须移动夹具并重新用直角尺检查，直到结果令人满意。接下来用直尺进行第二轮检查，将直尺放在

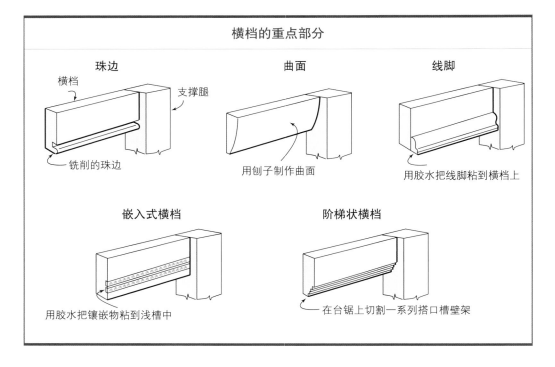

横档的重点部分

珠边
横档
支撑腿
铣削的珠边

曲面
用刨子制作曲面

线脚
用胶水把线脚粘到横档上

嵌入式横档
用胶水把镶嵌物粘到浅槽中

阶梯状横档
在台锯上切割一系列搭口槽壁架

框架上的不同位点，察看表面是否平整。直
尺和框架之间哪怕出现一丝的光线都说明存
在扭曲的地方，你必须重新安装夹具。

待各个分段组件的胶水干透之后，将它
们组装成最后的成品（见下面的照片）。此
时，在一个绝对平整的平面上进行黏合工作
非常重要，比如台锯的台面或平整的木工桌，
以保证工件安装平整。

通过分段装配的方式，用胶水黏合各部分以完成复杂
框架的组装。在黏合的过程中，你要用精确的直角尺
不断检查黏合得是否方正。

通过分段装配将各部分组装成最终的整体。平整的表
面，比如一个优质木工桌的台面，对黏合工作来说是
必不可少的。

用直尺检查平面也很重要，要保证各部分平整且对齐。

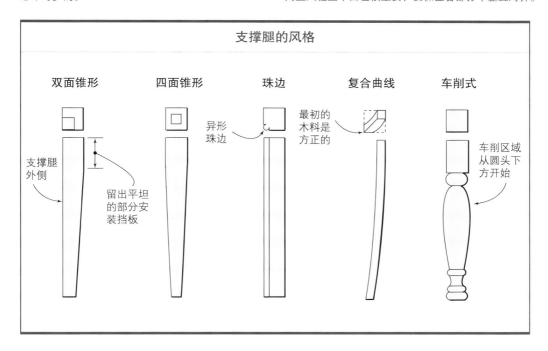

支撑腿的风格

双面锥形	四面锥形	珠边	复合曲线	车削式

支撑腿外侧

留出平坦的部分安装挡板

异形珠边

最初的木料是方正的

车削区域从圆头下方开始

为床栏增加支撑

尽管床的横档又大又厚，非常牢固，即使在重压下也不易弯曲变形，但横档之间的空间不能为床垫提供支撑终归是一种缺陷。如果你在弹簧床座上使用床垫，这种设计已经足够了，因为弹簧床座的框架足够牢固，能够支撑自身和床垫。你可以简单地把弹簧床座放在用胶水或螺丝固定在横档侧面的横木条上。

但是对于狭窄的横档，比如在传统的柱式床结构中，如果床座不能突出于横档之上的话，那么横档没有足够的深度来支撑弹簧床座。此时，你就需要使用床吊架了。床吊架是用厚钢板制成的，并存在一个90°的弯曲。用螺丝把床吊架钉在横档的内侧，使它们的高度低于横档，这样就可以把弹簧床座和床垫放在合适的高度了。

对于"软"床垫——日式床垫或者没有弹簧的床垫，你需要在床的框架上设置大量的支撑以保持床垫平整。刚性的床梁能够起到支撑重量的作用。在横木条上切割或开凿凹口，用胶水将其粘到横档内侧。然后制作一些弯曲的床梁，将其两端的接头插入凹口之中。

把床梁安装到凹口中，然后把胶合板或刨花板材质的床板铺在床梁上。将床板切割成三块方便安装，在每块板上做出一个切口方便你把它们放到正确的位置，而且不会夹到手指。

床吊架允许你把弹簧床座放到横档之下，这样可以让传统风格的床看起来富有现代气息。

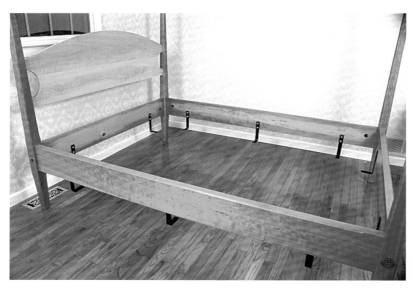

用螺丝将床吊架拧到框架上，使其从底部支撑弹簧床垫。

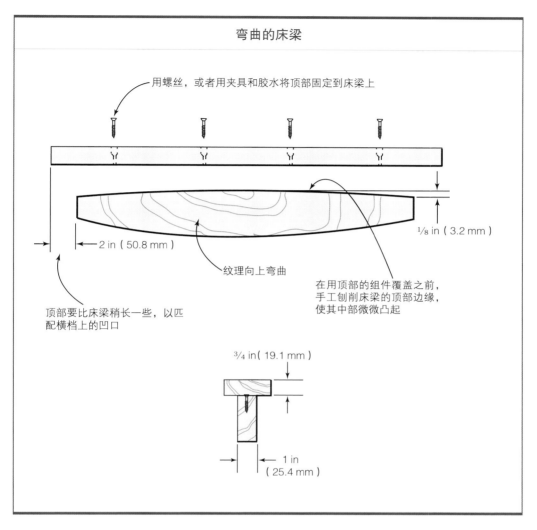

弯曲的床梁

用螺丝，或者用夹具和胶水将顶部固定到床梁上

1/8 in（3.2 mm）

2 in（50.8 mm）

纹理向上弯曲

在用顶部的组件覆盖之前，手工刨削床梁的顶部边缘，使其中部微微凸起

顶部要比床梁稍长一些，以匹配横档上的凹口

3/4 in（19.1 mm）

1 in（25.4 mm）

床肋骨通过两端的接头嵌入横木条的切口中，并用胶水黏合到横档上，从而为床垫提供牢固的支撑面。

三块面板上有为手指留出的开口，使组装或拆卸床面方便快捷。

牢固的接合

加固挡板

为了使框架牢固，在支撑腿和横档之间需要有牢固的接合。为了实现这一点，你可以把接合件做得宽大一些，并使用牢固的接合方式，比如长榫头和深榫眼搭配的的榫卯接合。

如果你想在工件上使用相对狭窄的挡板，你仍然可以把挡板与支撑腿或柱子之间的接合件做得足够宽。首先准备一块宽大的木板，并在木板仍然方正的时候切割出接合件。在横档的中心位置画好曲线，记得为肩部留出足够的宽度，然后使用带锯沿着画线切割（A）。

在组装框架时，宽大的肩部能够支撑接合处，使得接合牢固、不易破裂（B）。

斜接木制支撑件

加固横档接合的一种最简单的办法是使用支撑件。椅子制作者们经常使用这种方法，将椅子腿牢固地固定到座椅框架上。这种方法同样适用于大型家具，比如餐桌或书桌。你需要使用 2 in（50.8 mm）或更厚的木块，并将其两端都切成 45° 的斜面（A）。

把埋头钻安装到台钻上，在木块的中心钻一个贯穿孔。然后保持木块与钻头呈 45°角，在每个斜面上钻出两个贯穿孔（B）。

在斜面上涂上一层胶水，将螺丝穿过贯穿孔，分别钉进支撑腿和挡板中，把木块固定在框架的内侧（C）。

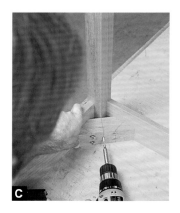

金属支撑件

　　成品金属支撑件的功能与木质支撑件类似，但是它有一个优点，即你可以使用饼干榫或圆木榫把挡板连接到腿上。这种支撑件对于可拆卸的框架来说非常实用，你可以不用胶水把各部分组装起来。如果需要，你可以依靠支撑件自身将接合件紧密地连接在一起。在切割好接合件之后，使用标准锯片横跨横档的内侧切割一条狭窄的凹槽（A）。

　　将横档与支撑腿干接（不加胶水），然后将支撑件嵌入横档的凹槽中，穿过支撑件钻孔进入到支撑腿中，以安装吊架螺栓（B）。钻头上的胶带标识能够帮助你钻出合适深度的孔。

　　拆开框架，将螺栓安装到支撑腿中。在螺栓的螺纹末端锁住一对螺母可以帮助你把剩余的螺栓部分拧进支撑腿中（C）。

　　重新将支撑腿和横档组装在一起，然后通过螺栓把支撑件连接到支撑腿上，并将螺丝拧入横档的内侧，这样支撑件的安装就完成了（D）。

A

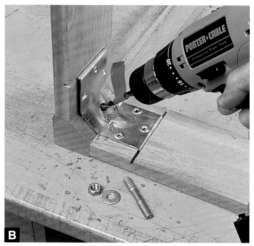

B

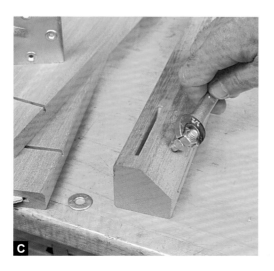

C

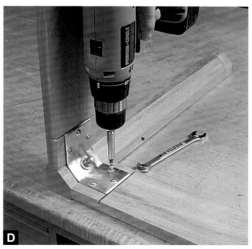

D

卷边托架

如果挡板不能太宽，你可以紧挨着支撑腿和横档的连接处增加一个木制托架，这样既可以加固挡板，又能增添视觉上的美感。切割一些托架用的木块，每块木板至少有一个角要非常方正，然后在木块上画出想要的图形。你可以用带锯完成形状切割，但是对于真正复杂的切割——尤其是内部切割——你最好使用曲线锯来完成（A）。

在支撑腿和挡板的内侧边缘以及托架与之相接的表面涂上胶水，然后将其组装到位并夹紧（B）。最终完成的托架能够为接合部位提供支撑，同时还能起到装饰框架的作用（C）。

TIP

进入角落和裂缝清理加工的痕迹是一项具有挑战性的工作。把孩子吃过的冰棍棒收集起来，用接触型胶合剂在木棒表面粘上一片砂纸，然后根据手头组件的造型加工木棒的形状。对于环形的开口，你可以试着将砂纸包裹在直径合适的圆木榫外完成清理。

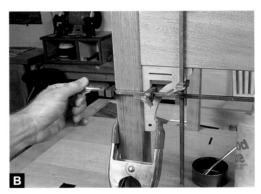

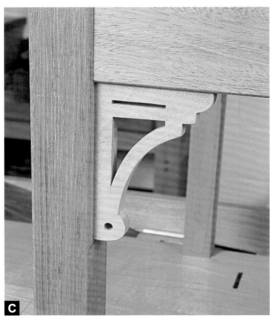

挡板和横档

珠边横档

这种装饰制作简单，产生的细节层面的效果却很抢眼，沿着横档的底部边缘切割的珠边无疑会使家具看起来更加精致（A）。你可以购买尺寸从 1/8 in（3.2 mm）到 1/2 in（12.7 mm）或者更大的带轴承的珠边铣刀。尺寸要参考圆线条本身的直径（B）。

铣刀的高度设置非常重要。合适的铣刀高度才能确保在木块上切割出完整的珠边，否则你只能切割得到许多平点。一个很好的技巧是，将铣刀抬高到高于台面千分之几厘米的位置，这样会在横档的边缘留下一条细小的平边。用手工刨刮几下就能够使边缘与珠边平齐。

你要首先用废料找到铣刀的合适高度，然后最大限度地控制电木铣以完成组件的切割（C）。

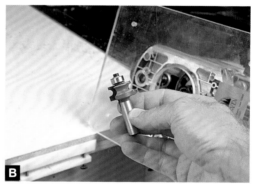

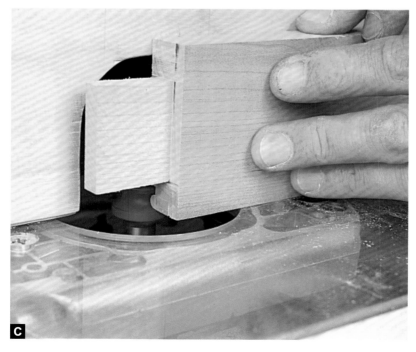

锯切抽屉开口

在挡板中央设计一个抽屉是充分利用空间的好办法，尤其是在挡板作为家具表面的组成部分的时候（比如餐桌的挡板）。只要像图（A）所示的那样加固挡板，抽屉的开口就不会削弱框架的支撑强度。你可以切割挡板，然后用全覆盖式抽屉填充开口，但是更加聪明的做法是利用挡板本身作为抽屉的正面，制作齐平式抽屉。具体做法是，不考虑抽屉开口的部分（这是为抽屉正面留出的位置），将挡板切割成三部分并重新组装。结果会呈现出一个与挡板的纹理无缝融合的抽屉。

➤ 见第 118 页"全覆盖式抽屉"以及第 120 页"齐平式抽屉"。

首先在横档的正面画出直线，并且要在木板的一端画双线条。这些直线能够帮助你在稍后的重组过程中找到正确的方向（B）。

在确定抽屉正面的最终高度后，用台锯从横档木板的两侧边缘分别切下一条木料。中间木板的宽度则等于抽屉的高度（C）。

在中间木板上画出抽屉的位置和长度，横切得到抽屉的正面面板。然后以独立的抽屉正面作为引导，用胶水和夹具重新组装各部分。调整挡板上的开口，这样抽屉的正面几乎与挡板是严丝合缝的（D）。在抽屉制作完成之后，你需要用刨子做些适当的修整，使其与开口完全匹配。

胶水干了之后，将挡板穿过压刨清理横档的上下两面（E）。完成后的挡板和抽屉的正面应该在纹理样式、颜色等方面非常匹配，只有你知道它是如何制成的（F）。

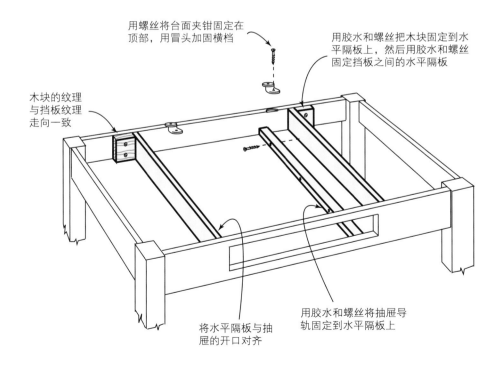

用螺丝将台面夹钳固定在顶部，用冒头加固横档

用胶水和螺丝把木块固定到水平隔板上，然后用胶水和螺丝固定挡板之间的水平隔板

木块的纹理与挡板纹理走向一致

将水平隔板与抽屉的开口对齐

用胶水和螺丝将抽屉导轨固定到水平隔板上

A

支撑腿

方腿凹槽珠边

位于支撑腿上的锐边或棱角中心的珠边能够给外观加分（A）。你同样可以使用传统的、带轴承的珠边铣刀完成这项操作，但铣刀的设置与在平面上加工珠边时会有些许不同。

在电木铣倒装台上，不要让靠山与铣刀的轴承平齐，而是要移动靠山远离轴承，其移动的距离是珠边直径的一半。切割支撑腿木料的一面，以均匀的速度将木料推过铣刀（B）。然后将木料的两端对调并旋转90°，将木料第二次推过铣刀完成切割（C）。

▶见第 245 页"珠边横档"。

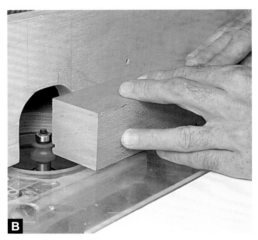

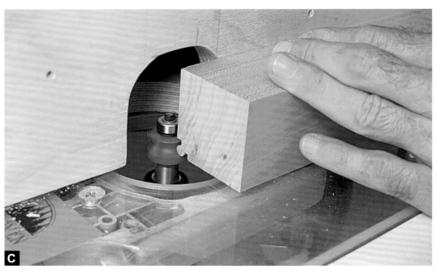

双面锥形

两面或两个侧边呈锥形的支撑腿适合各种样式的家具，无论是传统风格的还是现代风格的。为了不费力气并安全地切割锥形，你需要使用专用工装将木料推过台锯的锯片（A）。工装能够在已经确定尺寸的支撑腿上做出特定尺寸的锥形。我有一些这样的工装，它们适用于各种各样的家具风格和支撑腿的尺寸。通过调整后面切口的深度，你可以决定在支撑腿的顶部保留多少平整区域用于与挡板的接合。一旦工装制作完成，你要把重要的设置信息永久地标记在上面，比如支撑腿木料的宽度和长度，以及纵切靠山与锯片之间的距离。

将方正的支撑腿木料放在工装的切口处，将锯片稍稍抬起，使其比平时略高。在将木料推过锯片时，长锯片能够帮助你保持木料稳固地贴紧台面。首先切割木料的一面（B），然后将其旋转90°，像第一次切割那样完成第二次切割（C）。

用手工刨将木料表面刨平，支撑腿就做好了。在刨削过程中，你要注意支撑腿顶部的锥形与平坦区域之间的过渡。我们的目标是在这个地方做出干净利落的线条（D）。

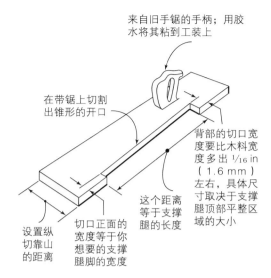

来自旧手锯的手柄；用胶水将其粘到工装上

在带锯上切割出锥形的开口

背部的切口宽度要比木料宽度多出 1/16 in（1.6 mm）左右，具体尺寸取决于支撑腿顶部平整区域的大小

这个距离等于支撑腿的长度

设置纵切靠山的距离

切口正面的宽度等于你想要的支撑腿脚的宽度

A

B

C

D

四面锥形

　　四面都呈锥形的支撑腿看起来就像是在用脚尖跳舞，比较适合小型的桌子和精致的框架。与双面锥形类似，你可以在支撑腿顶部留下平整的区域，用来将支撑腿连接到挡板上，或者也可以将支撑腿沿整个长度做成锥形。但是要注意：如果你把支撑腿沿整个长度做成锥形，那么组装起来会很棘手，因为横档的肩部必须具有一个角度才能匹配支撑腿的锥度。

　　在平刨上将支撑腿做成锥形，只要你遵守基本的规范，这是一个非常安全的过程。切割的深度不能大于 $1/16$ in（1.6 mm），不要把手直接放在刀头上方，只要可能，你都要使用推料板。用胶带在平刨的靠山上标出一条线，以标明起始加工支撑腿的位置。把支撑腿的顶部放在标记处，将刀轴盘防护罩靠边移动让出路径，然后慢慢把支撑腿放在旋转的刀头上，保持双手放在旋转的刀片之前（A）。

　　支撑腿的一面需要反复切割几次，直到你得到想要的锥度，并记下切割的总次数。最后一次切割时，不要把支撑腿放在平刨上，而是要把锥形面紧紧地贴在进料台上，然后一次性通过（B）。

　　把木料旋转 90°，重复制作锥形的过程并完成同样次数的切割，将相邻的面制成锥形。以此类推，依次完成剩余面的制作。使用这种技术可以使支撑腿顶部的平整部分与下方锥形之间的过渡干脆利落（C）。

> ⚠ **警告**
>
> 　　在操作平刨时，绝不能直接把双手放在旋转的刀具上方。用手推进木料的时候，你的手要放在刀具的前方或后方以施加压力。

复合曲线腿

各种各样的复杂曲线都可以应用到支撑腿的制作过程中，其中最简单的一种是浅层复合曲线——支撑腿相邻的两个面沿各自独立的平面彼此缓缓地远离。

首先，在木料仍然方正的时候切割出所有的接合件。然后选择你想要的形状，使用相应的薄木模板在支撑腿的一面上画出曲线形状（A）。

在带锯上使用窄锯条沿着画好的线进行切割（B）。然后把木块翻转90°，把模板压在刚刚锯好的切割面上，再次画出曲线。注意在定位模板位置之前，各个接合件的方向是正确的（C）。像前面一样切割邻近的侧面，这次要使木料紧贴台面直接处在锯片下方，以防止木块晃动（D）。

清除锯切的痕迹，并用平底鸟刨修整曲线，这样表面的锯切就完成了（E）。如果希望曲线的弧度更明显，那你可以使用圆底鸟刨修整。完成后的支撑腿的曲线会沿两个平面优雅地向外延伸（F）。

A

B

C

D

E

F

车削的支撑腿

车削腿的设计存在无数的可能。但是，为了保证制作成功，你必须遵守一些基本的原则。一般来说，支撑腿的顶部区域最好是方正的，就像图中迈克·卡利汉所做的那样。这个平整的过渡区域或者鞍部可以使支撑腿固定到挡板上更加容易，因为你可以参考方正的横档切割出更常见的接合件，比如方肩榫头。你可以首先在方正的木料上画出接合件的轮廓，完成车削工作后再进行切割。

首先，你要围绕肩部木料画出平直的线条，然后把木块卡在车床的前后顶尖之间。开启车床，用打坯刀将木料修圆，并在标出的鞍部下方 2 in（50.8 mm）的位置停下（A）。

为了保持鞍部和车削区域之间的过渡自然，可以使用夹背锯围绕木块切割一个 1/8 in（3.2 mm）深的槽。转角处可以切割得更深一些（B）。

在木料旋转的过程中，使用斜口车刀车削出鞍部区域的肩部轮廓（C）。然后使用打坯刀的转角修圆木料，直至肩部下方（D）。

接下来，使用切断车刀和卡钳确定出鞍部下方的最终直径（E）。使用斜口车刀修饰肩部，轻轻车削至画线的位置，以完成鞍部的制作（F）。

车削这种加工方式非常适合制作多个相同的部件，并且画出支撑腿的主要直径也非常有用。在将支撑腿初步车圆之后，将图纸抬高到木料的肩部位置，在木料上标记出重要的部位（G）。使用切断车刀沿着支撑腿上的标记切割出一系列的凹槽。为了避免卡住，还要加宽每个槽。为了切割出准确的深度，你要使用卡钳，按照图纸上标注的尺寸完成直径的设置。为了防止刮伤支撑腿的表面，卡钳的尖端必须磨圆，并且卡钳只能放在与切断车刀相对的另一侧（H）。

确定好直径尺寸后，先车削较大的直径再处理较小的直径可以防止木料弯折（也就是要首先加工切除木料较少的部分，这样木料的整体重心变化比较小）。参照图纸，使用圆刀或斜口车刀车削直线部分和圆角。斜切能够做出最平整的表面，当然也需要一些技巧。要切割珠边，需要在木料上画出中心线，保持斜口车刀的尖端朝上旋转斜切（I）。用小圆刀的尖端修整凹陷部分，保持圆刀的斜面摩擦木料可有效防止其咬料。在木料旋转时，你的眼睛要盯住顶部的轮廓，而不是车削的部位，以判断曲线是否圆滑（J）。

拿开车刀，并在木料旋转的情况下进行打磨。首先使用 180 目的砂纸，然后再使用 220 目的砂纸打磨，制作就完成了。

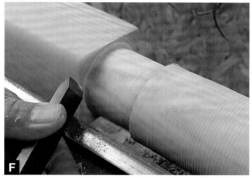

第十九章
椅子和凳子

椅子的结构

椅子的接合

椅背

椅面

接地部件

座椅是必不可少的家具类型。众所周知，椅子和凳子的角度接合很复杂，但你也不应该被这个难题吓到。找到合适的角度、制作正确的接合件并完成接合要比你想象的容易。你需要用到的工具和方法已经存在数百年了，大部分使用起来非常简单，而且非常有效。

椅子的结构

椅子一般分为两种类型：一种是板椅，椅子上部和下部的支架是从椅面木板延伸出来的；另一种是框架椅，这种椅子的腿、横档和撑架组成了基本的框架结构，椅面则附属于这个结构。

出于舒适的考虑，大部分椅子都有弧形的面板和表面，这样符合身体本身的曲线。在制作曲线时，椅面和椅背是必然要考虑的两个部位。你可以手工雕刻出曲线，可以用带锯切割出所要的形状，或者使用层压技术。为了舒适，你还可以考虑给椅面或椅背增加软垫，或者用布料、灯心草、细软木条以及其他材料编织柔软的椅面。

制作好的椅子首先要能够稳固地立于地面。制作椅子的过程中总会出现一条腿偏短或偏长的问题，所以为椅子找平是将其投入使用前的最后一步。你还可以为椅子增加摇臂，以增加坐上去的舒适度。

出于舒适性和牢固性的设计

椅子的设计通常会涉及三个基本目标：舒适、耐用和美观。椅子的美观性既涉及了通用的设计原则，也可以包含个性化的选择，但是要达到舒适、耐用的目标，椅子的制作需要更加严格的指导。

虽然没有精确的数字，但是椅子的尺寸和椅背相对于椅面的角度对舒适与否起着关键作用。对页的图展示了餐椅的常规尺寸。你可以使用这些数据为制作其他风格的椅子（比如工作椅和休闲椅）提供参考。

保证强度的设计包括使用合适的接合方式以及谨慎选择木料。你始终要记住，椅子的各部分通常很薄，所以你需要花时间挑选直纹理的木料，这样能够增加椅子持久使用、经受磨损的能力。有一个非常重要但是经常被忽略的细节，即在椅子腿底下安装脚垫。脚垫能够缓冲人坐上椅子时的冲击力，并且在地板上拖动椅子时，也不会损坏椅子腿或者划伤地板。

▶见第 218 页 "家具脚垫"。

板椅

板椅总体的构造是围绕椅面展开的。温莎椅是这种结构最好的体现。椅面的木板必须足够厚——一般 2 in（50.8 mm）左右——这样立柱在连接入椅面的木板时才能有足够的深度形成强力的接合。最强力的接合是当立柱成锥形，然后被安装进椅面上的锥形孔或榫眼中的时候。在椅面下方安装的撑架能够显著增强椅子的整体强度。

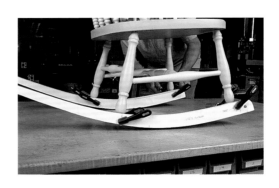

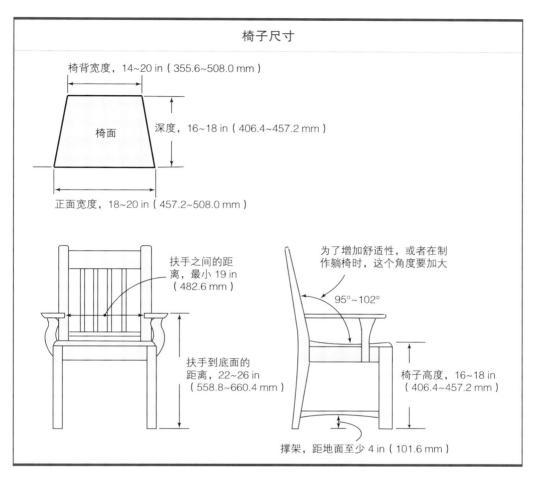

椅子尺寸

椅背宽度，14~20 in（355.6~508.0 mm）

椅面

深度，16~18 in（406.4~457.2 mm）

正面宽度，18~20 in（457.2~508.0 mm）

扶手之间的距离，最小 19 in（482.6 mm）

扶手到底面的距离，22~26 in（558.8~660.4 mm）

为了增加舒适性，或者在制作躺椅时，这个角度要加大

95°~102°

椅子高度，16~18 in（406.4~457.2 mm）

撑架，距地面至少 4 in（101.6 mm）

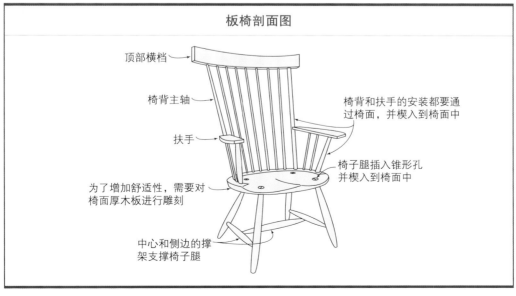

板椅剖面图

顶部横档

椅背主轴

扶手

椅背和扶手的安装都要通过椅面，并楔入到椅面中

椅子腿插入锥形孔并楔入到椅面中

为了增加舒适性，需要对椅面厚木板进行雕刻

中心和侧边的撑架支撑椅子腿

框架椅

框架椅的结构完整性依赖于框架的组成部分，而不是椅面。这种类型的椅子可以有一个平板做成的椅面，你也可以在框架内放入一个滑动椅面或传统的软垫椅面。尽管椅子腿、立柱、横档通常是圆面的，但框架椅中也包括很多以各种角度接合在一起的直边横档和立柱。

椅面和椅背

最后，椅子制作得是否成功取决于椅面和椅背是否能够让坐在上面的人感觉舒适。在确定好椅面和椅背的恰当尺寸之后，你可能想要给这些表面增加一些造型。对于椅背，你可以使用弯曲的板条榫接到椅面或框架

上，或者你可以将锯好的实木板加工出合适的弧度。椅面的话，可以是深凹的，或者用柔软的材料编织而成的，让人坐上去会感觉很舒适。软椅面使椅子的外观更显精致，并能为柔软的臀部提供缓冲。

防倾倒的椅子脚

因为所有人在坐椅子的时候不可避免地会摇晃，而这经常造成椅子腿的断裂，史格斯（Shakers）设计了一种精巧的木制结构安装到椅子的两个后腿上。这种结构称作倾斜体，包括一个安装在每条椅子腿里面可以绕轴旋转的木球。现在安装在椅子后腿上的金属倾斜体与它功能类似。在第259页的照片里可以看到这种结构的原始设计。

仔细观察最初的木制倾斜体的结构，你

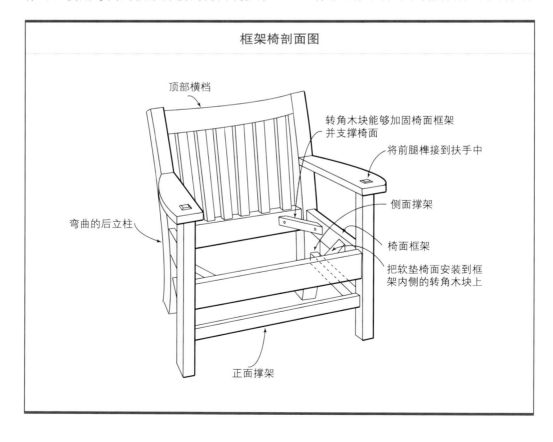

框架椅剖面图

顶部横档

转角木块能够加固椅面框架并支撑椅面

将前腿榫接到扶手中

弯曲的后立柱

侧面撑架

椅面框架

把软垫椅面安装到框架内侧的转角木块上

正面撑架

就能够发现它制作的奥秘。用改进的铲形镗孔钻头在后腿上钻几个凹孔。如果在台钻上操作，将台面倾斜 90°，把椅子腿夹紧在台面上使其与钻头平行，效果会更好。在车床上车削倾斜体的木球以匹配凹孔。在用皮革制的细绳固定倾斜体之前，你需要用固蜡擦拭倾斜体和椅子腿凹孔的内侧以减少摩擦。

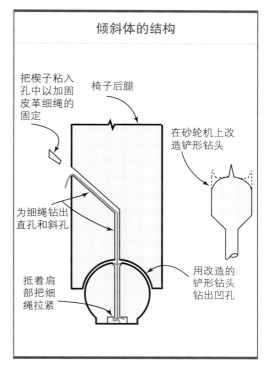

倾斜体的结构

把楔子粘入孔中以加固皮革细绳的固定

椅子后腿

在砂轮机上改造铲形钻头

为细绳钻出直孔和斜孔

抵着肩部把细绳拉紧

用改造的铲形钻头钻出凹孔

史格斯使用木质的球窝式椅子倾斜体，但是现在的家具制作者更喜欢用金属材质的。（展品由缅因州沙贝斯戴湖畔的史格斯美国藏品协会提供。照片由约翰·谢尔顿拍摄。）

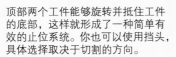

自制木工桌挡头

那是在我的朋友弗兰克·克劳斯工作间的木工桌上，我第一次看到这种挡头的变形样式。如果你用螺丝把固定的、水平的工件钉到木工桌的一端，然后在其两端都装上翻转式挡头，你就可以在完成刨削或者锯切操作的时候使用挡头固定木料。这两种挡头适合两种风格的锯，一种适合传统的、使用推料杆进料的欧式锯，另一种适合使用拉杆进料的日式锯。

顶部两个工件能够旋转并抵住工件的底部，这样就形成了一种简单有效的止位系统。你也可以使用挡头，具体选择取决于切割的方向。

使用劈裂的木料

在制作椅子的过程中，如果木板是从一整块木料上劈下的而不是锯下的，这样的木板能够增加椅子腿或轴的强度。用手动工具制作劈裂的木料要更加简单，因为这种木料的纹理是直的，不存在径向振摆。来自北卡罗来纳州马歇尔国家工坊的主席德鲁·兰斯纳（Drew Langsner）提供了一种方法：首先在刚刚锯好的坯料的端面画出方形，然后用斧头和大木槌沿其中一条线把木料劈开。

下一步是把劈开的木料再按单个的方块劈开，使用的工具是劈板斧和稍小一点的木槌。把劈板斧的刃口大致放在木料的中心，

然后用木槌用力敲打劈板斧的手柄。劈开缝隙之后，借助劈板斧的杠杆作用将木料分割成两部分。重复这一过程，直至你得到单个的方形端面的木料。

要把劈开的方形端面的木料削圆，可以

劈裂木块首先要画出网格轮廓，然后用斧子把原木劈成常规大小。

用劈板斧和木锤把劈开的部分分成更小的部分。劈板斧的手柄提供的杠杆作用可以帮助你控制劈裂动作，得到平直的坯料。

借助杠杆作用，劈板斧能够快速把木料劈成单个方块端面的木条。

把木料夹在台钳或刨工台上（A），使用木工刮刀把相邻的两面大体刮削得平直方正。待两面刮削方正后，使用自制的量规标出木料的宽度（B）。继续用木工刮刀把木料刮平，切割出需要的轮廓（C）。

在将木料切割方正并确定其宽度后，使用木工刮刀削刮转角把木料变成八角形(D)。然后换用平底鸟刨精修八个侧面（E），刮削掉每个棱角，椅子腿或轴就完成了（F），通过直观感觉检查椅子腿是否已经圆滑。

在你加工木料的时候，刨工台能够很快将其固定。来自脚底的压力能够夹紧工件的头部。

在把相邻的两个面加工方正之后，兰斯纳使用了一个简单的自制量规画出工件的宽度。

使用木工刮刀沿着画好的线条修整木料，制作出一个端面方正的部件，以便最后将其切削成圆面。

在把方坯削圆时，首先要刮削所有转角，将木料制成八角形。

加工八角形时换用鸟刨以保证将木料表面加工得顺滑平整。

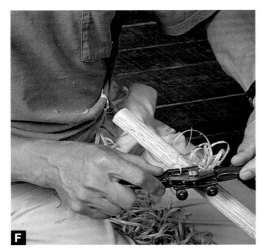

F

用鸟刨削掉凸起的部分，削圆的过程就完成了；可以用手指感知细微的隆起和凹陷。

覆盖砧板

砧板或树墩是一个万能的工作台，适合完成多种木工制作任务，从砍劈坯料、切削木料，到在坚硬的端面锤打五金件，等等。但是工作间里的砧板存在一个主要的缺陷：砧板有孔的纹理可能会堆积各种边缘粗糙的碎片，比如尘土、砂纸打磨产生的沙砾，以及误把砧板当作做好的椅子坐上去留下的污垢。在这种砧板上进行操作的话，你就可以与锋利的刀具和斧头说再见了。为了保持砧板干净、便于使用，也为了不让人随便坐在上面，兰斯纳在上面加了个用胶合板和废木料制成的盖子。

把胶合板放在砧板的上面，不仅可以保持砧板干净，还有助于保持斧头的锋利。

椅子的接合

切削圆榫头

最古老、通常也是最好的制作圆榫头的方法是，使用修边工具手动进行刮削。量块能够帮你确定榫头的直径。使用木工刮刀和鸟刨把木料削圆，然后用扁锉为木料的末端倒角（A）。

▶见第 260 页 "使用劈裂的木料"。

在完成倒角之后，将木料的末端插入量块上填充了石墨的、直径准确的孔中旋转，以检查木料是否已经切削到位（B）。你需要在量块上钻出三个孔，并留出一个进行最后的检查。

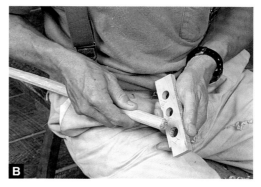

使用鸟刨削圆木料，去掉有石墨标记的部分（C）。刨削的过程中你要集中注意力，保证榫头是平直的，并且要不断检查榫头是否与量块匹配。当榫头与量块达到基本匹配的时候，使用一条布衬的 80 目砂纸缠绕在榫头上来回推拉，进一步磨圆榫头并使其直径更准确（D）。

当榫头能够精准、牢固地匹配量块上的榫眼时，你就成功了（E）。

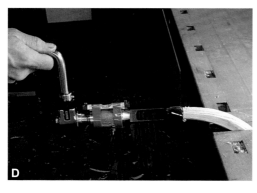

车削圆榫头

最简单直接的且可以说是最经济快速的方式是在车床上车削出你需要的榫头。对于简单的榫头，你只须在肩部做出标记，并在车削过程中时常用卡规检查进度即可。需要注意的是，卡规只须轻触榫头的表面。

如果你正在制作一个与锥形孔匹配的锥形榫头，那么在车床上车削是不错的选择。你可以在木料上首先切割两个凹槽，凹槽之间的距离与榫头的长度一致，两个凹槽处的最终直径分别与榫头两端的直径相等。注意在切割榫头的过程中要经常检查凹槽处的直径是否已经合适（A）。

用 ¾ in（19.1 mm）的打坯刀做出榫头的锥形。靠近车床的尾座一端车削锥形，以防止工具边缘不小心碰到车床的驱动主轴（B）。

对于较长或直径较大的榫头，安装在电钻上的成品榫切刀头速度很快，能够制作长达 4¼ in（108.0 mm）的榫头，具体的加工长度则取决于榫头的样式。保持榫头平直的技巧是将木料沿水平面夹紧，然后水平握住电钻，并使其主轴与木料的轴线对齐在一条直线上（C）。这种工具适合新伐的或已经干透的木料，最适合加工外形粗犷的部件，这样的木料不规则，你也无须介意圆形肩部的外观。

还有几种专用的工具可以用来制作圆榫头。最简单的一种是把开孔钻头或圆榫刀头安装到电钻或支撑件上，然后切割带肩部的榫头。粘在电钻上的气泡式水平仪能够帮助你将钻头和木料对齐（D）（本图由德鲁·兰斯纳拍摄并提供）。不过，这种类型的工具可以加工的榫头的长度会受到限制。

圆榫眼

制作锥形榫眼以匹配锥形榫头是把椅子腿接合到椅面上最牢固的方式之一。

➤ 见第 263 页 "切削圆榫头"。

当椅子被使用时，接合件就会自然地咬紧在一起，因为坐在椅子上的人的重量——或者说是重力——会迫使锥形的部件咬紧（A）。首先，你需要使用等比例的模板在椅面木板上画出孔的位置和轮廓（B）。

孔的轮廓画好之后，使用卡在支撑件上的麻花钻头以正确的角度将其钻出。

自制的量规——由一块方正的木块和用螺丝拧在方木块凹槽中的、带有斜边的塑料条组成（将方木块放在椅面上，打开塑料条，并将其角度调整到与椅子腿的角度一致，以此为安装提供参照）——能够帮你在钻孔时目测钻头的角度是否合适（C）。

当钻头的导螺杆刚刚穿透椅面木板的底部时就可以停止钻孔了。然后把椅面翻转过来，从底面完成钻孔工作，这样可以最大限度地减少撕裂。

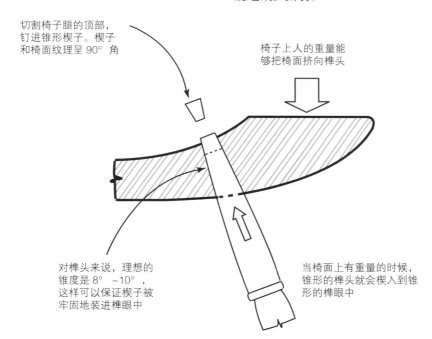

切割椅子腿的顶部，钉进锥形楔子。楔子和椅面纹理呈 90° 角

椅子上人的重量能够把椅面挤向榫头

对榫头来说，理想的锥度是 8°~10°，这样可以保证楔子被牢固地装进榫眼中

当椅面上有重量的时候，锥形的榫头就会楔入到锥形的榫眼中

A

B

C

从椅面的底部继续进行加工，用安装到电钻或手摇钻上的整孔钻将榫眼的直壁做出锥度。

与前面的操作一样，用斜角规和直角尺测量角度是否合适（D）。一条虚拟的椅子腿能够在钻入深度足够时帮助你检查角度（E）。

接下来，用真正的椅子腿检查最后的匹配情况，直到榫头直径最大的部分与椅面的底部契合。

椅子腿和撑架上榫眼的复合角是另外一个难题。一种解决办法是，在台钻上制作一个有角度的平台（F）。你也可以首先将椅子腿安装到位，然后在需要复合角的位置钻透圆木料。使用钻头和延伸支架可以一次性钻透相邻的椅子腿（G）（本图由德鲁·兰斯纳拍摄并提供）。夹在椅子腿上的导向楔能够加固装配，并在视觉上引导钻头。

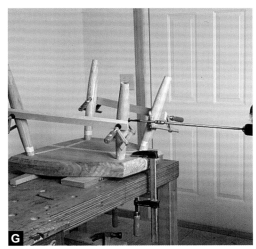

带角度的榫眼和榫头

榫卯结构是制作椅子过程中必不可少的接合方式，并且你时常需要把这些接合件切割成一种或多种角度。一般情况下，你最好首先切出榫眼，这样便可以精准地将榫头安装到榫眼中。如果榫眼与其所在的表面成一定的角度，你需要画好榫眼的位置，并在台钻上完成切割。使用直径与榫眼宽度相同的开孔钻头在榫眼的两端各钻出一个孔，然后陆续钻出一排相互重叠的孔以去除中心处的废料（A）。

用台凿手动将钻出的榫眼修整方正。用窄凿将其边缘切割平整、方正，再用宽凿修整榫眼的壁面（B）。

对于有角度的榫头，最好借助椅子和接合件的全尺寸图纸在木料上将它们的尺寸和位置标示出来。将斜角规直接放在图纸上，测出需要的角度，而不能机械地计算（C）。

设定好了量规之后，你要将这些角度标记到木料上。用一把直角尺抵紧量规的刀片，在榫头的颊部画出标记线（D）。

将木料垂直夹紧，使用夹背锯沿着画好的线切割榫头的颊部（E）。将木料抵住挡头平放在工作台上，倾斜锯片，横切出榫肩（F）。用榫肩刨将榫头颊部不整齐的地方修整干净，要保证颊部平整，并且彼此平行（G）。

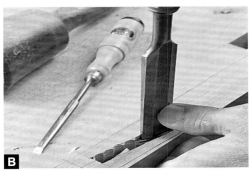

椅背

用带锯制作弯曲椅背

你可以使用带锯，甚至是较小的带锯锯切曲线，制作一个宽大弯曲的椅背。首先是切割单块木板，然后将其黏合在一起，并标记出背部的宽度。将匹配的边缘接合起来。将胶合板模板钉到木料的侧面，在上面画出所需的曲线轮廓（A）。

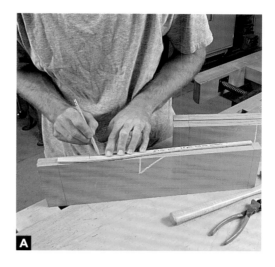

小心地将带锯锯片与木料对正（这样做要比将台面和锯片对正更精准），不偏不倚地沿着画出的线条切割，在每块木板上锯出需要的曲线轮廓（B）。锯好之后，将木板边对边黏合起来并夹紧，注意要尽可能地将曲线对齐（C）。

最后，用平底鸟刨和圆底鸟刨、刮刀和小型砂光机处理椅背的上下两面（D）。要不时地用直尺检查表面，以保持整个表面的平整。

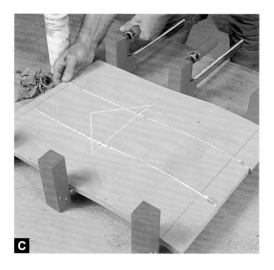

椅面

雕刻椅面

用实心木板制作椅面难度并不大，但是很费力气，尤其是当你需要加工深度较大的区域时，比如温莎风格椅子的椅面。椅子制作者德鲁·兰斯纳会首先加工椅面的顶部，使用双手柄木工拉刀处理需要刨削最深的区域，沿对角线方向（即与纹理走向成45°角）进行快速、小幅的切割。为了控制得更好，可以使用带有圆角、刀片中心平整的木工拉刀（A）。你可以徒手将椅面刨削到合适的深度，或者可以在刨削深度最大的区域钻两个深度孔，通过其他方式刨削，直至到达孔的底部。

扁斧比木工拉刀效率更高，能够一次性去除大量废料，但也更难控制。你要将椅面木料的侧面抵住钉在地面上的废木料，用脚将其踩紧，然后朝向你自己挥动扁斧，在两腿之间砍削木料，砍削的方向与纹理走向垂直（B）（本图由德鲁·兰斯纳拍摄并提供）。

　　为了精修椅面，并且消除木工拉刀或扁斧留下的痕迹，可以使用叫作精加工刮刀或者凸面鸟刨的工具。

　　凸面鸟刨的刨刃和主体部分的底部在两个曲面上弯曲，能够提供精准的刨削，并且易于控制（C）。

　　调整刨刃轻轻刮削，向下或顺着纹理推拉刀片，切下的刨花可与手工刨的刨花媲美（D）。

　　用眼睛和手指检查木料表面是否光滑平整。最后用软垫砂光机进行打磨，做出最终的轮廓。

　　为了塑造椅面边缘的形状，可以适当倾斜带锯工作台，沿着木料的周边切割出斜面（E）。然后用木工刮刀精修斜面边缘。为了更好地控制加工过程，可以倾斜刀片逐层刮削（F）。接下来，用平底鸟刨将斜面修整光滑，并将其边缘稍稍磨圆（G）。

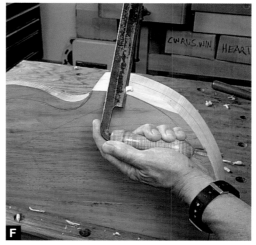

编织椅面

对于柱子-横档结构的椅子，编织椅面或椅背是制作舒适表面最快的方式，而且这种方式对新旧椅子都适用。对各种类型的椅面材料来说，制作技术是类似的，也就是从编织物和尼龙带到藤条、灯心草，以及薄木条使用的技术基本相同。来自肯塔基州伯里亚的椅面编织者派特·博格斯（Pat Boggs）就是从山胡桃木的树皮内层切割出薄木条或木条，然后用其编织椅面的。

在热水中将木条浸泡半小时，从经向开始，把木条系在或固定在椅面一侧的横档上，从前到后包裹住横档，把木条拉紧（A，B）。在靠近木条末端的时候，要把一根新的木条系在之前的那根上。填满所有的开口之后，把木条缠绕到横档的背面，然后转个弯，将其钉到相邻的侧面横档上。

对于横向的木条，或者编织交错的木条，从椅子的背部开始，首先包裹住侧面的横档，然后穿过经向木条上下编织（C）。你可以把横向的木条穿过单个经向的木条，或者穿过一对或更多个经向木条，具体方式取决于你想要的外观效果（D）。用木块敲打薄木条的边缘，保持其拉紧（E）。在椅面下编织几条横向的木条，完成最后的自由端。由于树皮变干后会收缩，编织会变得更紧，这样就制成了一个牢固、有弹性的椅面。

A

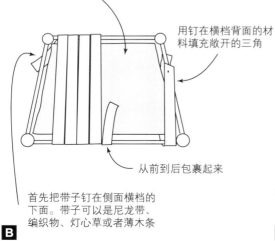

用带子或胶带，在木条之间插入填满刨花的泡沫或布袋

用钉在横档背面的材料填充敞开的三角

从前到后包裹起来

首先把带子钉在侧面横档的下面。带子可以是尼龙带、编织物、灯心草或者薄木条

B

把纬线条的末端钉在横档的背面

在椅面的顶部和底部穿过经线木条上下编织

把末端钉在正面横档上

C

带软垫的可滑动椅面

制作一个装有软垫的椅面是赋予椅子缓冲能力的最简单的方法。首先要选择椅面的木料。椅面可以是一块轮廓合适的实木板或者是与椅子风格匹配的平整胶合板。然后准备一块 1 in（25.4 mm）厚的泡沫、一些棉花或聚酯纤维棉絮（棉花给人的感觉更自然）、一些布料和衬垫用的钉子，这些物品在商店里都能买到。

沿着椅面的内侧轮廓线切割泡沫，并把它放在椅面上面。然后匹配轮廓裁切棉絮，并将其放在泡沫上面（A）。你可以在带锯上切割泡沫，稍稍倾斜台面，这样可以在泡沫边缘形成倾斜幅度较小的斜面。

裁切布料，使其四周均超出椅面 3~4 in（76.2~101.6 mm）。把泡沫和棉絮放在椅面上，把布料居中放在上面，然后将其整体翻转过来。用几个衬垫用的钉子临时把布料钉在或粗缝到椅面的下面，要沿椅面的前缘和后缘的中心连线进行这项操作。操作时要注意把布料拉紧，并检查其布局或编织是否平直、对称（B）。接下来以同样的方式将侧面的布料向内拉紧，然后沿椅面两侧的中心连线钉好布料（C）。

用钉枪把布料永久地固定到椅面上。从前缘和后缘的中心连线开始，然后再固定转角处（D）。

像钉住前缘和后缘的布料那样钉住侧面的布料，仍然是从中心开始，而后固定转角处。随着工作的进行，要经常把椅面翻转过来检查布料的布局是否对称。手边准备一副起钉器，如果需要重新对齐布料，你可以用起钉器把钉子移除，再重新钉好。需要将转角处的布料折叠和收起才能保持布料紧贴椅面，尤其是在椅面面板明显弯曲的时候（E）。

接地部件

椅子和凳子的找平

大多数椅子和凳子在刚制作好的时候都不能稳固地立于地面上。通常情况下，至少有一条支撑腿会稍长一点，结果椅子或凳子就会轻微地摇晃。解决办法很简单：把椅子放在一个非常平整且水平的平面上，比如一大块中密度纤维板或者台锯的台面上，把有问题的支撑腿悬挂在平面的边缘。要确保其他的每条腿都稳稳地立在平面上。围着有问题的支撑腿做一圈标记，用台面的边缘引导你的铅笔（A）。

使用夹背锯沿着画线进行切割（B）。切割完成之后，重新把椅子放回到平面上完成最后的检查。现在椅子应该可以稳稳地立住了。

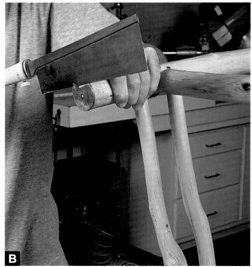

安装摇臂

弧形摇臂的形状不是一成不变的，图（A）给出了适用于多种风格摇臂的通用指南。

要检验想要的曲线是否合适，可以在废木料上画出摇臂的完整尺寸，并将其切割成形。为了能够正确摇摆，摇臂应具有平滑的曲线、完美的弧度——没有平面，也没有凸起或凹陷。厚约 1½ in（38.1 mm）的纸面泡沫板价格便宜，可以用来制作实物模型，并且方便在带锯上切割（B）。将制好的模型放在平坦的表面上来回摇晃，以测试其摇摆幅度。半径越大，摇摆的路径越长。较小的曲线可以使摇摆过程更快、更有力（C）。

在找到令你满意的摇摆幅度后，比照第一个模型锯出另一个与之相同的模型，并将

这两个模型临时夹在椅子腿上检查椅面和椅背静止时的角度或倾斜度，并再次检查摇摆的幅度。通过缩短或加长后支撑腿，或者将摇臂相对于支撑腿向前、向后移动，你可以改变上述角度。一旦确定了合适的倾斜角度，你要在模型上标记出椅面与椅子腿接合的位置（D）。

利用模型制作摇臂，在带锯上完成锯切，然后用鸟刨和砂纸将曲面打磨光滑。参照模型上的标记，把滑行装置固定到椅子腿上。你可以使用榫卯接合、圆木榫或滑入式接合，这取决于椅子的设计。最终完成的摇臂可以是你想要的任何形状，但是磨圆边缘、使摇臂从前向后呈现一定的锥度可以使椅子看起来更加精致（E）。

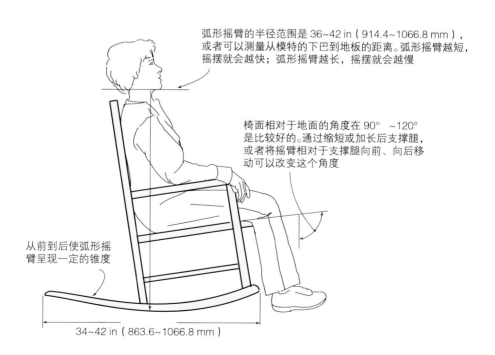

弧形摇臂的半径范围是 36~42 in（914.4~1066.8 mm），或者可以测量从模特的下巴到地板的距离。弧形摇臂越短，摇摆就会越快；弧形摇臂越长，摇摆就会越慢

椅面相对于地面的角度在 90°　~120° 是比较好的。通过缩短或加长后支撑腿，或者将摇臂相对于支撑腿向前、向后移动可以改变这个角度

从前到后使弧形摇臂呈现一定的锥度

34~42 in（863.6~1066.8 mm）

A

第二十章
正面框架

框架的设计和接合

制作正面框架

转角部件

框架的设计和接合

　　正面框架是把狭窄的梃和冒头接合起来，然后用胶水粘到柜子正面做成的。正面框架能够加固箱体的开口，防止其断裂，还可以为安装门和抽屉上的铰链或其他五金件提供便利的平面。

　　你可以选择的框架风格多种多样，接合方式的选择也很多样，从简单的饼干榫和螺丝，到更加复杂的榫卯接合，等等。基本上所有类型的箱体都可以使用框架，从传统的橱柜到有曲线或角度的盒子，比如角柜等。

设计正面框架

　　正面框架的木料宽度和厚度没有限制，你可以根据自己的需要选择，但一般来说，1¼~2 in（31.8~50.8 mm）宽的梃和冒头已经足够加固箱体了，并且不会占用箱体内部宝贵的空间。¾~1 in（19.1~25.4 mm）厚的框架能够为连接五金件提供有力的支撑面。接合件可以很简单，比如螺丝或饼干榫，也可以很精致，比如圆木榫或榫卯接合件。选择哪种接合方式取决于你使用的工具和木工风格。还有一件要考虑的重要事情：要确保冒头尺寸准确，使

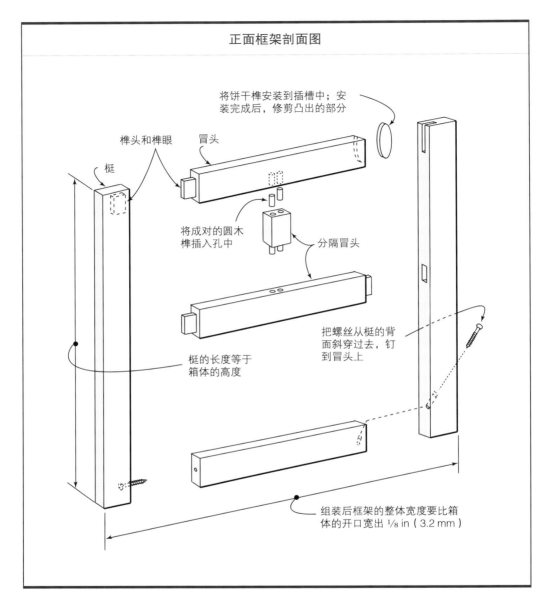

正面框架剖面图

将饼干榫安装到插槽中；安装完成后，修剪凸出的部分

榫头和榫眼　冒头

框

将成对的圆木榫插入孔中

分隔冒头

框的长度等于箱体的高度

把螺丝从框的背面斜穿过去，钉到冒头上

组装后框架的整体宽度要比箱体的开口宽出 1/8 in（3.2 mm）

组装起来的框架比箱体略宽。这样能够留出一些余地，以便在黏合工作完成后修整框架，使其与箱体侧面平齐。

当你设计的箱体需要嵌入到某个空间内时，你需要预留出一些雕合材料，使箱体能够贴紧墙面或天花板。

➤ 见第 213 页"雕合柜子到墙上"。

保持饼干榫干燥

饼干榫或面板接合件对制作正面框架来说简单实用。

➤ 见第 281 页"简单的方形框架"。

一个常见的问题是，饼干榫会吸收空气中的水分膨胀，在需要的时候可能无法正确匹配。因此饼干榫需要保持干燥。因为在加工过程中饼干榫被压缩，所以一旦涂上胶水，插入槽中，它们就会膨胀。随便将饼干榫放在工作间会使它们吸收更多空气中的水分，当你需要把它们插入槽内的时候，你会发现接合变得过紧。

你可以把饼干榫放在可以拧紧盖子的罐子中，防止其在使用前吸水膨胀，并在罐子中放上一两袋二氧化硅干燥剂。你可以在各种各样的包装产品中收集小袋的二氧化硅，比如厨具和木工工具，或者任何容易生锈的物品中。定期把干燥袋放进烤箱内烘烤以去除多余的水分。

在装满饼干榫的罐子里放一两袋干燥剂，以保持饼干榫干燥

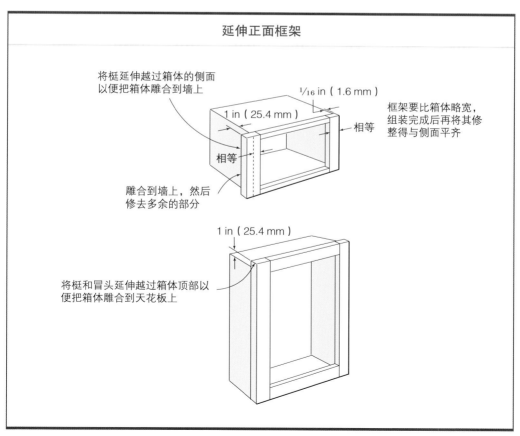

延伸正面框架

将梃延伸越过箱体的侧面以便把箱体雕合到墙上

1 in（25.4 mm）

相等

相等

1/16 in（1.6 mm）

框架要比箱体略宽，组装完成后再将其修整得与侧面平齐

相等

雕合到墙上，然后修去多余的部分

1 in（25.4 mm）

将梃和冒头延伸越过箱体顶部以便把箱体雕合到天花板上

制作正面框架

安装正面框架

　　尽管你可以用钉子把正面框架安装到箱体的正面，但是借助夹具用胶水黏合框架是更为整洁的做法。由于有的框架部位相对较薄、较窄，因此用夹具在框架上施加足够的压力以保证接合的紧密会有些困难。这里的技巧就是，在夹具和框架之间塞入一些宽2 in（50.8 mm）左右的废料垫板以分散压力。在箱体的边缘涂上胶水，小心地把框架对齐到箱体上。每一面都应该留出 $1/16$ in（1.6 mm）的悬挂空间。现在每隔 6 in（152.4 mm）左右放上垫板和夹具（A）。如果看到接合线上有缝隙，你需要使用更多的夹具。

　　胶水干了之后，从侧面把箱体夹好，并使用台刨修整小的突出部分（B）。将台刨的主体放在框架上，倾斜刨子，这样刀片就只会在框架上刨削，不会切入到箱体的侧板中。然后用手工刮刀清除所有残余的斑点和刨削的痕迹（C）。

　　用 180 目的砂纸包裹住毛毡块以打磨框架的边缘，框架的制作就完成了。如果你在挑选梃的用料时仔细对照了纹理，你会发现接合处几乎是看不出来的（D）。

简单的方形框架

制作框架最简单的一种方式就是切割平直的木料，然后用饼干榫接合。这种方法适合用在看不到顶部和底部的箱体上，比如覆盖有台面的落地低柜，或者与水平视线等高的墙柜。把所有的梃和冒头切割到合适的尺寸，然后将所有部件干接起来，并借助一个饼干榫画出接合的部位。如果你在饼干榫上画一条中心线，你就可以只凭眼睛在梃和冒头上做出标记，这样安装到位的饼干榫就不会突出于框架的内侧之外（A）。

用面板接合件给饼干榫开半槽。在这样狭窄的工件上，要使用定制的固定装置固定木料以腾出双手（B）。借助这个固定装置为所有的梃和冒头开槽，接合件上的中心标记要与木料上的标记对齐（C）。

在半槽中涂上胶水，嵌入饼干榫，将组装好的框架夹起来（D）。然后用夹背锯锯掉饼干榫凸出的部分（E）。

在工作台上固定一块 ¾ in × 12 in × 18 in（19.1 mm × 304.8 mm × 457.2 mm）的中密度纤维板底座

在梃上开槽

用胶水和钉子将木块固定到底座上

将接合件与梃上的标记对齐

把梃夹到木块上

在冒头上开槽

夹紧冒头的末端，使其与木块平齐

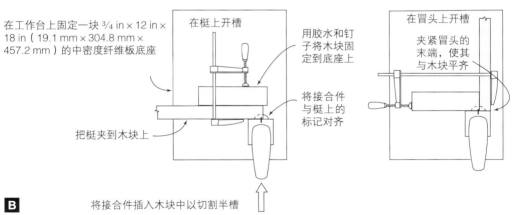

将接合件插入木块中以切割半槽

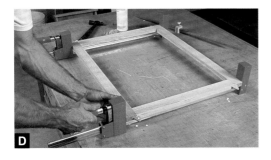

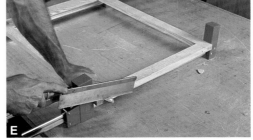

珠边框架

在正面框架的内缘做出一组珠边能够为家具平添一些韵味，尤其是如果你想重现传统柜子样式的话，珠边是一种常见的细节。制作珠边框架成功的关键是在转角接合处斜接珠边（A）。

我不会手动切割斜面，而是用台锯和一种简单的斜切工装指引切割出内部棘手的斜角（B）。首先把木料切割到合适的长度，然后在电木铣倒装台上用珠边铣刀在所有梃和冒头上切出珠边。1/4 in（6.4 mm）的珠边铣刀在大部分 1½ in（38.1 mm）宽的框架上切割的比例都很合适。确保在内部分隔件上切割双珠边（C）。

在切割好木料的珠边后，再切割所有的

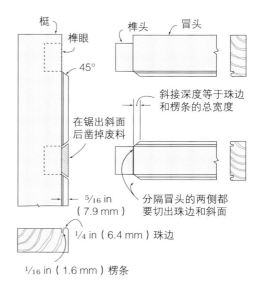

冒头横档的长度＝梃间距＋组合榫眼的深度＋珠边和楞条的总宽度

梃

榫眼

45°

榫头　冒头

斜接深度等于珠边和楞条的总宽度

在锯出斜面后凿掉废料

分隔冒头的两侧都要切出珠边和斜面

5/16 in（7.9 mm）

1/4 in（6.4 mm）珠边

1/16 in（1.6 mm）楞条

A

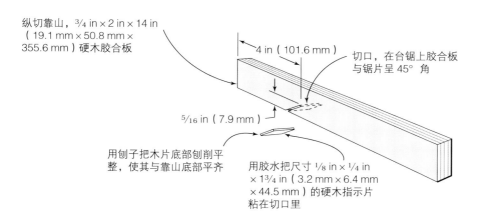

纵切靠山，3/4 in × 2 in × 14 in（19.1 mm × 50.8 mm × 355.6 mm）硬木胶合板

4 in（101.6 mm）

切口，在台锯上胶合板与锯片呈 45° 角

5/16 in（7.9 mm）

用刨子把木片底部刨削平整，使其与靠山底部平齐

用胶水把尺寸 1/8 in × 1/4 in × 1¾ in（3.2 mm × 6.4 mm × 44.5 mm）的硬木指示片粘在切口里

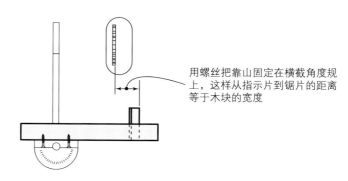

用螺丝把靠山固定在横截角度规上，这样从指示片到锯片的距离等于木块的宽度

B

接合件，要确保把冒头末端的斜接深度考虑在内。

斜切冒头的两端要把锯片调节到45°，并使用纵切靠山固定木料（D）。如果需要切割很大的斜面——也就是锯片要远远高出工作台面——为了安全起见，你需要把一个木块夹在锯片前的纵切靠山上，并以木块，而不是靠山作为参照平面。

在锯好冒头斜面之后，你不仅要使用同样的设置切割出梃两端的斜面，而且要在容纳分隔冒头的每个区域切出一个斜面。为了保证精确和安全，你要始终把梃的一端抵在靠山上（E）。

把斜接工装安装到横截角度规上，在每个内部分隔件上切割出对侧的斜面。移动纵切靠山，为木料让出路径，在工装指示片的引导下完成对侧斜面的切割。然后将木料抵住工装，推送木料通过倾斜的锯片（F）。

在切割完成所有斜面之后，用凿子清除分隔之间及梃两端的废料，并干接框架。如果没有问题，用胶水把框架组装起来，然后在所有接合处夹上夹子，并检查框架是否方正（G）。

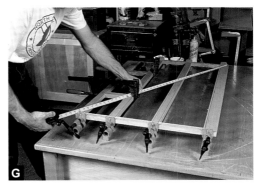

斜接的框架和箱体

如果不想看到正面框架与箱体之间接合的痕迹，你可以斜接箱体和框架的边缘，将两部分夹起来，然后用胶水黏合（A）。这样可以去掉箱体侧面的对接处，让人看上去以为箱体是用超厚的侧板做成的。在组装箱体之前，将木板正面朝下放在台锯上，按照45°角斜切箱体侧面（B）。确保侧面的尺寸如图所示。

组装箱体；黏合正面框架，用管夹和快速夹加以固定（C）。检查框架的尺寸是否比箱体宽出约 $1/8$ in（3.2 mm），每边凸出 $1/16$ in（1.6 mm）。胶水干透后，用锋利的锯片沿正面框架锯出斜面。将一个较高的靠山固定到纵切靠山上，并使用羽毛板来稳固工件（D）。

把框架粘到柜子上，把垫板用夹具夹住以分散压力。为了防止斜接的接合处出现滑动，从左侧到右侧以及从正面到背面都要夹上夹具（E）。用刨子或打磨块修整突出的部分（F）。最后用220目的砂纸轻轻打磨尖锐的边缘，使其变得圆润。

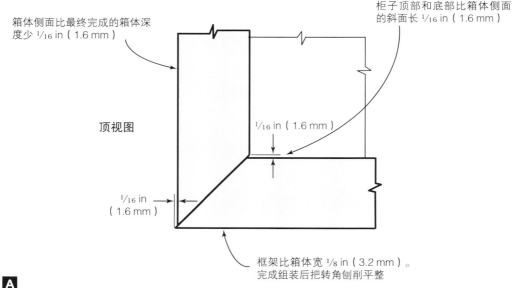

箱体侧面比最终完成的箱体深度少 $1/16$ in（1.6 mm）

柜子顶部和底部比箱体侧面的斜面长 $1/16$ in（1.6 mm）

顶视图

$1/16$ in（1.6 mm）

$1/16$ in（1.6 mm）

框架比箱体宽 $1/8$ in（3.2 mm）。完成组装后把转角刨削平整

A

B

C

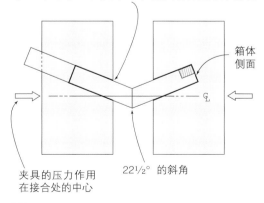

转角部件

有角度的框架

有角度的框架，比如角柜中的框架，通常都是斜接边缘以匹配箱体的，把这种结构的接合件粘在一起是件很棘手的工作。首先像制作传统的正面框架那样做出角柜框架，然后使用台锯在框架两侧切出 22½° 的斜面以匹配箱体的斜面角度（A）。夹在纵切靠山上的木板能够封闭台面的缝隙，防止斜面的尖端进入到靠山之下碰到锯片。为了辅助切割这种大型框架，可以使用羽毛板或内拉工具以保持框架紧紧地抵住靠山（B）。

即使直切锯片的质量很好，切割斜面的时候还是可能会留下刻痕或印记。在用胶水黏合之前，要用短刨清除斜面上所有不规整的地方（C）。

连接有角度框架时的挑战发生在把它们粘到箱体侧面的时候，因为在你使用夹具用

在 ¾ in（19.1 mm）的胶合板上用带锯锯出有角度的切口，这个尺寸等于框架和箱体侧面的厚度和宽度

箱体
侧面

夹具的压力作用
在接合处的中心

22½° 的斜角

A

力将其夹紧时，各个部件很容易滑动。这里展示的自制垫板能够为夹具提供施力的平面，使其能够横跨接合中心以 90° 的角度施加压力。围绕框架放置垫块，并围绕箱体侧面使用相对的垫块，然后用快速夹将接合处夹紧（D）。

第二十一章
框架和面板

设计框架和面板

制作面板

制作背板

设计框架和面板

　　框架-面板结构是设计实木家具的理想方案，因为它巧妙地解决了木料形变的问题。将宽大的实木木板放进框架上的凹槽里，这样面板既能够自由地扩张和收缩，又能够保持平整。这正是框架-面板结构的精髓。不仅如此，将面板置于框架中的设计适合多种风格的家具，并使其更具视觉冲击力。框架-面板结构被广泛用于制作框架-面板门、箱体侧板和背板、储物柜的盖子、水平隔板、防尘板甚至墙板，框架和面板对于家具制作来说是必不可少的。

➤见第 143 页 "门的制作"。

　　制作框架-面板结构与制作木板门的大部分过程是相同的。如果把面板直接安装到箱体表面，比如柜子的侧面，那你就无须注意框架和面板的背侧表面，因为工具和机器留下的痕迹不会被看到。

　　这种结构的应用不仅限于实木家具，还能将其嵌入胶合板或其他质地优良的薄板结构中，为这些家具带来实木的外观和质感。这种结构最实用的一点在于，它能够增加家具的细节和层次感，因为偏移面能够提供光与影的视觉效果。

框架-面板结构

与门类似，适用于箱体的框架-面板组件有多种构建方式，如下图所示。设计选择需要考虑面板的风格，包括平板或者带线脚的平板以及凸嵌板。如果你的设计需要宽大的或者较高的面板，那你最好进一步划分框架，使其能够承载两块或更多块面板。这样的处理可以使组装结构更加稳定，同时还可以进一步加固框架。你可以使用不同厚度的木料，"偏置"梃和冒头以增加视觉上的美感。或者，你可以延伸梃越过底部的冒头，为框

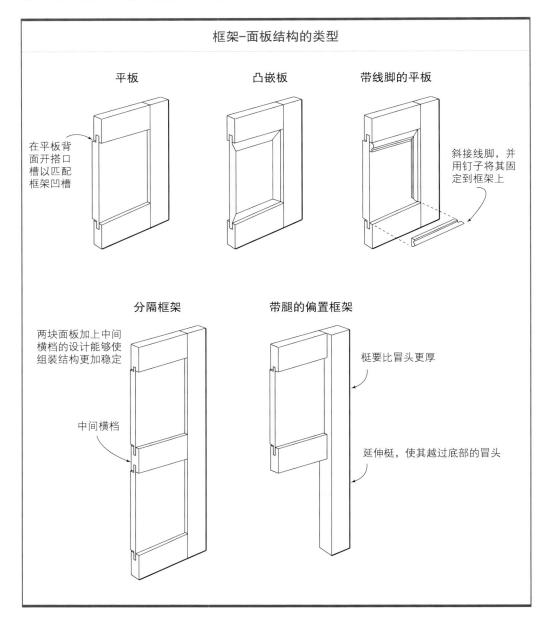

框架-面板结构的类型

平板

在平板背面开搭口槽以匹配框架凹槽

凸嵌板

带线脚的平板

斜接线脚，并用钉子将其固定到框架上

分隔框架

两块面板加上中间横档的设计能够使组装结构更加稳定

中间横档

带腿的偏置框架

梃要比冒头更厚

延伸梃，使其越过底部的冒头

架添加"一条腿"，然后将这条腿应用到家具设计中。

安装面板

框架-面板结构组件可以用作柜子上的传统面板，如下图所示。你可以使用标准的接合方式把面板安装到箱体上，比如榫卯接合、搭口槽接合、饼干榫接合、凹槽接合、燕尾榫接合等。在设计和制作框架-面板结构的时候，你需要确保正确定位梃和冒头，以使其与箱体的连接部分对齐，防止切削到面板的接合部位。

如果你是把框架-面板结构接合到胶合板面板上，那么你要用胶水或螺丝把框架固

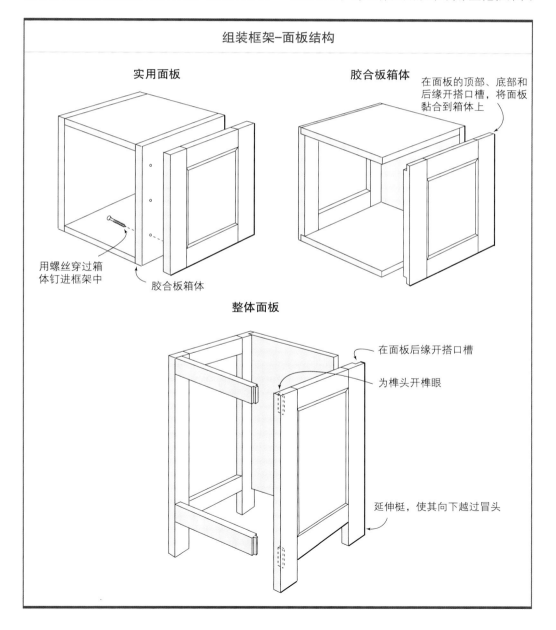

组装框架-面板结构

实用面板

用螺丝穿过箱体钉进框架中

胶合板箱体

胶合板箱体

在面板的顶部、底部和后缘开搭口槽，将面板黏合到箱体上

整体面板

在面板后缘开搭口槽

为榫头开榫眼

延伸梃，使其向下越过冒头

定到箱体，而不是面板上。这种方法能够使面板处于可自由膨胀或收缩的状态。

柜子的背板

如果你想装饰柜子的背板，框架–面板结构是非常合适的，因为无论是在箱体的内部还是背面，这种结构看起来都很美观。框架–面板结构允许你使用相对较宽的实木板而无须担心料的形变问题。对于特殊的家具，或者当柜子的背板能够被看到时，额外投入些精力安装一个美观的背板是很值得的。很多时候，我们只需要背板从内部看起来美观就足够了。这种情况下，单面带有高质量贴面的硬木胶合板是很好的选择。

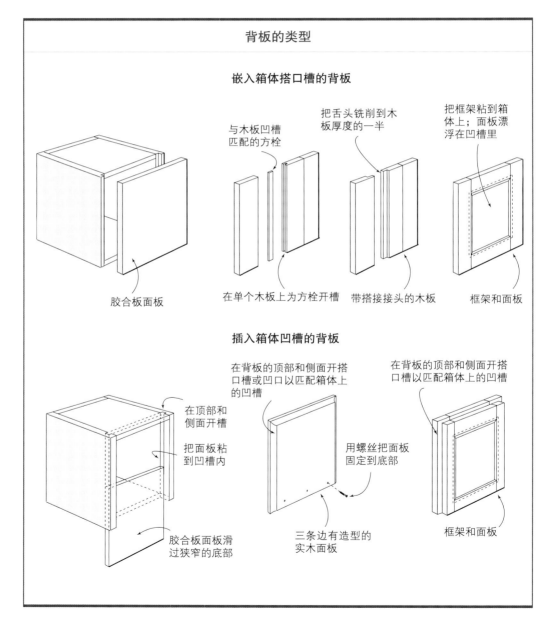

背板的类型

嵌入箱体搭口槽的背板

胶合板面板

与木板凹槽匹配的方栓

把舌头铣削到木板厚度的一半

把框架粘到箱体上；面板漂浮在凹槽里

在单个木板上为方栓开槽

带搭接接头的木板

框架和面板

插入箱体凹槽的背板

在顶部和侧面开槽

把面板粘到凹槽内

胶合板面板滑过狭窄的底部

在背板的顶部和侧面开搭口槽或凹口以匹配箱体上的凹槽

用螺丝把面板固定到底部

三条边有造型的实木面板

在背板的顶部和侧面开搭口槽以匹配箱体上的凹槽

框架和面板

为了避免看到背板的边缘，你需要将其插入到箱体的侧板中。最简单的方法是如下图中所示的那样，在箱体背侧开搭口槽，然后用胶水和钉子将背板固定到槽中。另外一种方法是在箱体上切割凹槽，在背板边缘开搭口槽以匹配凹槽。如果使用这种方法，你最好只在箱体的顶部和侧面开凹槽，然后把箱体的底部切割得稍窄一些，这样背板可以滑过底部，嵌入到侧面和顶部的凹槽中。你当然也可以在箱体背侧的所有部分开凹槽以安装背板，但是这样会使组装工作变得很棘手，因为背板的安装必需与箱体的组装同时进行。而且，当你需要把背板移开时，事情会变得更麻烦。

下拉式企口靠山

框式风格的"牺牲式"胶合板靠山可以与大多数纵切靠山搭配使用，能够使你在需要隐藏锯片的时候(比如在木板边缘开搭口槽)不会切到已经存在的靠山。直接把这个靠山放在纵切靠山上，安装就完成了，无须任何工具或五金件。在使用这个靠山时，你要首先降低锯片，移动纵切靠山，直到胶合板靠山位于锯片的上方。然后缓慢抬起锯片切入胶合板中。当胶合板靠山的一面被切得过于破碎时，你可以把靠山转过来使用另外一面。

注意，此图上没有画出纵切靠山。

"牺牲式"靠山

这种用 ¾ in (19.1 mm) 硬木胶合板制成的框式风格的靠山可以让你将锯片隐藏起来，避免损坏纵切靠山

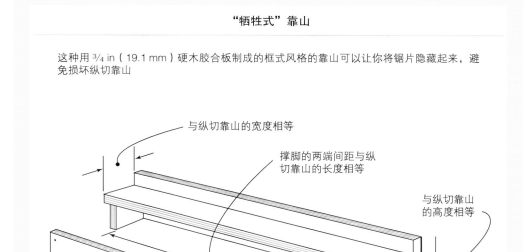

与纵切靠山的宽度相等

撑脚的两端间距与纵切靠山的长度相等

与纵切靠山的高度相等

锯片从这面切入

4 in (101.6 mm)

制作面板

带缝隙的平板

所有框架-面板结构的最基本的构造是将平板嵌入到框架的凹槽中。最好使用较厚的木板，而不是放在框架中会来回晃动的薄板，并在其边缘处开搭口槽以匹配凹槽。从技术层面来讲，此时的面板还不平整，因为你沿着面板的周边制作了阶梯状的边缘。对于传统的平板，你只须简单地把搭口槽定位到箱体内侧即可，这样外露的一面就会展示出平整、连续的表面。但是，如果把面板翻过来，带有搭口槽的边缘就可以成为一种设计元素，面板的正面会展示出阶梯状的边缘。为了给面板形变留出空间，面板沿宽度方向要收窄 $1/4$ in（6.4 mm），也就是长纹理边缘距两侧的凹槽分别是 $1/8$ in（3.2 mm），如图（A）所示。

在面板上切割搭口槽以匹配框架上的凹槽，然后用打磨块或小号的刨子将搭口槽的肩部修成斜面（B）。

在组装过程中，你需要在框架和面板之间嵌入小垫片，这样可以在用夹具夹紧面板之前保持其处于中心位置（C）。确保框架接合处的胶水不会粘到面板边缘或凹槽里。

完成框架组装后，在长纹理边缘的两侧、梃和面板之间会留下一道明显的间隙。由于沿长纹理方向木料的形料不是问题，所以要注意将冒头紧紧地贴住面板的端面纹理边缘（D）。

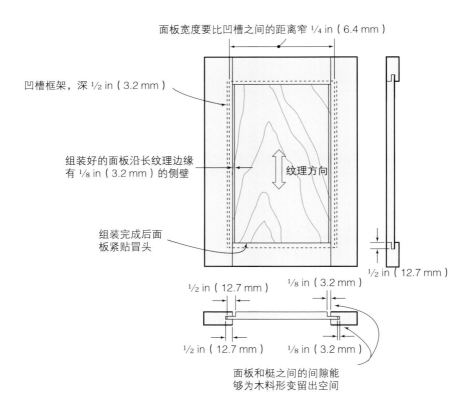

面板宽度要比凹槽之间的距离窄 $1/4$ in（6.4 mm）

凹槽框架，深 $1/2$ in（3.2 mm）

组装好的面板沿长纹理边缘有 $1/8$ in（3.2 mm）的侧壁

纹理方向

组装完成后面板紧贴冒头

$1/2$ in（12.7 mm）

$1/2$ in（12.7 mm）　　$1/8$ in（3.2 mm）

$1/2$ in（12.7 mm）　　$1/8$ in（3.2 mm）

面板和梃之间的间隙能够为木料形变留出空间

A

实木凸嵌板

使木板凸起的最简单的办法是在电木铣倒装台上，用凸嵌板铣刀搭配稳固的靠山完成边缘的铣削。你需要强有力的电木铣，最好功率在 3 hp（2.2 kW）以上，而且电木铣的底座开口相对于铣刀直径来说要足够大。如果铣刀的直径超过 2 in（50.8 mm），你要确保使用速度可控的电木铣，并把转速降到 10,000 rpm 以下以保证安全。

为防止木料的边缘断裂，在一条边的铣削完成后，逆时针旋转面板进行一系列的铣削，同时保持面板的下一条边抵住靠山。把面板正面朝下放在电木铣倒装台上进行铣削，先从端面纹理的边缘开始，然后铣削长纹理的边缘（A）。

铣削要连续地、一点点地加深，不能一下子切出斜面。最后一次铣削要轻轻地、匀速地掠过边缘的表面，以去除所有铣削痕迹或撕裂处（B）。完成后的面板边缘应该能够紧紧插入框架的凹槽中（C）。

如果你手头没有凸嵌板铣刀可用，那你可以把面板放在台锯的台面上抬高，按照下面的步骤完成切割。第一步，在面板上需要的位置开出指定深度的凹槽，做出每条边的肩部。然后将台锯的锯片抬起到合适的高度，把面板正面朝下推过锯片（D）。

把锯片倾斜到期望的斜面角度，根据经验，15°～25° 是最合适的；角度越小，斜面就会越宽。确保锯片倾斜后远离靠山，以防止绞到边料。紧贴锯片周围放一块保护板以支撑面板狭窄的边缘。在纵切靠山上安装一个较高的靠山，抬高锯片，直到它几乎与切割的凹槽相交（E）。

锯出的斜面表面的质量永远都不会完美，尤其是对硬木或密度较大的木料来说。你可以使用手工刮刀清除锯切和撕裂的痕迹（F）。为了将斜面表面处理得更加精确平整，你可以使用榫肩刨。保持刨子与面板在水平方向上齐平，精修这个区域的肩部（G），将斜面表面处理平滑（H）。

TIP

所有面板的凸起效果已经制作好了，并且框架上所有的凹槽也切割好了，现在你可能会发现有一块或几块面板嵌入框架后有些过紧了。你可以用刨子修整较厚的边缘，而不必返工重新为面板塑形。把面板正面朝下放置，使用短刨在其背面刮掉多余的边缘木料。稍稍倾斜一定的角度握住短刨，修整边缘的木料，直到面板边缘与凹槽完全匹配，没有人会注意到面板背面轻微的锥度。

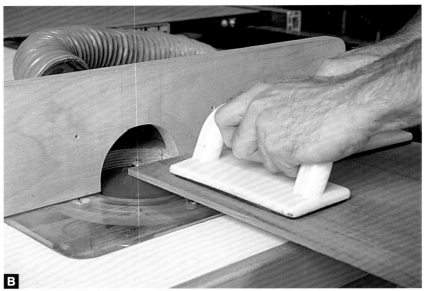

贴面凸嵌板

接下来我将会介绍一个从木匠保罗·萨波里托（Paul Sapporito）那里学到的聪明的方法，允许你使用胶合板或中密度纤维板与细实木条和几片饰面组合起来制作凸嵌板。这样做成的面板很牢固，并且避开了木料形变的问题。这种方法在制作非常宽大的面板或者想要在家具表面加上精美的饰面时非常有用。首先要切割出一些实木封边条，使其宽度比你将要切割的斜面宽度多出 1/8 in（3.2 mm），并要使用与饰面板相同的材料。然后斜切封边条，并用胶水将其粘到面板的边缘（A）。待胶水干透之后，将封边条处理得与面板表面平齐。

➤ 见第 81 页 "修齐边条"。

在对面板进行贴面装饰之前，在其中的一处边缘做上标记标明正面的方向。切割正面的饰面，使其与封边条内侧的边缘重叠 1/4 in（6.4 mm）或者更多；使面板背面的饰面向外延伸略超出组件的外缘（B）。使用垫板和夹具以及一台压板机或一个真空袋把饰面压到面板的两面。饰面上的乙烯基垫板能够防止胶水粘到袋子上（C）。

待饰面干透后，用修边铣刀修整其背面突出的部分（D），然后把饰面刮削、打磨光滑。用湿海绵把表面擦拭一遍能够促使饰面上的胶带松弛（E）。在成形机或者电木铣倒装台上做出凸起的效果。

➤ 见第 293 页 "实木凸嵌板"。

凸嵌板在视觉上与传统的实木面板有所不同，因为四个边缘都是长纹理的（F）。

A

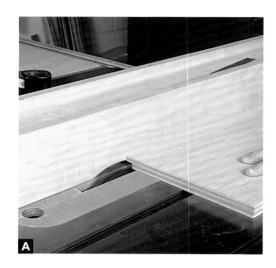

A

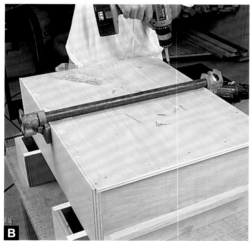

B

C

制作背板

可移动的胶合板背板

用胶合板制作箱体背板可以保证稳定性，并且你可以使用宽面板，而无须担心木料形变的问题。用螺丝把背板拧到箱体的搭口槽中，这样可以在上油漆的时候把背板移除。在组装柜子之前，在箱体侧面开 3/8 in（9.5 mm）深的搭口槽，搭口槽的宽度要与背板的厚度相等。使用多层开槽锯片（Dado blade），并把辅助靠山固定到纵切靠山上将锯片隐藏起来（A）。

➤见第291页"下拉式企口靠山"。

一旦柜子组装完成，用埋头钻在背板钻孔用于安装螺丝，无须使用胶水，把背板固定到搭口槽中以及箱体的顶部和底部。用夹具横跨并临时夹住箱体，使箱体侧面紧贴背板。然后稍稍倾斜螺丝，将螺丝拧入搭口槽中（B）。

上油漆的时候，拿掉背板并将其水平放置，这样更有利于控制上油漆的过程。拿掉背板后再给柜子的内侧上油漆会更加容易，因为你可以刷到非常靠后的表面，并且不会撞到尖利的转角（C）。

凹槽-方栓接合背板

方栓接合的背板是用几块独立的木板边对边接合制成并嵌入箱体的搭口槽中的。沿木板边缘的凹槽可以容纳木质的方栓，方栓则能够加固组件，并可以隐藏相邻木板接合的缝隙。

首先，沿着每块背板的边缘切割狭窄的凹槽。你可以使用 1/16 in（1.6 mm）的轻薄型切口铣刀为任何宽度的木板开凹槽，只须在每次切割后调整铣刀的高度即可（A）。

切割一些方栓以匹配槽口。方栓的宽度应等于两侧凹槽的深度之和。拼合背板，把方栓滑入两块木板的凹槽中。这个过程不需要使用胶水（B）。

用螺丝穿过埋头孔小心地把背板安装到箱体背面的搭口槽中。确保在木板之间为木料膨胀预留出了间隙（C）。

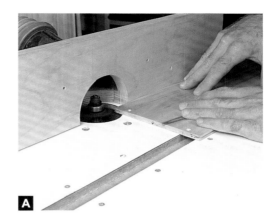

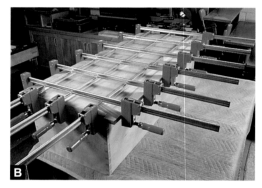

框架-面板式背板

为了让柜子的背面与正面一样美观，可以用胶水把框架-面板结构的背板安装到在箱体上为其切割的搭口槽中。这需要大量的工作，只有在制作高档家具或者独立式的、能够看到背板的家具时才值得做。

首先需要在箱体上切割搭口槽，搭口槽的深度要比框架的厚度略大一些，然后组装箱体。实现接合处紧密匹配的关键是，框架的尺寸要比箱体上搭口槽开口之间的间距略大一些，并在框架边缘刨削出一个非常细窄的后斜面，直至其与箱体匹配（A）。

准备好杆夹，因为在把背板固定到箱体上时你会用到所有的杆夹。在搭口槽处涂上胶水，把背板嵌入到搭口槽中，然后夹紧箱体的侧面、顶部和底部，使接合处彼此紧密贴合。在箱体与夹具之间夹上垫板可以帮助分散夹具的压力（B）。

胶水干透之后，你需要做一些清理工作。用手刨刨削箱体略微凸起的搭口槽边缘，使之与背板齐平（C）。

◆ 第六部分 ◆

桌面和工作台面

制作及安装桌面或柜台是柜子或桌子制作过程中最具决定性的一步。将开放式框架或箱体转变为有用的工作面之后，你就可以在上面准备一顿美餐、安装一盏台灯，或者完成其他可以在水平面操作的各种各样的日常工作。

桌面和工作台面的制作必须包含两个要素：平整和能够提供一个可用的表面。如果支撑顶板的框架是平整的，那么你应重点关注顶板本身的平整性。如果你的顶板是胶合板或塑料层压板材质的，那么制作过程相对简单。用实木制作顶板则更具挑战性，尤其是在顶板比较宽大的时候。

制作好顶板之后，你需要把它安装到底座上。最简单的方法是用螺丝从下方拧入顶板，这非常适合胶合板和中密度纤维板等人造板材。实木顶板的安装需要不同的方法，因为需要把木料的形变考虑在内。

制作顶板，第 303 页

安装顶板，第 329 页

第二十二章
制作顶板

设计顶板

顶板的结构

顶板的选择

扇页和末端

设计顶板

水平表面或顶板可能是所有日常家具中最有用的部分。无论是餐桌桌面、办公桌桌面、柜台台面还是储物柜的盖子，水平表面具有一些共同的功能：它可以密封储物柜，为我们提供一个工作平面，或者为我们提供一个摆放物品的地方。顶板应该是平整光滑的，并且表面处理要做好，这样我们才能够舒适地享受其中。如果选择人造材料制作顶板，比如胶合板或塑料层压板，那么你可以很容易地制作宽大的平面，并且不需要花费太多力气。如果你喜欢实木，那么制作宽大的顶板需要特别考虑一些事情，比如木料的形变及应对方法、将一大块天然材料处理得平整光滑的方法等。

顶板有各种各样的形状和尺寸，从圆形的、椭圆形的到长而宽的。最终的平面样式取决于你的需要。对于专门的工作区域，比如行政工作台，加入皮革装饰彰显其精致是一种很不错的方法。如果你需要一个持久耐用的工作台，比如厨房的台面，用塑料层压板制作顶板是很好的选择。

如果有客人来访，你可能需要把小餐桌扩展得更大些以容纳更多人。带有内置翻板或者可拉开翻板的餐桌能够快速地把小餐桌变成一个用来享受美食的宽大平面。为了让客人感觉舒适，同时保持某种特定的风格，你需要考虑如何处理顶板的边缘。沿桌面边缘的小斜面或圆角能够让手臂放在上面，同时增加了设计的美感，而过于尖锐的边缘会显得很不和谐。

基本的顶板设计

桌面和工作台面风格多样，从实用的柜台到覆盖着稀有饰面或罕见材料的高端嵌饰家具。特定家具的功能在决定顶板风格和结构方面起到了重要作用。较低的桌子，比如咖啡桌，需要一个简单的平面来放置饮料、书籍、杂志以及其他物品。更为复杂的结构——比如前部可下放的桌子或者折叠式桌子——需要顶板能够活动或分开以改变表面的外观，具体要求取决于家具的功能。

顺纹理、逆纹理或顺逆交错纹理

当你想要使用横拼板制作桌面时，你应该如何定向年轮？正确的方法是：排列木板，使得所有面的年轮都朝向同一个方向。这是一项非常简单的工作，只要看一下每块木板末端的端面纹理的样式就可以确定。避免纹理顺逆交错排列是出于两个原因：其一，当单块木板发生杯形形变时，顶板就会变得高低不平；其二，顺逆交错的纹理会在视觉上造成不同木板之间的深浅对比，这一点在强光打到桌面上时会尤其明显。如果木板彼此匹配，那么曲线会比较完整，并通过框架和箱体的支撑保持平整。此外，当光线照射到表面上时，你可以得到均匀的反射或对比效果。

如果要把所有木板朝向同一方向排列，你需要决定哪面朝上。如果可能，要避免使用树木的"外侧"。你会发现，最好在所有可见的平面处展示树木的内侧。内侧木料平面上的纹理样式更加丰富，并能产生更好的反光效果。

桌面边缘的处理

出于特别的考虑，处理桌面边缘会使你的家具更有型，让家具看上去更加美观、用起来更加舒适。与制作搁板不同，边缘的处理和塑形非常简单，只要把部件拿到工坐台面上，选择并安装合适的铣刀，围绕边缘移动电木铣就可以切割出大型顶板的轮廓。在完成这些徒手切割操作时，你要确保使用带有滚珠轴承的铣刀。或者，你也可以制作独立的线脚，并通过榫接或企口接合的方式将其安装到顶部。

家具的顶板

方形顶板的咖啡桌

圆形顶板的烛台

八角形顶板的工作桌

调节可滑动木条支撑顶板

顶板可折叠的牌桌

将对侧桌面向下折叠

把桌腿向外转以支撑翻板

椭圆形顶板的折叠桌

案板式末端

实木顶板的餐桌

案板式末端

拉出水平隔板以支撑顶板

前部可下放的桌子

弓形正面的餐具柜

后挡板

带工作台面的橱柜

按照纹理走向排列木板

木料外侧 木料内侧 木料内侧

交错的纹理会产生强烈的明暗对比效果

纹理取向相同时，两个对接的平面会产生均匀的反射效果。为了达到最佳显示效果，要展示木料的内侧

桌面边缘

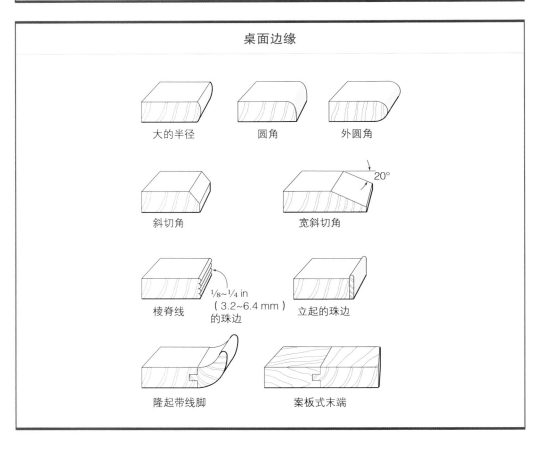

大的半径　　圆角　　外圆角

斜切角　　宽斜切角　20°

棱脊线　1/8~1/4 in（3.2~6.4 mm）的珠边　立起的珠边

隆起带线脚　　案板式末端

制作椭圆形的两种方法

与其他的曲线不同，椭圆形和椭圆的顶板提供了一种有趣的外观和感觉。椭圆形曲线看起来拥有属于自己的固有节奏感。切割并塑造椭圆形顶板并不复杂，用手持电动工具就可以完成，比如曲线锯，或者你也可以在带锯上完成操作。但是画出椭圆形曲线要相对复杂一些。最简单的办法是使用圆规、一些细线和一根铅笔画出椭圆形（见本页图片）。这种方法的缺点在于细线的张力不一致，导致最终画出的图形可能有些走样。要画出更加精确的椭圆，你需要使用椭圆规和木工角尺。

制作椭圆形的两种方法

使用细线和铅笔

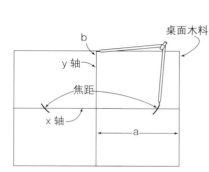

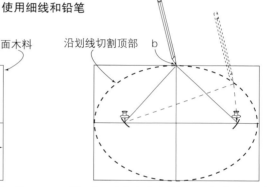

第一步：在想要的椭圆形外画出一个矩形，并通过其中心画出 x 轴和 y 轴；
第二步：确定焦点的位置，把圆规两脚间距设定为 a，以 b 点为圆心旋转画出两条弧线交于 x 轴；

第三步：在每个焦点处钉入图钉或小平头钉。在图钉上系一根细线，用位于 b 点的铅笔将其拉紧；
第四步：围绕焦点移动铅笔，画出椭圆的轮廓，同时保持细线绷紧。

使用椭圆规和木工角尺

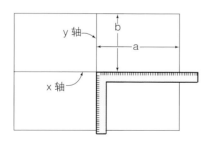

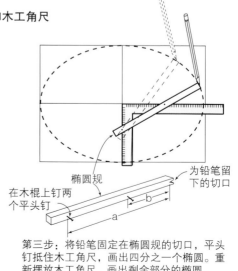

第一步：在想要的椭圆形外画出一个矩形，并通过其中心画出 x 轴和 y 轴；
第二步：把木工角尺或胶合板木条放在 x 轴和 y 轴组成的某个象限上；

第三步：将铅笔固定在椭圆规的切口，平头钉抵住木工角尺，画出四分之一个椭圆。重新摆放木工角尺，画出剩余部分的椭圆。

安装肘状接合铰链

对于可折叠桌面，肘状接合是连接翻板最好的方法。顶板及其翻板的构造非常简单：使用圆角铣刀沿顶板的两条长边铣削出大致的轮廓，留出 1/8 in（3.2 mm）宽的肩部。然后使用相应的凹角铣刀在每个翻板的边缘铣削出凹角。你需要预先在与翻板厚度相当的废料上检查配置，以保证匹配完美。现在到了最棘手的部分：画出铰链的位置并完成相应的切割。你需要特制的肘状接合铰链，也叫作活动翻板铰链（在五金件商店和普通的木工商店都能买到）。

首先要画出铰链的位置，并留出 1/32 in（0.8 mm）的补偿量，以防止翻板在旋转到顶部时卡住。然后为铰链翻板和辅助件切割或凿出榫眼，以及固定转向节的更深的凹槽。安装铰链并检查其活动状况。如果有地方摩擦严重，可以用短刨或砂纸进行修整。

配套的圆角和凹角铣刀为可折叠桌面制成的肘状接合件。这种接合件的名字来源于传统的折叠尺，二者具有同样的铜接头设计。

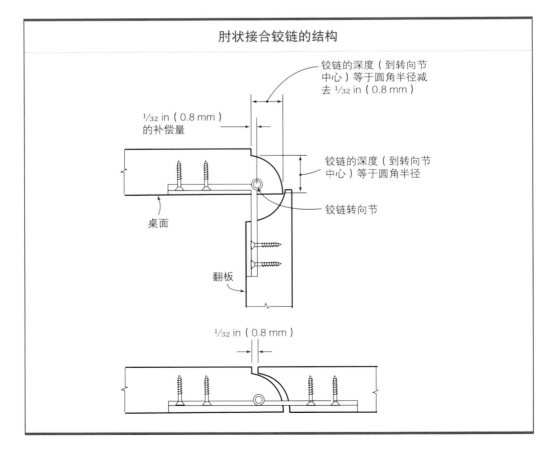

肘状接合铰链的结构

铰链的深度（到转向节中心）等于圆角半径减去 1/32 in（0.8 mm）

1/32 in（0.8 mm）的补偿量

铰链的深度（到转向节中心）等于圆角半径

桌面

铰链转向节

翻板

1/32 in（0.8 mm）

顶板的结构

宽大的实木顶板

如果你遵循基本的步骤，制作宽大的实木顶板非常简单。同样的程序也适用于制作所有类型的宽大面板，从箱体的侧板、顶板、底板到搁板以及其他水平的面板。

首先横切粗木料，使其长度比最终的面板多出 4 in（101.6 mm）左右（A）。在平刨上将每块木板的一面刨平（B），然后刨削另一面（C），就这样以同等的程度持续刨削木板的两面，直至得到需要的厚度。接下来刨削每块木板的一侧边缘（D），然后在台锯上刨削另一侧边缘。

这里有一个省时省力的办法：在把木板粘在一起之前，用手工刨清理表面上所有机器留下的痕迹。使用这种方法，你需要做的只是在胶水干透之后把接合处修整平整，而无须刨平或打磨整个平面（E）。然后，横跨接合的缝隙，以最好的纹理排列样式横向排布木板，并做一个 V 形标记，帮助你在黏合过程中为木板定向（F）。

在黏合过程中，为了保持木板平整、彼此对齐，你需要横跨木板的两端夹上粗大的板条。在板条下铺上蜡纸能够防止其粘上胶水。下面是具体的操作流程。首先，用杆夹横跨接缝稍微施加一点压力，将板条夹到木板两端，对正并完全压紧杆夹（G）。待胶水干透之后，切割两个较长的边缘以清除所有标记和不平，确保两侧边缘是平行的（H）。

有几种方法可以把粘好的面板两端处理方正。第一种方法是在木板的一端夹上一把直尺作为靠山。一把成品直尺在木工商店可以买到，它有配套的夹具。但是一根夹在木板上的、结实的直边木料也能起到同样的作用。你可以用一把大型直角尺检查，确保靠山与木板的长边成直角（I）。使用圆锯方正地横切木板的边缘，你在摆放靠山时一定要考虑到圆锯底板的宽度（J）。为了清除锯切的痕迹，你需要重新摆放靠山，使用电木铣和直槽铣刀将锯过的边缘切除 1/16 in（1.6 mm）左右。为电木铣配备超大型的底板能够使其稳固，从而保证铣刀可以垂直铣削木板（K）。

另一种将大型面板的两端加工方正的办法是，在台锯上使用滑台。市场上有很多质优价廉的滑台，并且它们适合绝大多数类型

A

B

的台锯（L）。在木板两端的切割完成之后，轻轻地打磨顶板，将边缘接合处对齐，并将整个平面打磨光滑，这项工作就完成了。由于之前用手工刨做得很到位，现在就不需要更多的打磨工作了。

TIP

为了准确地加工木板，机器的靠山和台面必须绝对方正。不要依赖机器上的止位块或者螺丝，一开始就测量好工具的尺寸才是更为精确的做法。一把 6 in（152.4 mm）的金工角尺足以胜任这项工作了。用直角尺紧紧地抵住一个平面，寻找直角尺与平面之间的光线。如果看不到光线，说明两个平面是彼此垂直的。

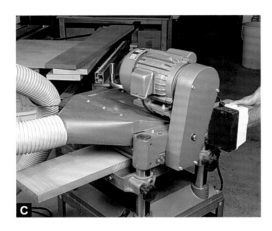

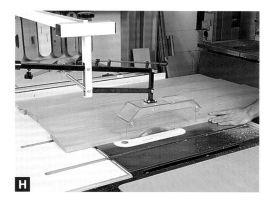

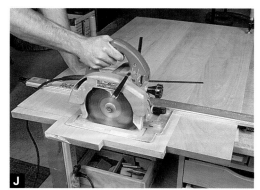

实木封边胶合板

胶合板是制作宽大顶板的理想选择，因为你无须担心木料形变的问题，并且这种板材只需要轻微的打磨处理。

为了隐藏粗糙的边缘并增加耐用性，你需要为胶合板面板加上实木边缘。切割封边的木条，然后斜切每个木条的一端，并暂时保持所有木条的原始长度。为了精确地确定另一端斜接面的位置，你要把两个斜接转角对在一起，夹住要做标记的那个，在其自由端的转角处做出斜接面的标记（A）。用这种方法使用斜切锯把长边木条切割到最终的长度。

在把木条粘到胶合板上时，饼干榫能够帮助你对齐木条。沿着胶合板的长边和木条的长边标记出饼干榫的位置，然后每隔 8 in（203.2 mm）左右切割一个榫槽（B）。

首先完成两块长边木条的黏合。使用干燥的短边木条可以帮助你确定每个长边木条的位置。具体做法是：将短边木条的斜接面抵住要黏合的长边木条的斜接面（C）。使用尽可能多的夹具，沿整个边缘把接合处夹紧（D）。

待长边木条黏合牢固后，将每个短边木条抵住两个长边木条，切割出最终的斜接面。不断地斜切短边木条的一端，直到短边木条的长度能够完全与两侧的斜接面匹配（E）。然后标记出饼干榫的位置，切割榫槽，把剩下的木条黏合到位并夹紧，以封闭斜接面的接合处（F）。把木板边缘和饰面表面处理平齐，实木封边胶合板就完成了。

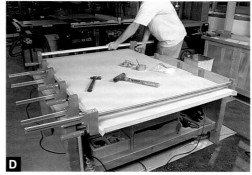

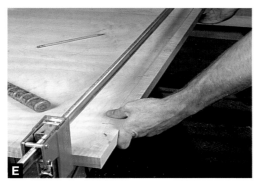

打磨锐利的转角

第一次撞到桌面上锐利的转角时，你对制作这个桌子的木匠肯定是心怀不满的。所以不要让这种情况出现在你的家具上。

一种快速消除边缘棱角的方式是，用短刨在转角处刨削出一个小的斜切角（A）。然后将 180 目的砂纸包裹在木块上，把这个斜切平面打磨圆润（B）。你的朋友会感激你的贴心之举的。

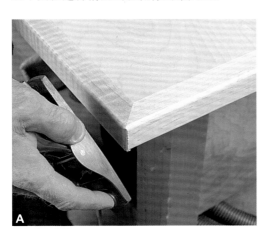

填充孔洞

制作实木顶板常常会遇到需要处理小节疤和其他细小瑕疵的情况。你可以用环氧树脂加以处理。作为一种很好的填充材料，环氧树脂可以填充去除节疤后留下的孔洞以及其他的表面瑕疵，因为它在干透之后会变得非常硬。更重要的是，环氧树脂变干之后不会收缩。对于细小的瑕疵，使用双组分5分钟即干型环氧树脂。顾名思义，5分钟即可固定。更大的孔洞则需要使用凝固时间更长

的环氧树脂，以保证你在树脂硬化之前完全填好裂隙。充分混匀环氧树脂，然后将其与木料上打磨下来的碎屑混合，直到树脂达到类似奶油的稠度（A）。

对于贯穿木板上下表面的裂缝，你需要用胶带遮盖住面板的底部，以防止液态的环氧树脂从裂隙中流出。通过层层堆叠环氧树脂以填充孔洞（B）。完全填补瑕疵可能需要两次或多次操作。

待环氧树脂混合物完全硬化，用刮刀和打磨块将其处理平整（C）。

圆形顶板

如果要把木板切割成圆形，你可以使用带锯或曲线锯进行操作，但得到的圆往往很不精确。

你可以用压入式电木铣、直槽铣刀以及 $1/4$ in（6.4 mm）胶合板制成的椭圆规准确地切割出任何尺寸的圆形面板。把椭圆规固定在压入式电木铣的底座上，然后从铣刀的边缘起始，量出想要的半径尺寸，穿过椭圆规拧入一个螺丝。任何用于底部切割的直槽铣刀都能完成这项工作，但是我发现四刃或六刃的立铣刀铣削得最为干净利落，尤其是在加工端面木料的时候（A）。

把一块废料板夹在工作台上，在面板顶部粘上几条双面地毯胶带，然后把面板翻过来粘到废料板上（B）。用螺丝把椭圆规拧到面板底面的中心，把铣刀深度设置为 $1/4$ in（6.4 mm）左右。逆时针方向切割，旋转椭圆规，以螺丝为圆心进行切割（C）。连续进行切割，每次切割都把铣刀降低一些，直至铣刀切透面板、碰到废料板（D）。

用腻子刮刀的钝边把切割好的顶板从废料上撬起来，翻面，撕掉顶面的双面胶（E）。然后轻轻地将顶板边缘打磨光滑，这样完美的圆形顶板就完成了。

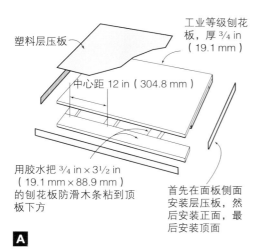

塑料层压板

工业等级刨花板，厚 ³⁄₄ in（19.1 mm）

中心距 12 in（304.8 mm）

用胶水把 ³⁄₄ in × 3¹⁄₂ in（19.1 mm × 88.9 mm）的刨花板防滑木条粘到顶板下方

首先在面板侧面安装层压板，然后安装正面，最后安装顶面

A

B

C

D

层压板工作台面

刨花板是制作塑料层压工作台面的基材，或者说核心材料。这种板材价格便宜、结构稳定且相对平整。它的硬度和密度也非常适合承受工作台面受到的磨损和撞击。你务必挑选工业等级的刨花板，这种板材的密度比建筑板材更大，尺寸也更为统一。典型的工作台面结构包括由 ³⁄₄ in（19.1 mm）厚的实木板制作的工作台顶板和置于顶板下方的 ³⁄₄ in（19.1 mm）厚的细窄防滑木条（A）。防滑木条使台面边缘的厚度看起来达到了 1¹⁄₂ in（38.1 mm），同时加固了整体结构，并为把顶板固定到柜子上提供了支撑。

最开始在台锯上切割出的面板尺寸要比其最终尺寸超出约 ¹⁄₈ in（3.2 mm），所有的防滑木条的宽度方向则可以直接切割到位。用胶水和 U 形钉将防滑木条固定到正面的长边边缘，通过夹具的辅助将其与面板边缘对齐（B）。然后将另一块防滑木条黏合到面板的背侧边缘。把较短的防滑木条垂直地固定在两块较长的防滑木条之间，每隔 12 in（304.8 mm）固定一个（C）。安装好所有的防滑木条之后，在台锯上把木板切割到最终的尺寸，并把边缘修整得平齐方正（D）。

切割或锯出 ¹⁄₈ in × ⁵⁄₈ in（3.2 mm × 15.9 mm）的凹槽

¹⁄₂ in（12.7 mm）

制作胶合板框式靠山匹配纵切靠山

用环氧树脂把 ¹⁄₈ in × ⁷⁄₈ in × 16 in（3.2 mm × 22.2 mm × 406.4 mm）的丙烯酸树脂配件粘到凹槽中

用螺丝把 1¹⁄₄ in（31.8 mm）宽的塑料层压板条钉到靠山底部

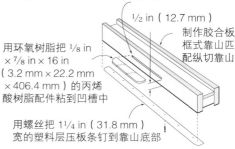

E

如果用层压板覆盖基材的表面，所有层压板的切割尺寸都要比其最终尺寸大 1 in（25.4 mm）左右，待将其粘到基材上之后再进行修整。

普通的硬质合金锯片就能很好地完成切割塑料层压板的任务。如果薄木板在切割时滑入了纵切靠山之下并缠绕在锯片上，或者出现歪斜，你就麻烦了。为了防止出现这种问题，你可以制作一个容易安装和拆卸的靠山消除纵切靠山和工作台之间的间隙（E）。层压板上透明的丙烯酸树脂条能够防止薄板翘起、抬起或在切割时发生偏离（尤其是在切割较窄的木条时）。当你推进薄板经过锯片时，使薄板向上弯曲可以保持锯片受力稳定（F）。

一般来讲，最好是首先覆盖基材的边缘，然后再用层压板覆盖基材的顶面。按照这样的顺序操作，胶合线就不会暴露在顶面。首先，在基材的边缘和层压板的底面涂上接触型胶合剂（G）。在多孔的表面，尤其是在刨花板上，最好在第一层胶合剂干了之后涂上第二层。要把整个表面做得平整、有光泽。保持胶合剂干燥 10~30 分钟，或者干燥到不粘手的程度。

用接触型胶合剂黏合各部分只有一次机会。一旦两个平面接触，你就不能再移动它

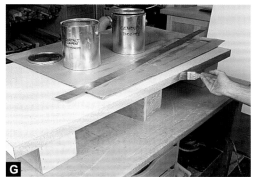

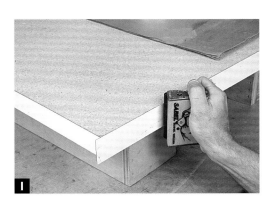

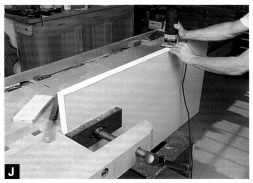

们了。对于相对较窄的部分，你只须简单地通过目测确定层压板的位置。在黏合时，你要确保层压板的每条边都要相比基材的边缘超出一些（H）。然后用橡胶辊筒来回滚压，把层压板紧紧地压在面板上，保证接合的牢固性（I）。

在电木铣上配备修边铣刀修掉多余的部分。选择修边电木铣是因为它重量轻、易操作，但是所有类型的电木铣都可以完成这项操作（J）。

安装大块层压板使用的办法略有不同。在把胶合剂刷到两部分的表面之后，等待其变干，然后用废料层压板做的滑托板、薄的胶合板木条或者任何薄的材料放在刷好胶水的基材顶部，再把层压板放在这些薄片上（K）。滑托板能够使层压板的四边均匀地超出基材的边缘，而不会意外地粘到基材上。将层压板摆放到位之后，从中心向外沿，用双手将其压紧到基材上。在按压的过程中，将滑托板依次抽掉（L）。用橡胶辊筒按压层压板——也是从中心向外沿——你要使出最大力气按压。使用J形滚筒处理大型平面会更轻松一些（M）。

再次用修边铣刀修齐边缘（N）。这种特定的铣刀是专门用来在修整相邻的层压板平面时切割小的斜切角的（O）。用扁锉打磨尖锐的边缘，去掉所有多余的部分，然后用打磨块打磨面板边缘，使其圆润光滑（P）。

顶板的选择

皮革桌面

要制作奢华的写字台面，非皮革材质莫属。原则上，皮革可用于所有的基材，但是未经加工的胶合板是最好的。在制作工作台面时，台面的四周边缘一定要比将来放置皮革的台面部分高出 1/16 in（1.6 mm）左右。

首先，按照每条边比最终尺寸多出 1 in（25.4 mm）的标准切割皮革，你可以用直尺和大型木工角尺画出切割的轮廓。然后用剪刀修剪皮革。用水稍微沾湿皮革的背面，卷起皮革，放置 5~10 分钟，以使水分均匀地渗透到皮革纤维中。

在等待皮革吸收水分的同时，用剃刀沿着桌面下凹部分的边缘切掉所有不平整的部分（A）。把白胶和水以 9:1 的比例混合，制成与淡奶油的稠度相当的胶水。用小的滚筒刷在整个基材表面均匀地涂上一层胶水，接下来围绕基材的边缘涂抹一圈纯胶水，并用刷子将其涂抹平整（B）。木板中心区域的稀释胶水可以确保皮革保持柔软。

此时，皮革应该已经湿润，能够进行操作了。把皮革卷放在桌面的中心，并在涂有胶水的平面上展开（C）。用手掌从中心向外铺平皮革，去掉所有褶皱，挤掉残存的气泡（D）。在切割皮革之前，用指甲或木棒沿四周将皮革折起（E）。用剃刀沿折叠线小心地切割皮革（F）。使用之前把桌面晾一晚。当胶水和皮革中的水分蒸发之后，皮革会收缩，从而拉紧桌面，并去掉所有留下的褶皱。

皮革装饰

雕凿皮革，或者说在皮革上做装饰能带给所有的家具表面一种经典的外观（A）。装饰皮革的技巧很简单，只须使用几样简单的工具：小锤子、一个或多个符合设计要求的皮革打孔器。打孔器的尖端是用硬化钢制成的，末端带有图案，你可以在皮革供应商那里挑选款式（B）。友情提示：打孔器价格不菲！

装饰必须在制作皮革表面的过程中完成，这样在加工表面时其下方的胶水仍然是湿的。首先，用一个打孔器敲打皮革的四周，保持锤打的压力有力且连贯（C）。在敲打的过程中，作用于打孔器的力应稍稍偏向一侧，使皮革紧靠框架的边缘。目测图案的布局，看打出的图案是否分布均匀。在第一排图案加工完成后再加工与之平行的第二排图案。将一把直尺与第一排图案对齐后夹紧，用来引导你顺利完成第二排图案（D）。

用瓷漆或金箔来修饰并突出图案。金色的瓷漆效果很好，或者你可以使用"镀金胶"（Gilder's Sizing）把金箔黏合在图案上（E）。在瓷漆干透之前，用0000号钢丝绒蘸上固蜡用力摩擦上漆的区域以去掉多余的油漆，为我们的设计增添一种复古的感觉（F）。

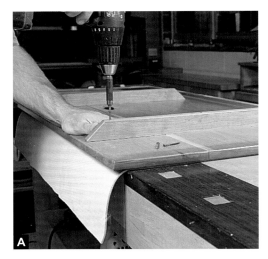

能抬起的盖子

用铰链安装的盖子非常适合储物柜和其他放在较低位置的存物柜，因为这样在里面翻找东西相对方便。制作宽大并且没有支撑的盖子要考虑的一个重要因素就是，支撑并加固盖子以防止其变形。安装在盖子上的防滑木条通常就是为此设计的。用螺丝，而不是胶水把防滑木条固定在盖子的底面，这样既能保持顶板的平整，又不会限制木料的形变（A）。

要把盖子安装到很窄的箱体侧板上，你需要用胶水把辅助木条以合适的角度粘到顶板的木条上，然后用胶水和螺丝把上述的组件装配到箱体上（B）。用手摇带铰链把盖子固定到木条上（C）。

为了防止盖子猛然关上砸到人（尤其是小孩子），需要在箱子内侧安装一对弹簧箱体铰链。用螺丝将其两端分别连接到顶板的底面和箱体的侧面上（D）。现在就可以安全地翻箱倒柜了！

利用天然的瑕疵

有时木料上的"瑕疵"无须锯掉或掩盖，相反地，你可以利用这个机会突出它们。这里展示了樱桃木板材上留下的大块节疤，由此形成的孔看起来非常不雅观，更不要说有什么用处了（A）。小心地打磨孔的边缘，清除松散的碎屑，磨圆锋锐的边缘。在顶板的底面安装一小块油画板或者一条用贵重木料的边角料制成的木条，从底面把孔遮住（B）。

从顶面看，之前的瑕疵现在成为了一个吸引眼球的亮点（C）。

另一种方法是，跨过裂缝或裂口，粘上一个嵌入式的燕尾键或者蝴蝶块。这种嵌入式的造型是一个亮点，并且能够防止木料进一步开裂。在带锯上切割硬度大、密度高的木料制作这些嵌入件，然后在开裂处比照嵌入件画出相应的轮廓（D）。嵌入件的厚度通常是顶板厚度的三分之二。使用小直径的直槽铣刀沿画线掏出一个"口袋"，切割深度要比嵌入件的厚度小 $1/16$ in（1.6 mm）。徒手在画好的轮廓内切割废料。然后用凿子沿着轮廓线进行修整（E）。

在口袋里和蝴蝶块的边缘涂上胶水，将蝴蝶块轻轻敲进口袋（F）。胶水干透后，用刨子和刮刀处理嵌入件表面，使其与面板平齐（G）。

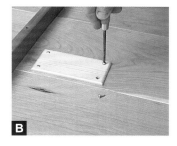

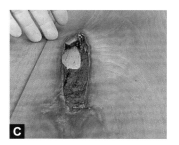

扇页和末端

案板式末端

案板式末端增加了顶板的触感，隐藏了端面纹理的末端，增添一抹独特的韵味。它还能够支撑宽大的实木平面使其保持平整。制作案板式末端的技巧在于，安装方法要能够为实木顶板的膨胀或收缩预留空间。如果整个末端部件都用胶水粘在顶板两端，最终顶板会由于木料的形变而断裂。传统的方法是在顶板的末端制作榫头，在末端部件上切割榫眼，并且只有中间的榫头用胶水黏合，这样顶板就能够自由地膨胀或收缩了（A）。

首先，切割出末端部件的坯料，其宽度应比顶板的宽度长约 1 in（25.4 mm），并在上面切割 3 个 1 in（25.4 mm）深、3~4 in（76.2~101.6 mm）宽的榫眼（B）。完成榫眼的切割之后，在榫眼之间切割或锯出 ¼ in（6.4 mm）深的凹槽（C）。

为了保证案板式末端与顶板紧密接合，需要从末端部件的中心刨削掉少许木料。这样能够让案板式末端"具有弹力"，即使不用胶水也能够保证末端部件与顶板紧密贴合（D）。

在台锯上用多层开槽锯片在顶板上切割 1 in（25.4 mm）长的舌头。顶板两侧都要进行两次切割。第一次切割时，使用双面胶把辅助靠山粘到纵切靠山上，然后将顶板推过锯片（E）。之后拿掉辅助靠山，将顶板抵住纵切靠山推过锯片，切割出完整尺寸的舌头（F）。这种做法不需要移动纵切靠山，因此降低了出错的概率。

接下来，在舌头上画出 3 个榫头的位置和尺寸，两个外侧榫头的宽度应比对应榫眼的长度短 ½ in（12.7 mm）。然后在顶板两侧画出与案板式末端上 ¼ in（6.4 mm）深的凹槽对应的舌头。用曲线锯沿着画好的轮廓切割榫头和舌头（G）。之后用短锯切割外侧的肩部（H）。为了使末端与顶板之间

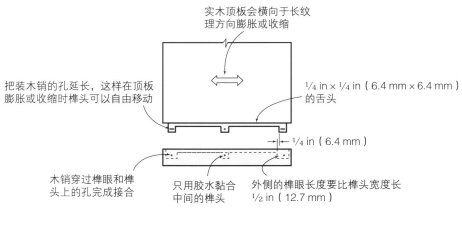

实木顶板会横向于长纹理方向膨胀或收缩

把装木销的孔延长，这样在顶板膨胀或收缩时榫头可以自由移动

¼ in × ¼ in（6.4 mm × 6.4 mm）的舌头

¼ in（6.4 mm）

木销穿过榫眼和榫头上的孔完成接合

只用胶水黏合中间的榫头

外侧的榫眼长度要比榫头宽度长 ½ in（12.7 mm）

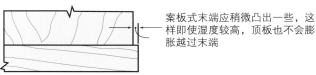

案板式末端应稍微凸出一些，这样即使湿度较高，顶板也不会膨胀越过末端

A

的过渡柔和自然，你需要在末端的内侧边缘和顶板的两肩刨削出小的斜切面（I）。

临时把末端部件固定在顶板上，将其横切到合适的长度。如果你担心顶板会膨胀（取决于操作时的环境湿度），那么末端部件最好比顶板的宽度长出 ⅛ in（3.2 mm）左右。在确定并切割完成末端部件的长度后，用夹具将其夹到顶板上，从顶板底部向上钻出直径 ¼ in（6.4 mm）的木销孔，并且孔要穿过每个榫头的中心（J）。拿掉末端部件，用弓锯扩展两个外侧榫头上的木销孔（K）。

只在中间的榫眼和榫头上涂抹胶水（L），然后用一个夹具完成末端部件的安装（M）。从顶板的底面钉入木销，使其穿过榫头进入顶板内部，在木销的末端抹上胶水以防止其脱落（N）。到这一步，借助完美的斜切面，案板式末端的装配就完成了，其边缘会比顶板略突出一些（O）。当顶板膨胀时，末端部件就会与之完全对齐。随着季节的变换，末端部件又会回复到略凸出于顶板的状态。比起顶板突出于末端部件，这种处理方式更加美观。

TIP

缠绕在钻头上的遮蔽胶条可以让你在合适的深度快速停止。留下一个小尾巴可以使标记更明显。

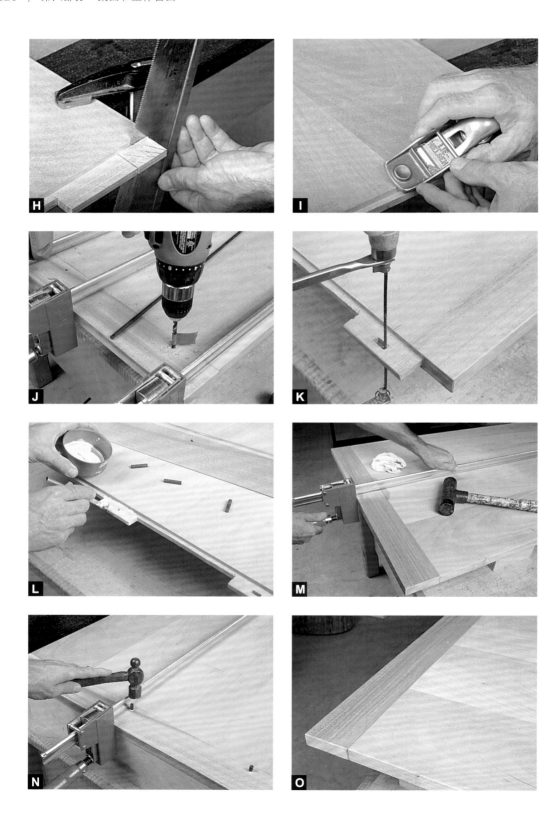

饼干榫案板式末端

另一种可以更加方便地安装案板式末端的方法需要使用饼干榫。这种方法最适合用在相对较窄的案板式末端部件上——宽度小于 3 in（76.2 mm）的末端部件。从末端部件边缘的中心切削掉少许木料可以增加接合的"弹性"。在末端部件上和顶板的末端为成对的饼干榫开出榫槽。在开第二组榫槽的时候，一定要参考同侧饼干榫的位置，并且 4 个中心槽与邻近榫槽的距离通常应保持在 4~6 in（101.6~152.4 mm）（A）。在所有的榫槽切割好之后，把所有的饼干榫粘到顶板一侧的榫槽中（B）。

待顶板侧的饼干榫干透，只在末端部件的 4 个中心槽里涂上胶水（C），然后把末端安装到顶板上并夹紧（D）。

把顶板翻转过来，穿透每对没有粘胶水的饼干榫，为直径 1/8 in（3.2 mm）的木销钻出 1/8 in（3.2 mm）的止位孔。木销最好是用竹签做成的（E）。

敲入木销钉住饼干榫，然后切掉多余的木销，使其与顶板表面平齐（F）。当桌面膨胀或收缩的时候，竹签木销会随之弯曲而不会折断，这样既保持了接合的紧密性，又不会使桌面开裂。

插入桌面活页

在普通的木工商店你能找到桌面延伸滑轨。这种木制或金属装置可以安装到桌面底下，把顶板分成两部分。把一扇桌面活页放到两块顶板之间，这样就额外增加了桌面的面积。

顶板和桌面活页上的桌面销或饼干榫能够使各部分对齐并保持桌面平整。铜制、木制和塑料材质的桌面销本质上都属于端面带圆角的圆榫。饼干榫在只有一面被黏合的情况下也能起到同样的作用，这样露出的饼干榫能够插入桌面活页的凹槽中。

无论是使用桌面销还是饼干榫，第一步都要把桌面框架做成两个分开的部分，黏合框架的过程中要小心检查自由移动的横档是否方正（A）。

接下来，用桌面夹把一半的顶板固定在对应的框架上。确保用胶合板角撑板支撑挡板的自由端（B）。用胶水把桌面销或饼干榫粘在半块桌面上（C）。把两个半块桌面对在一起，用螺丝把延伸滑轨固定在桌面底部。把两个滑轨拉出 1/4 in（6.4 mm）左右，以保证两部分桌面在闭合时能够紧密匹配在一起（D）。

现在制作桌面活页，方法与两块桌面的制作类似。为了安装好后表面看不到缝隙，你可以在桌面活页上安装挡板，或保持桌面活页平整。要记住，挡板会增加放置桌面活页的难度。确保使用转角木块支撑在挡板的两侧，并在桌面活页的两端开槽。用胶水把桌面销或饼干榫粘到一端（E）。

在需要使用时，将两部分桌面分开，拉出延伸导轨，把桌面活页放在导轨上，把桌面销或饼干榫与相应的凹槽对齐并插入（F）。现在把两块桌面推在一起就可以了（G）。

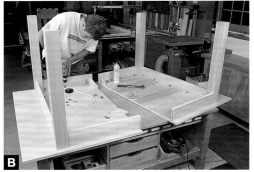

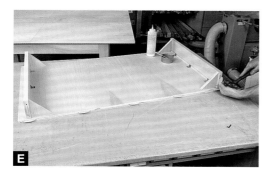

第二十三章
安装顶板

顶板与形变

应对木料形变

五金件解决方案

顶板与形变

　　有些顶板是用钉子固定到底座上的，但是有更加讲究的办法把顶板安装到框架上或其他支撑结构上。所有方法都能够提供牢固的接合，并将其隐藏在顶板的底部。在加工实木顶板的时候，你必须为宽度方向预留出木料膨胀和收缩的空间。关键在于顶板被固定到框架上之后还能够移动。这可能吗？没问题。有几种方法可以帮助你简单地实现这个目标。

安装顶板的策略

　　顶板材料的选择会影响你的安装方式。如果是实木，就要考虑到木料的形变。金属夹子和木扣能够匹配挡板上的凹槽，并可以用螺丝安装到顶板上。它们能够赋予顶板在紧贴框架的同时移动的能力。还有一种选择是把螺丝穿过挡板钉进尺寸较大的孔里。

　　胶合板、中密度纤维板和其他人造板材不用考虑木料的形变，可以从顶板下面用螺丝安装。最简单的方法是穿过挡板打孔，然后把螺丝穿过挡板钉进顶板的底部。石头和其他天然材料制成的顶板必须像实木一样能够移动，但是这时就不能用螺丝了，而是要围绕框架四周用有弹性的硅胶填充剂，然后轻轻地把顶板放进框架中夹牢，直到填充剂凝固。

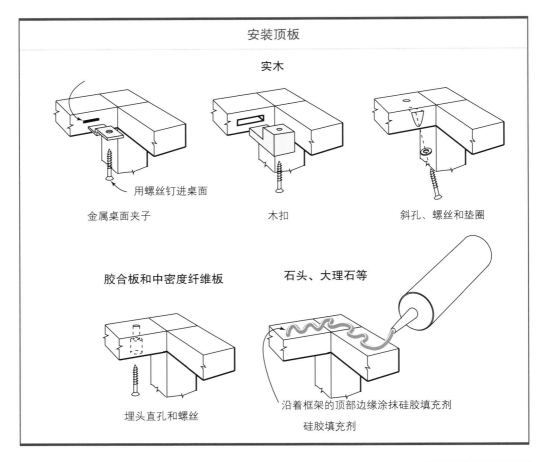

安装顶板

实木

用螺丝钉进桌面

金属桌面夹子

木扣

斜孔、螺丝和垫圈

胶合板和中密度纤维板

石头、大理石等

埋头直孔和螺丝

沿着框架的顶部边缘涂抹硅胶填充剂

硅胶填充剂

在顶板下面使用一些胶合块可以确保桌面随季节变换在伸缩的过程中保持对齐。

长臂夹在完成很多黏合操作时能够为你提供方便。

胶合块

即使使用了木扣或夹子来固定，实木桌面还是会由于木料形变在框架上移动，尤其是在桌面比较宽大的时候。要保持宽大的桌面居中放置，可以在顶板底部框架两端的位置使用木制胶合块。把桌面用木扣、夹子或螺丝固定好后，在3 in（76.2 mm）长的木块的相邻两面涂抹一圈胶水，并横跨纹理、抵住挡板的中心将其粘在桌面底部。然后把木块与桌面夹紧，直至胶水干透。以同样的方式在框架的另一端粘上另一个木块。

应对木料形变

木扣

一种简单有效的把桌面安装到框架上的方法是使用木"扣"（A）。我经常做一些木扣以备日后使用。

首先，用台锯在厚 $3/4$ in（19.1 mm）、宽 1 in（25.4 mm）的长木条上切割出一系列 $1/2$ in（12.7 mm）宽的切口（B）。切口和切口之间的距离为 1 in（25.4 mm）左右。

在斜切锯上，把锯片与每个切口的左肩对齐，横切每个木扣（C）。切出深度 $1/8$ in（3.2 mm）的锯槽，用这种方法横切会在每个木扣上留出 $3/8$ in（9.5 mm）的舌头。用埋头钻为每个木扣钻出螺丝引导孔，木扣就完成了。

在做好木扣之后、安装框架之前，在挡板的内侧开槽。使用 $1/4$ in（6.4 mm）宽的开槽锯片，调整其高度切割出 $3/8$ in（9.5 mm）深的凹槽。设置好纵切靠山，使开出的凹槽相比木扣的舌头偏移 $1/32$ in（0.8 mm）左右，如图所示。遮蔽胶带上的箭头记号能够指示出抵住靠山的正确边缘（D）。

> ⚠ **警告**
>
> 不要在纵切靠山上直接测量横切。这样木料可能弯曲或回弹。为了安全起见，在纵切靠山上夹一个木块，然后用木块测量木料到锯片的合适距离。

组装底座，然后把桌面正面朝下放置，把底座放在桌面的中心。把木扣安装到挡板的凹槽中，并布置一些木扣靠近转角以加固接合。如果是沿长纹理方向安装木扣，一定要在每个木扣与挡板之间留出缝隙；如果是在另外的两条边上安装木扣，要使其紧挨挡板（E）。用螺丝穿过木扣将其钉到顶板的底部（F）。沿长纹理的木扣缝隙能够让顶板自由地膨胀或收缩，同时木扣也把桌面紧紧地固定在了挡板上。

TIP

失误经常会出现。比如把桌子框架粘好了，但是忘了在挡板上为桌面紧固件开槽。要轻松地解决这个问题，可以使用饼干榫电刨在挡板内侧开槽。标准的饼干榫刀头能够为金属的桌面夹子切出宽度合适的凹槽。

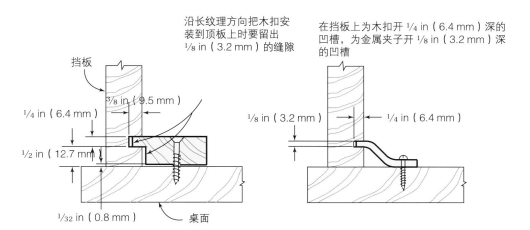

沿长纹理方向把木扣安装到顶板上时要留出 $1/8$ in（3.2 mm）的缝隙

在挡板上为木扣开 $1/4$ in（6.4 mm）深的凹槽，为金属夹子开 $1/8$ in（3.2 mm）深的凹槽

挡板

$3/8$ in（9.5 mm）

$1/4$ in（6.4 mm）

$1/2$ in（12.7 mm）

$1/32$ in（0.8 mm）

桌面

$1/8$ in（3.2 mm）

$1/4$ in（6.4 mm）

A

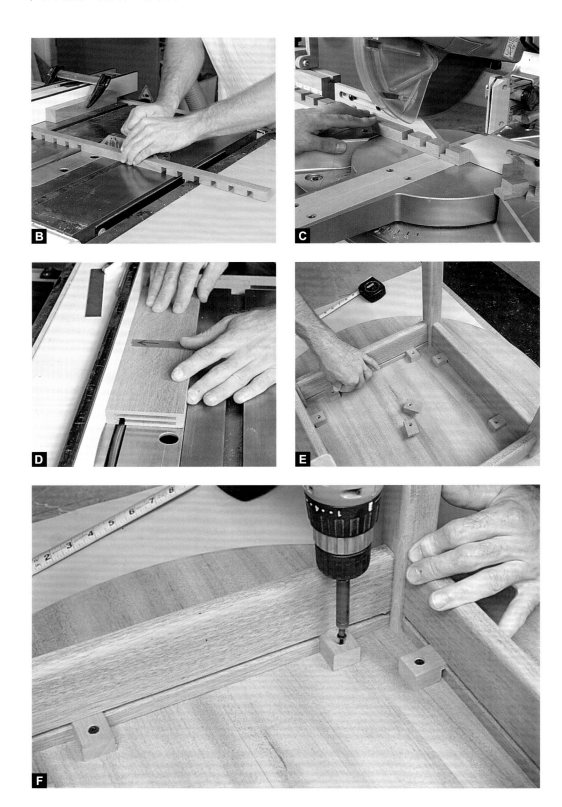

楔条和胶水

对饰面板或胶合板桌面来说，没有木料形变的问题，你可以用胶水直接把挡板粘到顶板的底部。为了加固接合处、保证其准确对齐，红木学院的学生、家具制作者康拉德·利奥·霍斯（Konrad Leo Horsch）使用短的胶合板楔条来匹配弯曲的挡板和女士写字台的顶板。

在顶板底部和挡板的顶部边缘开槽，然后用胶水每隔 3 in（76.2 mm）把一个方栓粘到挡板里（A）。

用胶水把桌面安装到底座上，用大量夹具把接合处夹紧。结果就是底座和顶板实现了完美接合，而表面看不出任何痕迹（B）。

木楔加固条

安装桌面的一个有效且讲究的方法是，把木楔加固条固定在框架的顶面，然后用螺丝穿过木楔加固条钉到顶板的底部。在桌腿和挡板的顶部及木楔加固条上切割半切口，这样可以使它们与框架的顶面平齐。用埋头螺丝快速固定加固条（A）。此外，要在桌面中心的木楔加固条上钻普通孔，在框架四周的木楔加固条上钻出带槽螺丝孔以允许顶板膨胀或收缩。

把桌面正面朝下放置，把底座安装到桌面正中，用螺丝穿过木楔加固条钉到顶板的底部（B）。

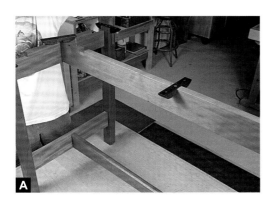

五金件解决方案

桌面金属紧固件

金属桌面扣件由于形状像字母 Z，也叫作 Z 形夹，其安装方法与木扣类似。

▶ 见第 332 页的图片。

首先切割所有的挡板接合件，然后使用标准锯片在每根横档的内侧切割出宽 1/8 in（3.2 mm）、深 1/2 in（12.7 mm）的凹槽（A）。

把桌面正面朝下放在工作台上，把底座放在桌面的正中，小心地摆放夹子。与木扣类似，如果扣件垂直于纹理，一定要在夹子和横档之间留出空隙（B）。预先为螺丝打孔，并使用盘头螺丝将夹子固定在桌面上（C）。

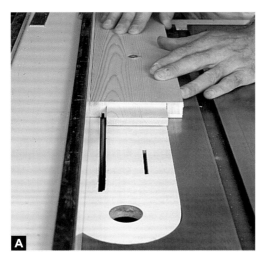

A

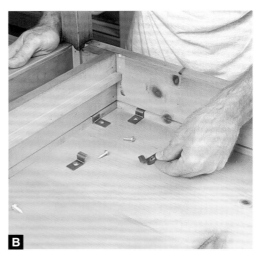

B

C

深螺丝孔

只要遵循一些简单的指导，用螺丝固定桌面也是可行的。首先，确保螺丝穿过的横档或挡板的宽度不超过 1 in（25.4 mm）。在宽度大于 1 in（25.4 mm）的横档上，用开孔钻头扩孔到合适的深度（A）。然后穿过横档为螺丝钻出排屑孔。由于木料形变会引起横档膨胀或收缩，所以保持横档上拧入螺丝的区域比较薄可确保螺丝不会随着时间的流逝变松。

另一个与木料形变有关的问题出现在把螺丝钉进实木顶板的时候。必需为顶板留出形变的空间，否则顶板就会破裂，或者会扯断框架的接合。应对顶板木料自然形变的最简单的办法就是在横档上为螺丝钻取长圆孔（B）。在每个横档的顶部，可倾斜一定的角度来回移动钻头使孔变大。要保证长圆孔上凹槽的方向与木料形变的方向一致（C）。使桌面正面朝下，把底座放在桌面正中。将螺丝钉到顶板上的引导孔里完成组装（D）。

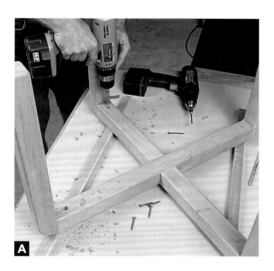

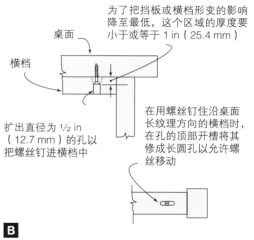

桌面

横档

为了把挡板或横档形变的影响降至最低，这个区域的厚度要小于或等于 1 in（25.4 mm）

扩出直径为 ¹⁄₂ in（12.7 mm）的孔以把螺丝钉进横档中

在用螺丝钉住沿桌面长纹理方向的横档时，在孔的顶部开槽将其修成长圆孔以允许螺丝移动

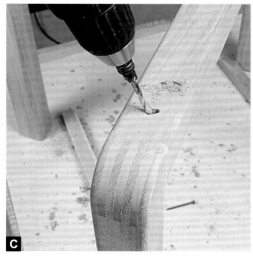

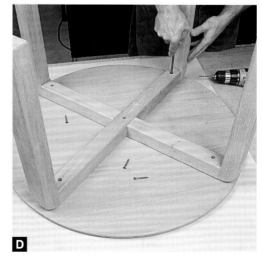

斜孔

使用斜孔时要稍微倾斜螺丝，尽可能使其靠近顶板表面。有很多好用的成品斜孔夹具，或者你可以用硬度大、密度高的木料自制斜孔夹具。关键是使用带角度的引导木块在挡板上钻出 ½ in（12.7 mm）的埋头直孔，并将其延伸贯穿挡板形成模柄孔。尺寸稍大的埋头直孔能够在顶板随季节湿度变化膨胀或收缩时为螺丝预留出移动空间。

首先，用带锯或台锯把一块废木料切割成尖端为 20° 角的木楔。然后把宽 1½ in（25.4 mm）、长 2 in（50.8 mm）的硬木块与木楔夹在一起固定在台钻上。然后用 ½ in（12.7 mm）的平翼开孔钻穿过木块中心，钻出一个有角度的孔，并让钻头从木块的一侧钻出（A）。

钻好斜孔之后，切下木块的一端，准确加工出斜孔到木块末端的距离（B）。把木块夹到挡板的内侧表面，使其底部与挡板的顶部边缘平齐。在台钻上使用同样的钻头穿过木块上的斜孔钻入挡板中。在钻头上粘上一条标记胶带可以控制正确的钻孔深度（C）。

拿掉引导木块，首先用超长钻头（D）延伸挡板上的孔，然后用 ¼ in（6.4 mm）的钻头从挡板的顶部边缘、斜孔的上方穿透挡板（E）。尺寸稍大的孔能够在顶板膨胀或收缩时为螺丝预留出移动空间。用 6 号盘头螺丝把挡板拧到顶板上加以固定，注意在螺丝头下加入一个垫圈（F）。

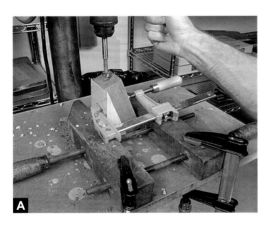

A

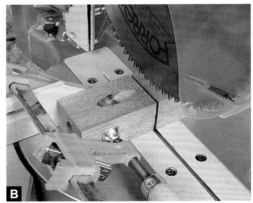

B

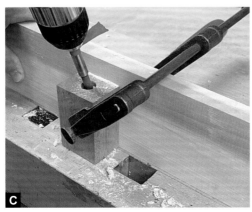

C

D

资　源

再次对以下工具、材料的供应商和制造商多年以来提供的专业工具知识、技术支持和友好帮助表示感谢。

伦纳德·李和威利·威尔逊（Wally Wilson），李威利工具公司（Lee Valley Tools），电话：800-871-8158；

托德·兰斯顿（Todd Langston）和斯科特·博克斯（Scott Box），波特电缆和三角洲电动工具公司（Porter-Cable and Delta Power Tools），电话：800-321-9443；

汤姆·尼尔森（Tom Lie-Nielsen），尼尔森工具公司（Lie-Nielsen Toolworks），电话：800-327-2520；

约翰·奥托（John Otto），杰特工具（Jet Tools），电话：800-274-6848；

乔治·德莱尼（George Delaney），动力运行机械公司（Powermatic Machine Co.），电话：931-473-5551；

戴夫·凯勒（Dave Keller），凯勒公司（Keller & Co.），电话：800-995-2456；

卡罗尔·里德（Carol Reed），电木铣夫人（The Router Lady），电话：760-789-6612；

加里·奇（Gary Chin），加勒特·韦德公司（Garrett Wade Co.），电话：800-221-2942；

哈里和亨利（Harry and Henry），哈里斯工具（Harris Tools），电话：506-228-8310；

吉姆·布鲁尔（Jim Brewer），弗洛伊德工具（Freud Tools），电话：800-334-4107；

萨克·特里奇（Zack Etheridge），高地五金（Highland Hardware），电话：800-241-6748；

安·洛克勒（Ann Rockler），洛克勒五金（Rockler Hardware），电话：800-279-4441；

库尔特·威尔克（Kurt Wilke），威尔克机械（Wilke Machinery），电话：800-235-2100；

弗雷德·达森（Fred Damsen），日本木工（The Japan Woodworker），电话：800-537-7820；

达里尔·凯尔（Daryl Keil），真空系统（Vacuum Pressing Systems），电话：207-725-0935；

文斯·巴拉甘（Vince Barragan），飞鹰工具（Eagle Tools），电话：626-797-8262；

迈克·彼得斯（Mike Peters），黑幕里林场（Shady Lane Tree Farm），电话：610-965-5612；

克里斯·卡尔森（Chris Carlson），博世公司（Bosch），电话：800-815-8665；

弗兰克·波拉罗（Frank Pollaro），火烈鸟单板（Flamingo Veneer），电话：973-672-7600；

卡洛·文迪托（Carlo Venditto），杰西达工具（Jesada Tools），电话：800-531-5559；

乐意居（The folks），木工供应公司（Woodworker's Supply），电话：800-645-9292；

布鲁斯·哈里伯顿（Bruce Halliburton），乔治亚太平洋公司（Georgia Pacific），电话：404-652-4000；

罗恩·斯奈伯格（Ron Snayberger），得伟工具（DeWalt），电话：800-433-9258；

菲尔·汉弗莱（Phil Humfrey），艾卡特工具（Exaktor Tools），电话：800-387-9789；

丽莎·加斯达（Lisa Gazda），美国夹具（American Clamping），电话：800-828-1004；

辛西娅·范·赫斯特（Cynthia Van Hester），茨勒夹具（Wetzler Clamp），电话：800-451-1852；

托本·赫尔绍霍（Torbin Helshoji），拉古纳工具（Laguna Tools），电话：800-234-1976；

布拉德·维特（Brad Witt），伍德黑文（Woodhaven），电话：800-344-6657；

马塞洛·托马西尼（Marcello Tommosini），来料加工（CMT），电话：800-268-2487；

达雷尔·尼什（Darrel Nish），工艺供应公司（Craft Supplies），电话：800-373-0917；

吉姆·福雷斯特（Jim Forrest），福雷斯特制造（Forrest Mfg），电话：800-733-7111；

格里塔·海默丁格（Greta Heimerdinger），美国利格诺迈特公司（Lignomat USA），电话：800-227-2105；

吉姆·达马斯（Jim Dumas）和格雷格·恩格尔（Greg Engle），（Certainly Wood），电话：716-655-0206；

肯·格力兹利（Ken Grizzley），利产业公司（Leigh Industries），电话：604-464-2700。

拓展阅读

箱体制造

欧内斯特·乔伊斯（Ernest Joyce），《家具制作百科全书》（*Encyclopedia of Furniture Making*），斯特林出版社（Sterling Publishing）；

詹姆斯·克伦诺夫（James Krenov），《箱体制作的艺术》（*The Fine Art of Cabinetmaking*），斯特林出版社（Sterling Publishing）；

吉姆·托尔宾（Jim Tolpin）《制作传统橱柜》（*Building Traditional Kitchen Cabinets*），汤顿出版社（The Taunton Press）。

木工技术

森林产品实验室（Forest Products Lab），《木材手册：木材是一种工程材料》（*Wood Hand-book:Wood asan Engineering Material*），森林产品实验室；

布鲁斯·霍德利（Bruce R. Hoadley），《识别木材》（*Identifying Wood*）、《理解木材》（*Under-standing Wood*），汤顿出版社。

木工设计

约瑟夫·阿龙森（Joseph Aronson），《家具百科》（*The Encyclopedia of Furniture*），皇冠出版社（Crown

Publishing）；

《精细木工》（Fine Woodworking）编辑团队，《实用设计》（*Practical Design*），汤顿出版社；

加斯·格雷夫斯（Garth Graves），《木工家具设计指南》（*The Woodworker's Guide to Furniture-Design*），大众木工出版社（Popular Woodworking Books）；

约翰·莫利（John Morley），《家具史：二十五世纪的西方传统风格与设计》（*The History of Furniture: Twenty-FiveCenturies of Style and Design in the Western Tradition*），布芬奇出版社（Bulfinch Press）；

大卫·皮耶（David Pye），《自然与美学》（*The Nature and Aesthetics*），形成层出版社（Cam-bium Press）。

工具和机械

朗尼·伯德，《带锯手册》（*The Bandsaw Book*）、《木工成形机》（*The Shaper Book*），汤顿出版社；

马克·杜金斯克（Mark Duginske），《掌握木工机械》（*Mastering Woodworking Machines*），汤顿出版社；

加勒特·哈克（Garrett Hack），《经典手工工具》（*Classic Hand Tools*）、《手工刨》（*The Hand-plane Book*），汤顿出版社；

伦纳德·李，《工具打磨完全指南》（*The Complete Guide to Sharpening*），汤顿出版社；

凯利·迈勒（Kelly Mehler），《台锯手册》（*The Table Saw Book*），汤顿出版社；

桑德·纳斯查伦斯齐（Sandor Nagysza-lanczy），《精细工具的艺术》（*The Art of Fine Tools*）、《木工坊的夹具和固定装置》（*Woodshop Jigs and Fixtures*），汤顿出版社。

木工工作室

斯科特·兰迪斯（Scott Landis），《木工工作台》（*The Workbench Book*）、《木工工作间》（*The Workshop Book*），汤顿出版社；

桑德·纳斯查伦斯齐，《布置木工工作间》（*Setting Up Shop*）、《木工工作间的粉尘控制》（*Woodshop Dust Control*），汤顿出版社；

吉姆·托尔宾，《工具箱指南》（*The Toolbox Book*），汤顿出版社。

木工表面处理

安迪·查伦（Andy Charron），《水基涂料》（*Water-Based Finishes*），汤顿出版社；

迈克尔·德累斯顿（Michael Dresdner），《新木工表面处理指南》（*The New Wood Finishing Book*），汤顿出版社；

杰夫·杰维特（Jeff Jewitt），《完美的木材表面处理》（*Great Wood Finishes*）、（手工涂料）（*Hand-Applied Finishes*），汤顿出版社。